U0145837

人机环境系统智能

超越人机融合

刘　伟 谭文辉 刘　欣／编著

科学出版社

北　京

内 容 简 介

本书是一本探讨人机环境系统相互融合的智能的图书，深入研究了人工智能技术在许多场景中的应用，以及人机环境系统的协同作业和智能化发展。本书主要围绕三个问题展开：人机交互与人机融合智能有何异同？人类的谋算（算计）与计算是可逆的吗？机器智能能够产生谋算（算计）吗？同时，本书还介绍了多种现代技术及其在人机环境系统中的应用，如人工智能、深度态势感知、理性计算、感性算计、情绪/情感分析等。通过阅读本书，读者可以了解如何利用人机智能技术来提高人机环境系统的整体效能，并减少"机器幻觉"，为未来的智慧社会建设奠定基础。

本书适合对人机环境系统智能技术有着广泛兴趣的专家、学者、学生、工程技术人员，以及爱好智能的普通读者阅读和参考。

图书在版编目（CIP）数据

人机环境系统智能：超越人机融合 / 刘伟，谭文辉，刘欣编著. -- 北京：科学出版社，2024. 7. -- ISBN 978-7-03-079006-4

Ⅰ. TB18

中国国家版本馆 CIP 数据核字第 2024PR1596 号

责任编辑：张　莉　高雅琪 / 责任校对：韩　杨
责任印制：师艳茹 / 封面设计：有道文化

科 学 出 版 社 出版
北京东黄城根北街 16 号
邮政编码：100717
http://www.sciencep.com

北京中科印刷有限公司印刷
科学出版社发行　各地新华书店经销
*

2024 年 7 月第 一 版　开本：720×1000　1/16
2024 年 7 月第一次印刷　印张：27 3/4
字数：380 000

定价：98.00 元
（如有印装质量问题，我社负责调换）

目　录

绪　　论

　　写这本书的初衷源于笔者在剑桥大学图书馆的经历，自从来到剑桥大学并逐渐适应了这里的环境和学术氛围以后，除了与朋友们聚会聊天外，就是准备好矿泉水和面包，前往学校各个图书馆里寻找和借阅书籍。记得那是 2013 年春天的一个下午，阴雨连绵，风呼呼地刮着，剑桥大学图书馆的顶层空无一人，安静得有点儿瘆人，我终于找到了那本 1948 年诺伯特·维纳（Norbert Wiener）出版的《控制论（或关于在动物和机器中控制和通信的科学）》（*Cybernetics or Control and Communication in the Animal and the Machine*），心里很是激动，一时忘了时差，随即就给谭文辉（本书的第二作者）拨通了手机告知……

　　时至今日，控制论的思想和方法已经渗透到了几乎所有的自然科学和社会科学领域。维纳把控制论看作一门研究机器、生命社会中控制和通信的一般规律的科学，更具体地说，控制论是一门研究动态系统在变化的环境条件下如何保持平衡状态或稳定状态的学科[他特意创造 cybernetics 这个英语新词来命名这门学科。"控制论"一词最初来源于希腊文 mberuhhtz，原意为"操舵术"，即掌舵的方法和技术的意思，在柏拉图（Plato）的著作中，经常用它来表示管理人的艺术]。尽管维纳也意识到生命在社会中得到的反馈不完全是可计算的，但是，在他的控制论中，却用基于客观数据或事实的反馈机制作为控制的核心，这恐怕与植根于西方科技的还原思想有关，即万物是由基本微粒（分子、原子等）构成的，并且万物皆数。事实上，在东方传统思想中，这种思想除了类似的还原论（如金木水火土）外，还涉及天人合一的整体观和系统论，体现在控制上，我们不妨认为一个人-机-环境系统不但要有客观事实数据的反馈，还应包含主观价值责任的反馈。无独有偶，1948 年香农（Shannon）提出的以信息量多少的统计公式为代表的信息论理论[见其 1948 年发表的《通信的数学理论》（*A Mathematical Theory of Communication*）一文]也有同样问题，即只注重客观事实数据的多少而忽略了其所包含信息价值的大小，于是在当前许多领域都出现了数据丰富而信息贫乏（data rich information poor，DRIP）的现象。再进一步看，1948 年，得到学术界重视的路德维希·冯·贝塔朗菲（Ludwig Von Bertalanffy）在美国讲授一般系统论时虽然把研究和处理的对象作为一个整体系统来对待（从本质上说明其结构、功能、行为和动态，以把握系统整体，达到最优的目标），但其本质上仍是以计算为主的数学描述过程，没有深入发掘非数学、非计算的因素和过程。通过上述，我们可以看到传统的控制论、信息论、系统论都存在以还原为主、系统为辅的失衡状态，在进入智能时代的背景下，这种局面愈演愈烈，在一定程度上也说明了当前人工智能距离智能越来越远的原因。鉴于此，本书将尝试做一些边缘性的研究和探讨，希望能够把西方的科技优势与东方的智慧思想融会贯通，使二者有机地结合起来造福人类。

当前，人们常常会问及"人是计算机吗？""什么是智能？"……这样的问题，答案往往是众说纷纭、莫衷一是的，其中不少人认为：智能不仅是规则和概率，智能也可以反规则和反概率；智能虽然具有随机性和不确定性，但同时也具有决定性和必然性。追根溯源，智能的本性就是人类的本性，所以通过研究人的本性才能够体现并观察智能的可能性和复杂性。

哲学家休谟（Hume）认为："一切科学都与人性有关，对人性的研究应是一切科学的基础。"任何科学都或多或少与人性有些关系，无论科学看似与人性相隔多远，它们最终都会以某种途径再次回归到人性中。从这个角度来看，人工智能"合乎伦理的设计"很可能是黄粱一梦。伦理对于人而言还是一个很难遵守的复杂体系，对于机器而言则更加难以理解。在人工智能领域，"合乎伦理的设计"或许是科幻成分多于科学成分、想象成分多于真实成分。

当前的人工智能及未来的智能科学研究具有两个致命的缺点，即"把数学等同于逻辑"和"把符号与对象混淆"。人机融合的难点和瓶颈也因此在于（符号）表征的非符号性（可变性）、（逻辑）推理的非逻辑性（非真实性）和（客观）决策的非客观性（主观性）。

既是……又是……既是……又不是……让 to be or not to be 变成 to be and not to be，这是数理逻辑的命门，也是智能逻辑的生门，量子物理已把这扇紧闭的大门撬开了一丝缝隙，也为打开人-机-环境系统智能之门准备好了基础：非同一律、矛盾律、非排中律与同一律、非矛盾律、排中律应该是一样客观存在的，只不过我们在黑暗里常常习惯闭上眼睛……

智能领域的瓶颈和难点之一是人-机-环境系统失调问题，具体体现为如何有效实现跨域协同中的"跨"与"协"，这不仅关系到解决各种辅助决策系统中"有态无势"（甚至是"无态无势"）的不足，还涉及许多辅助决策体系"低效失能"的溯源。也许需要尝试把认知域、物理域、信息域构成的基础理论域与陆海空天电网构成的技术域有机地结合起来，为真实有效地实现跨域协同打下基础。

平心而论，智能化应该不是信息化、数字化的简单延伸与扩展，而是一种与后两者大不相同的新型范式。智能不仅是掌握已知的信息、学习已有的知识，更重要的是生成有价值的信息、知识及有效地使用这些信息、知识。同时，智能也是理性逻辑推理与感性超逻辑判断的统一。

如果说人工智能是人类理性的产物，那么人机融合智能就是人类理性与感性的共同产物。如果只有理性，人就是机器了，机器没有情感；如果都是感性，人就是其他动物了，其他动物没有什么理性。人类的感性与其他动物的感性的最大区别就在于人类还有理性相伴。

人类社会的复杂常常在于混阶、混颗粒度立体（而不是各种平面的图谱和网络）的相互作用和多重因果叠加纠缠。朱迪亚·珀尔（Judea Pearl）和达纳·麦肯齐（Dana Mackenzie）的《为什么：关于因果关系的新科学》（*The Book of Why：The New Science of Cause and Effect*）仅仅延续了西方传统——试图从数理的角度破解因果关系，殊不知，他们一开始就偏离了真实的生活常识：人类世界的因果关系既包括自然的也包含社会的，既包括客观事实性的实然，有时也包含主观价值性的应然，这种杂乱无章的混合表现俗称为"复杂系统"。

如果把人工智能看成底层为数学的数理结构，那么人机融合智能就是底层为复杂系统的情理结构，其中的根本是人类的算计，算计是活的计算，算计不但构建起了一座座分科而学的丰碑（数学、物理、化学、经济、法律、政治、历史……），而且树立起仁（人性/思想）、义（应该/合宜）、礼（制度/程序）、智（是非/分类）、信（解释/鲁棒性）的围栏和边界。遇到逻辑不自洽或悖论时，机器往往会死机，而人类意识却可以逢山开道、遇水搭桥。如果把物质看成是客观存在的事实，意识是主观对客观事物事实的价值反映，那么休谟问题"从事实中能否推出价值"则可近似为"物质能否变为意识""机器能否思维"的问题，事实性计算和价值性算计之间也就是物质与意识的共存共生问题。

要做一个自己相信的智能系统很难，要做一个他人相信的智能系统更难。目前，人工智能系统已经广泛应用于诸多领域，部分实现了代替人类做出决策的成果。但现实中的人工智能方法受到相对"确定性、完全信息、受限环境、可解释性差"的约束，不能满足复杂环境决策的要求。在真实复杂的不确定、非完全信息、开放的环境中，人类的经验、直觉、灵感与人工智能系统的高效、精确具有合作互补的巨大潜力。

时下的人工智能系统还远远不能达到人们的期望，根本原因在于构造人工智能的基础是当代数学而不是真正的智能逻辑。首先数学不是智能逻辑，从数到图再到集合，从算数到微积分再到范畴论，无一不是建立在公理基础上的数理逻辑体系，而真正的智能逻辑既包括数理逻辑也包括辩证逻辑，还包括未发现的许多逻辑规律。这些还未被发现的逻辑规律既有未来数学的源泉，也有真情实感逻辑的涌现。真正的智能从不是单纯脑的产物，而是人、物（机器是人造物）、环境相互作用与相互激发唤醒的产物。例如，一个设计者规划出的智能系统还需要制造者认真理解后的加工实现，更需要使用者因地制宜、有的放矢地灵活应用，等等，所以一个好的人机融合智能涉及三者（甚至多者）之间的有效对立统一，既有客观事实（状）态的计算，也有主观价值（趋）势的算计，是一种人、物、环境的深度态势感知系统。当前的人工智能无论是基于规则（数学模型）的还是基于统计概率（数据大小）的，大多是基于计算，而缺乏人类算计的结合与嵌入，因而远离了智能的真实与灵变。

另外，自然科学等理性工具本质上是一种主体悬置的态势感知体系，人文艺术等感性科学常常是一种主体高度参与的态势感知体系，人机融合智能涉及这两个方面，由于智能主体的实时参与，所以其更侧重人文艺术的感性方面。与西方理性计算思维相比，东方智慧中既有理性的成分也有感性的成分，东方智慧不是单纯的智能计算，而是智能化，重点在"化"，即算计。算计是人类带有动因的理性与感性混合盘算，是已有逻辑形式与未知逻辑形式的融合筹划。由上所述我们不难看出，人机融合智能中的计算–算计（计算计）问题的实质是东西方智慧的融合与共生。

世界是复杂的，复杂性的世界并不都是科学和计算，还有科学与非科学、理性与感性融合的人、物、环境系统，智能是自然与人工的结合。准确地说，依目前的数学、物理水平，通过编写计算机程序是不可能实现人类水平的智能的，人工智能是不可能真正理解世界的，必须另辟蹊径。本书根据东西方文明的特点及现有计算与认知领域的成果，提出计算计模型，针对复杂、多域、动态的环境，研究人机融合下的态势感知模型，探索人–机–环境对决策的影响。进一步构建基于理性和感性混合驱动的计算计模型，实现人机融合智能决策。完成人机融合智能及计算计的理论创新、模型创新、方法创新与平台创新，为人机融合智能决策提供方法和理论基础。

"智能"这个概念本身就暗含着个体、有限对整体、无限的关系。针对智能时代的到来，有人提出，"需要从完全不同的角度来考虑和认识自古以来就存在的行为时空原则"，如传统的人、物、环境关系等。图灵机的缺点是只有刺激—反应而没有选择，只有顺应而没有同化和平衡机制。

人机身体融合早期主要应用于躯体残缺人士的假肢方面。近年来开始应用于增强人体力量和耐受能力的动力装甲或动力外骨骼，以及真实人体与虚拟人体的互动控制等领域。

在人机融合的研究中，一个重要的方向是自主系统的研究。在执行任务的状态中，自主系统可以根据任务需求，自主完成"感知—判断—决策—行动"的动态过程，有科学家已经开始研究额外的机器手指对大脑神经系统的影响。目前，机器只有事实性的学习，而没有价值性的学习，道德物化（技术化）与道德非物化（人化）两者如何平衡以实现人-机-环境系统的有机统一、人类的自由可能性如何与机器的确定必然性相融合协同、"一阴一阳谓之道"这个思路如何体现在人机交互与人-机-环境系统智能之中等一系列问题都未得到解决。

人机之间、态势之间、感知之间、计算与算计之间常常有非互惠作用现象，即作用力不等于反作用力，如何量化分析这些相互作用呢？另外，现有的逻辑体系很难判断处理各种意外，如塞翁失马的大逻辑与刻舟求剑的小逻辑。现阶段的人机交互很难实现人机之间的有机融合，仍处于相对简单的低级水平，难点之一就在于价值意向性的形式化。鉴于机器只有局部性事实逻辑，没有人类的整体性价值逻辑，我们可以尝试把人机结合起来进行功能与能力的互补，用人类的算计这把利刃穿透机器计算不时遇到的各种各样的"墙"。

智能是在人与物、环境的交互中逐步形成的：一方面，我们的认知总是在与这个世界发生着融合；另一方面，被误用的计算也可能会影响我们的认知。1968 年图灵奖获得者理查德·哈明（Richard Hamming）就曾一语中的地说道："计算的目的不在于数据，而在于洞察事物。"这里的"洞察"就包含着对未来的预测与算计。

如果说 14～17 世纪的文艺复兴是回归希腊，把人从神学、上帝的束缚中解救出来，引发了宗教改革、启蒙运动、工业革命，导致理性主义、个人主义盛行，那么，未来的人−机−环境系统智能将回归以人为本的宗旨，把人从机器（高科技机器和其他各种社会机器）的束缚中解放出来，重新确认和界定人是目的，发掘和发展个性才能，使人类走向光明的未来，我们不妨称之为（人类）智能的复兴。人−机−环境智能系统中有不同的人，同时也有不同的角度和意图（包括对手），如何"与或非+是非中"这些人性呢？也许一旦掌握了人性以后，我们就有希望在其他各方面轻而易举地取得胜利了。

人是生理与社会的融合，机器是物理学与数学的结晶，环境是地理与历史的产物，人−机−环境智能系统交互则是复杂形式与简单规律的表征。复杂就是多事、物的交织作用。机管复，人管杂。复杂的往往是形式，这主要是因为没有找到简单的运行规律，当你找到万有引力时，一切都会明朗起来……真正的智能不仅可以解决问题，更可以提出问题，二者相辅相成。无是非存在的有，虚是非存在的实，非是非存在的有，should 是非存在的 being。奥斯卡金像奖最佳影片《鸟人》（*Birdman*）中的一句台词"A thing is a thing, not what is said of that thing"或许是对"道可道，非常道；名可名，非常名"最传神的英文翻译吧！

人−机−环境系统智能的基本问题即感性与理性的平衡问题，其中，being 作为存在，隐隐意味着理性上的至少、唯一性；should 表征意识，潜在意味着感性中的可能、无限性。

事实关系是在时间、空间和上下文的事实域内给人一种强烈的客观感觉，价值关系则是深刻情感化的，其中的对象、属性、范畴越来越由自我、作用和意识构成的主观模型所定义。这种事实关系和价值关系之间彼此定义与塑造的双重过程，就是事实价值的混合过程。人类态势感知到的常常是这种事实价值弥（散）聚（合）混合体，并可以根据具体情况恰当凸显出客观事实的一面或主观价值的一面。对于机器的态势感知，其常常被赋予非适应性的量化事实性突显过程，并且内化了人为规训和统计束缚。智能分为理智和情智两大部分，人工智能只是理智中极小的一部分，目前的智能技术水平大多还停留在人工智能上，暂且还不能奢谈更广阔深远的情智。智能不是完全去除错误和愚蠢，而是共处共生、阴阳同构。

有物理上的"非存在的有"，比如《道德经》里的"三十辐共一毂，当其无，有车之用。埏埴以为器，当其无，有器之用。凿户牖以为室，当其无，有室之用。故有之以为利，无之以为用"，也有心理上的"非存在的有"，比如"爱恨交加"。态，是存在的时空；势，是非存在的时空；感，是有的时空；知，是无的时空。存在的事物或事实提供了科学的依据和基础，非存在的意识或想象则提供了艺术的联系与说明，态势感知把存在的和非存在的"有无"结合在一起，形成多种不同的人-机-环境智能系统侧面以解释全息的世界及其投影、映射。

本书分为人机交互与人-机-环境系统智能两部分，前三章涉及人机交互，后八章涉及人-机-环境系统智能。如果把"人机交互"看成"脖子"以下的形而下规则约束，那么"人-机-环境系统智能"就是"脖子"以上的形而上自由意志。人类与科技的关系中既有绝对决定的事实成分，也有相对自由的价值因素，正可谓：岁月无情，如剑如霜，生命有界，绝对决定；人生有意，如桥如电，风光无限，自由意志。最后用笔者离开剑桥时所感叹的"质鳞波苍穹，何命不羞?"与大家共勉！

上篇

人机交互

第一章　人机交互概述

人机交互是指人与机器之间使用某种对话语言，以一定的交互方式，为完成确定任务的信息交换过程。本章基于人机交互相关的概念，从人-机-环境关系的历史变迁开始，介绍人机交互工程的形成和发展、人机交互工程的研究方向和人-机-环境关系的发展变迁，以及人机交互工程学的基本原则和研究方法。本章的目的是对人机交互部分所涉及的基本概念和知识进行系统的介绍。

第一节　人机交互工程的形成和发展

桑德斯（M. S. Sanders）和麦克米克（E. J. McCormick）[1]在《工程和设计中的人因学》一书中，将人机交互工程学的发展分为早期人机交互工程学、人机交互工程学的确立、人机交互工程学的迅速发展以及 1980 年后的人机交互工程学四个阶段。

一、早期人机交互工程学

20 世纪初，美国古典管理理论的代表人物泰勒（F. W. Taylor）[2]在传统管理方法的基础上，提出了新的管理方法以及理论，并且在此基础上制定了一套提高工作效率的操作方法。他的方法考虑了人们使用机器、工具、材料和其工作环境的标准化。例如，通过铲煤试验研究了铲子的最佳形状和重量，以及如何减少不合理的动作从而减少疲劳等。其后，伴随着生产规模的逐渐扩大，以及科技的不断进步，以科学管理为目标的研究者进一步完善了这一领域的研究，其中动作时间研究、工作流程与工作方法分析、工具设计、装置布置等，都涉及人与机器、人与环境的关系问题，并且都紧密围绕如何提升人的工作效率的问题。其中一些原则至今仍然对人机交互工程学研究具有一定意义。因此，泰勒等的"科学管理"方法和理论，被认为是后来人机交互工程学发展的基石。

早期人机交互工程学的另一位重要人物是芒斯特伯格（H. Munsterberg）[3]，他在1913年建立了一个心理学实验室，专门研究人员挑选和培训，以便"让合适的人从事合适的工作"。从泰勒到芒斯特伯格，他们的理论和研究都对后来的人机交互工程学发展起到了重要的作用，不过，这些理论和研究并没有明确提出"让机器适应人"的思想，而是更多地强调"让人适应机器"或者"让人适应工作"，人机交互工程学产生的理论基点应该是"让机器适应人"。

二、人机交互工程学的确立

人机交互工程学的正式确立是在1945～1960年。随着第二次世界大战拉开序幕，一些高性能的机器（如战斗机）投入使用，导致由人为因素引起的事故急剧增加，这引起了科学界尤其是心理学和生理学界的高度关注。人的因素影响着机器的性能，而人的能力的不断提升受到人自身心理和生理的限制，仅仅要求"人适应机器"是不够的。因此，人们提出了"让机器适应人"的想法。1945年，美国空军和海军建立了工程心理学实验室。1949年，英国人机工程研究学会（Ergonomics Research Society）成立。1955 年，美国人机工程学会（Human Factors and Ergonomics Society）在美国南加州成立 [1992 年更名为美国人因与工效学学会（Human Factors and Ergonomics Society）]，同年《人机工程学》（*Ergonomics*）杂志创刊。1959 年，国际工效学协会（International Ergonomics Association）成立。至此，人机交互工程学得到了学术界，特别是军事领域的承认。

在获得军事领域的认可并进行了一定的基础研究之后，人机交互工程学的综合研究和应用已从军事领域逐步扩展到非军事领域，并逐渐开始将军事领域中的研究成果应用于工业和工程设计领域，如飞机、汽车、机械设备、建筑设施和日常必需品。人们还建议在机械设备的设计中使用工程技术人员、医生、心理学家等相关学科专家的共同智慧。因此，在这一发展阶段，人机交互工程学的研究课题已经超出了心理学的研究范围，许多生理学家和工程技术专家都参与了这一领域的共同研究，这一学科的名称也发生了变化，大部分学者将其称为"工程心理学"。这一阶段人机交互工程的发展特点是：重视工业和工程设计中"人的因素"，努力做到"让机器适应人"。

三、人机交互工程学的迅速发展

1961～1980 年是人机交互工程学迅速发展的时期。20 世纪 60 年代后，伴随着欧美各国经济的恢复和科学技术的发展，人机交互工程学的研究和实践从实验室与军事领域扩大到工业的各个领域，获得了更大的展示舞台。企业普遍开始重视利用人机工程技术来分析、设计和测试产品的宜人性。人机交互工程学也从生产领域扩展到生活领域，影响着人们日常生活的方方面面，大众也开始接受人机交互工程学的思想和概念。在特殊群体（妇女、老年人、儿童、残障人士等）中，人机交互工程学也取得了许多研究和应用成果。同时，人机交互工程的发展又受到控制论、信息论和系统论（"三论"）的影响，在研究中应用"三论"来进行人机研究的成果不断增多。简言之，新的实践条件和理论条件，改变了人机交互工程学研究的要求，并提供了新的视角，也因此促使人机交互工程学研究逐渐走向系统研究的阶段。

四、1980 年后的人机交互工程学

1980 年以后，人机交互工程学已经形成了一个完整的学科体系，随着大量专业人才的出现，其理论和实践逐渐扩展到社会生活的各个层面。与此同时，计算机科学的发展带来了人机交互、人机界面、可用性研究、认知科学等人机交互工程学的新研究领域。人机交互工程学的目标也发生了变化，仅仅要求"机器适应人"是远远不够的。在人和机器相互适应的目标下，人机交互工程学不仅关注人的安全、健康，还关注人的价值体现、满意度、舒适度、成就感和尊严[4]。

由此不难看出，现代人机交互工程学把人-机-环境作为一个统一的整体来研究，以创造更适合人类操作的机械设备和工作环境，使得人-机-环境系统相协调且达到最佳效能。

五、我国的人机交互工程学

我国的人机交互工程研究始于 20 世纪 50 年代。我国在消化吸收苏式飞机和坦克的设计原理过程中就曾遇到大量的人机工程问题，围绕这些问题的研究成为我国人机交互工程研究的起点。以苏式飞机和坦克的座椅设计为例，设计

规范确定了适用于该座椅的驾驶员身高范围，但根据设计图纸生产的飞机和坦克在使用过程中出现了问题，如有些情况下，弹射座椅弹射过程中座舱舱盖与座椅扣合时与人的头部发生碰撞事故；有些情况下，坦克驾驶员踩刹车踩不到底。经过仔细分析才发现，通常欧洲人的上半身比亚洲人短，下半身比亚洲人长，因此，在弹射座椅采用苏联标准设计的情况下，由于通常中国人的上半身较长，舱盖与座椅扣合时容易发生头部碰撞。同样，由于通常中国人的下半身较短，在弹射座椅采用苏联标准设计的情况下，坦克驾驶员踩刹车时容易踩不到底。为了解决这些问题，我国在航空生理和心理学、飞行器驾驶舱人机工效设计、飞机运行环境对人体的影响和防护等方面做了大量的研究工作。20 世纪50 年代和 80 年代，人机交互工程的研究框架仍然由三个领域组成：人适应机器、机器适应人和环境适应人。

1985 年，在著名科学家钱学森的指导下，陈信、龙升照发表了《人-机-环境系统工程学概论》一文，概括性地提出了"人-机-环境系统工程"的科学概念[5]。人-机-环境系统工程是研究人体科学和现代科学的理论与方法的学科，也是正确处理人、机、环境三大要素的关系，研究人-机-环境系统最优组合的一门学科。其中，"人"是指作为工作主体的人，指参与系统工程的作业人员（如操作人员、决策者、维护人员等）；"机"是指由人控制的所有对象，指在同一系统中，与人交换信息、能量和材料，帮助人实现系统目标的物体（如汽车、飞机、船舶、具体系统、计算机等）的总称；"环境"是指人与机共存的外部条件（如外部工作空间、物理环境、生化环境和社会环境）或特定工作条件（如温度、噪声、振动、有害气体、缺氧、低气压、超重和失重的环境等）。应将人、机和环境视为相互关联的复杂巨系统，运用现代科学技术的理论和方法对其进行研究，使系统具有安全、高效、经济的综合效能。

1990 年，为表示对人机与环境工程学科的认可，国务院学位委员会批准北京航空航天大学设立我国第一个人机与环境工程博士学位点。后来，南京航空航天大学、西北工业大学、北京理工大学、清华大学等高校也相继开设了该专业。此外，从事其他人机交互工程领域研究的单位也在不断拓展，如中国科学院计算技术研究所、中国科学院软件研究所、中国科学院自动化研究所、中国科学院心理研究所、空军航空医学研究所等。研究内容根据国家需要，有着重于人的因素的，也有着重于人机工效的。

我国载人航天的辉煌成就还包括对人的因素和人机工效的综合研究成果，这不仅体现在航天员的训练上，也体现在航天器人机系统设计的工效和适应人性的研究上。

一个完整的人机系统包括人、机、人机界面和人机系统的环境。人和机器之间有一个交互界面，其所有信息交换都发生在这个界面上，通常称为人机界面。人机界面上的显示设备显示机器的工作状态，并将机器的工作信息传递给人，实现机—人信息的传递。人通过控制器操纵机器，并将自己的决策信息传递给机器，实现人—机信息的传递。可以看出，人机界面在人机和环境系统中起着重要作用，设计出优良的人机界面一直都是人因工程学研究的核心内容。另外，由于环境因素对人的决策有着十分显著的影响，人与环境的协调性研究在人因工程学中也很重要，如果在系统设计的各个阶段尽可能地排除各种不利环境因素对人的影响，不仅有利于劳动者的健康和安全，还有利于最大限度地提高系统的综合效能。这类问题的研究主要针对工作场所，如办公室的室内照明方式、温度和湿度条件、色彩协调、防止噪声、通风情况、空气组成等同人的心理和生理疲劳有关的问题。

人机交互工程学科的研究内容有两种表述方法：第一种是国家军用标准[《人-机-环境系统工程术语》（GJB 897A-2004）]表述方法；第二种是欧美国家同类的系统工效学表述方法[6]。

（一）国家军用标准表述方法

这种表述方法的研究内容可以用图 1-1 来描述，共包括 7 个方面：人的特性研究、机器的特性研究、环境的特性研究、人-机关系的研究、人-环境关系的研究、机–环境关系的研究、人–机–环境系统总体性能的研究。

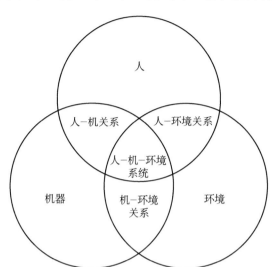

图 1-1 人–机–环境系统研究内容示意图

（1）人的特性研究。主要包括人的工作能力研究，人的基本素质的测试与评价，人的体力负荷、智力负荷和心理负荷研究，人的可靠性研究，人的数学模型（控制模型和决策模型）研究，人体测量技术研究，人员的选拔和训练研究。

（2）机器的特性研究。研究与人机工程相关的机器特性及其建模技术。

（3）环境的特性研究。研究与人机工程相关的环境特性及环境建模技术。

（4）人–机关系的研究。主要包括静态人–机关系研究、动态人–机关系研究和多媒体技术在人–机关系中的应用三个方面。静态人–机关系研究主要研究有作业域的布局与设计；动态人–机关系研究主要研究人、机功能分配[包括人机功能比较研究、人机功能分配方法研究、人工智能（artificial intelligence，AI）研究和人–机界面研究（显示和控制的人–机界面设计及评价技术研究）]；多媒体技术在人–机关系中的应用主要研究人机交互界面的设计与应用效果。

（5）人–环境关系的研究。主要包括环境因素对人的影响、个体防护及救生方案的研究。

（6）机-环境关系的研究。研究人机工程相关的机-环境关系及特性。

（7）人-机-环境系统总体性能的研究。主要包括人-机-环境系统总体数学模型的研究，人-机-环境系统全数学模拟、半物理模拟和全物理模拟技术的研究，人-机-环境系统总体性能（安全、高效、经济）的分析、设计和评价，新型交互技术在人-机-环境系统总体性能研究中的作用等研究领域。

（二）欧美国家同类的系统工效学表述方法

这种表述方法的研究内容可用图 1-2 描述，其研究内容包括四个方面：人的工效、人体工程、环境工效、系统工效。

图 1-2　系统工效研究内容示意图

（1）人的工效。主要研究人员选拔与训练，使人在生理与心理上与工作和机器相适应。

（2）人体工程。研究机械设备与人的适应性，使它们的共同工作效率、安全性、经济性及舒适性达到最佳效果。主要研究内容包括：①机器适应人的硬件工效学（hardware ergonomics）问题，主要研究人体测量学、工作域（人的工作姿态、座椅、显示/控制器、环境）工效设计等；②机器适应人的软件工效学（software ergonomics）问题，主要研究人-计算机-显示系统最佳匹配的工效规律及设计方法；③机器适应人的认知工效学（cognition ergonomics）问题，研究人与信息系统之间信息交互、决断的工效规律及系统设计，使信息系统与人的认知过程相适应。

（3）环境工效。研究环境适应人的生活和工作的防护及控制方法，即在人与环境或人机系统与环境的共处作用中，研究环境（气候、照明、噪声等）适应人的生活和工作要求的措施。

（4）系统工效。研究提高人机系统效率的途径及系统优化设计方法。研究和设计的依据为：人、机的特点及能力，工效及系统任务要求，等等。

以上人-机-环境系统工程研究内容的两种表述方法虽然有所不同，但都强调要从系统角度研究由人、机、环境三大要素所构成系统的最优设计问题。

第二节　人机交互工程的研究方向

根据研究范围的不同，人机交互工程的研究内容可分为两类。第一类是由近年来计算机科学的快速发展而产生的狭义的人机交互工程研究，包括人-机器人交互（human-robot interaction，HRI）、人-计算机交互（human-computer interaction，HCI）等不同的具体研究视角。第二类是基于人-机-环境系统工程的广义的人机交互工程研究，如人-机器交互（human-machine interaction，HMI）。这些研究的核心问题是不同作业中人、机器和环境之间的协调关系，研究方法和评价手段涉及心理学、生理学、医学、人体测量学、社会学、美学和工程技术等多个领域，研究目的是通过对各学科知识的综合应用，指导工作仪器、工作方法和工作环境的设计与改造，使作业在效率、安全性、健康、舒适性等方面得到提高。这种广义的人机交互的定义来自不同的学科和领域，面向更广泛领域的研究和应用，这是因为人机环境问题是人类生产和生活中普遍存在的问题。这里需要指出的是，上述划分只是为了从人-机-环境系统工程中区别出具体领域中的人机交互研究内容，事实上，这两类研究工作并不是独立分开的，而是相互渗透、协同攻关的。

一、人-机器交互

人-机器交互可以说是形成最早、内涵范围最广的人机交互研究视角。从广义来说，human-computer interaction 中的 computer（计算机），或 human-robot interaction 中的 robot（机器人），都可以将其理解为 machine（机器）中的一类。因此，在今天的研究背景下，有学者认为，人-机器交互可以作为广义的人机交互概念存在，即人-机器交互研究不指定所研究的具体机器的类型和性质，其研究的是最本质的人与机器互动的内容，如基本的人-机-环境属性和特征等[7]。人-机器交互研究中的交互界面亦可以指代人与各种机器之间传递、交换信息的媒介和对话接口，即人与各种机器在信息交换和功能上接触或互相影响的领域，包括各种硬接触和软接触。换言之，这种结合面不仅包括人与机器之间的点、线、面的直接接触，还包括远程信息传递和控制的相互作用空间的接触。

二、人-计算机交互

人-计算机交互是目前人机交互研究中最广泛、最活跃的研究视角。国际计算机学会（Association for Computing Machinery，ACM）将人-计算机交互定义为："一门涉及设计、评估和实现供人类使用的交互式计算系统以及研究围绕这些系统的主要现象的学科。"[8]从这个角度来看，"机器"的主体仅限于"计算机"，其研究主要集中于人、计算机以及它们之间的关系和影响。

人-计算机交互是人与计算机之间进行信息传递、交换的媒介和对话接口，已成为计算机科学发展的重要组成部分。人机接口系统在硬件、软件和人机对话（或人机通信）方面都取得了进展，已经开发出许多高级语言，目前正在研究如何采用自然语言进行人机对话，加快人机对话的速度，增强通信效果，发挥计算机的潜力。计算机作为一个不知疲倦的"服务人员",为人们完成了许多繁杂和疲惫的体力与脑力活动,提高了人们的工作效率。然而,当人们使用它时,更多的是被动地适应它。随着计算机在人们生活中扮演的角色越来越重要,如何使计算机更加人性化、功能更加强大成为一个新的研究课题。

在人-计算机交互这一视角下有以下几个重要的概念。

(一)人机交互循环

在人-计算机交互研究中,人(用户)与机(计算机)之间的信息流被定义为交互循环。交互循环主要包含如下几个方面:①感觉通道,即基于视觉、听觉、触觉、味觉、嗅觉等的人-计算机交互,其中基于视觉的人-计算机交互是最广泛的人机交互研究领域;②任务环境,即用户使用计算机系统时设定的条件和目标;③机器环境,即计算机所链接的场景、位置及其特性等因素;④交互域,即人和计算机各有其内部过程,这些过程与人机互动没有直接的联系,两者内部过程重叠的部分则是人机之间互动过程的基础;⑤输入流,即当用户产生需要使用计算机的任务需求时,信息流会在任务环境中产生,并输入人机环境的互动中;⑥输出流,即源自机器环境的信息;⑦反馈流,指利用人机界面进行信息循环的过程,通过人机界面从人传递到机再从机返回到人的信息流。

(二)多模态交互

多模态交互指的是从多个感官通道全面综合地进行人机互动的一种交互形式。其内核在于:人机界面应能支持时变媒介,实现三维、不精确、隐式的人机交互,以满足当今和未来计算机系统的要求[9]。多通道人机界面是实现这一目标的重要途径,该界面的多通道用户界面主要着眼于用户在人机界面中向计算机输入信息以及计算机对用户意图的理解。多通道人机界面要实现的目标可总结如下：①交互的自然性，让用户尽可能多地使用现有的日常技能与计算机交互，从而降低认知负荷；②交互的高效性，使人机通信信息交换的吞吐量更大、形式更丰富，充分发挥人机彼此不同的认知潜力；③交互的兼容性，应与传统用户界面兼容。

多通道用户界面的基本特点有：①使用多个感觉和效应通道，例如，使用游戏手柄进行操控的家用游戏机，会同时调动人使用视觉、听觉和触觉通道来实现人机的互动；②允许非精确的交互，即许多感觉通道的表达和感受未必是精确的，例如，情绪或者自然语言往往会呈现出很多的"非标准化"特征；③三维和直接操纵，即与传统的平面图形用户界面不同，多模态交互应当使用三维化的、空间化的交互操作，如空间中的手势操作等；④交互的双向性，不仅强调用户提供多模态的信息输入，同样计算机也应该给予用户多模态的信息反馈，同时也应积极地影响用户；⑤交互的隐含性，许多多模态交互过程中的交互信息并非主动传达的，如情绪、表情、肢体动作等，它们作为信息在交互过程中是具有重要的参考价值的，但用户对此类交互信息的表达却未必是主动进行的。

多通道用户界面涉及的基本技术主要包括以下几个方面。①多媒体技术。多模态信息的互动必然需要多媒体的信息传递。使用多种媒体形式表达和接收信息（如文本、图形、图像和声音），使人机交互技术最终朝着一种更接近人类的自然方式发展，使计算机能够拥有听觉和视觉，并以更自然的方式与人互动。多媒体技术引入了动画、音频等动态媒体，极大地丰富了计算机表现信息的形式，拓宽了计算机输出的带宽，提高了用户接受信息的效率，使人们可以获取更直观的信息，从而简化用户操作，扩大应用范围。②虚拟现实技术。虚拟现实也称为虚拟环境。虚拟现实系统可以为用户提供沉浸感和多感官通道体验。在虚拟现实中，人是主动的参与者，复杂系统中的许多参与者可以在基于计算机网络系统的虚拟环境中共同工作。虚拟现实系统具有三个重要特点，即沉浸感、交互性、构想性。③眼动跟踪技术。与视觉相关的人机交互始终离不开视线的控制。如果能通过用户盯着感兴趣的目标，计算机便会"自动"将光标放在目标上，人机交互将更加直接，省去交互过程中的大部分步骤。④手势识别技术。一个简单的手势往往蕴含着丰富的信息，人们可以通过手势来传递大量信息，实现快速交流。将手势运用于计算机可以提高人机交互的效率。多数情况下，我们笼统地认为手势是人的上肢（包括手臂、手和手指）的运动状态。⑤三维输入技术。许多应用（如虚拟现实系统）都需要三维空间定位技术，三维空间控制器的特点是具有六个自由度，分别描述三维对象的宽度、深度、高度、俯仰角、转动角、偏转角。通过控制这六个自由度，用户可以在屏幕上平移三维对象或光标，也可沿三个坐标轴转动三维对象。在三维用户交互中，必须提高用户在三维空间中观察、比较、操作和改变三维空间的状态。⑥语音识别技术。语音识别技术是计算机通过识别和理解将自然语音信号转换为相应的文本信息或指令的过程。语音识别是一门交叉学科，与声学、语音学、语言学、数字信号处理、信息论、计算机科学等多个学科密切相关。⑦表情识别技术。面部表情是人体语言的一部分。人的面部表情并不是孤立的，而是与情绪密不可分。人们的各种情绪变化都是非常复杂的高级神经活动。如何感知、记录和识别这些变化是表情识别技术的关键。

（三）情感计算

情感计算的愿景是设计开发出能够听、看和随时感知使用者需要的计算系统。目前虽然它仍然处于初期研发阶段，但是其应用前景十分广阔，是从提升"机"的能力角度入手优化人机交互的重要切入点。

实际上，自 20 世纪 80 年代末以来，剑桥大学的一些研究团体就已开始对情感计算系统进行研究。现在，移动通信产业和娱乐产业的发展促使更多的研究团体与公司从其他领域转向这一领域。例如，麻省理工学院提出的"氧工程"是一个以人为中心的计算研究项目，由宏碁、惠普、诺基亚和飞利浦资助[10]。该计划的诞生源于四个方面的考虑：第一是让计算机帮助人们提高工作效率；

第二是了解计算和通信技术的发展趋势；第三是让计算机为用户服务；第四是让计算机理解人们的需求。

欧洲委员会的一份关于环境智能的报告描述了一个可以通过情感计算技术实现的美妙场景：商人玛丽亚（Maria）抵达机场，她携带的微芯片中存储了个人身份证和签证信息，由机场监测系统读取这些信息后，她得以顺利入境。当玛丽亚走近她租来的车时，车门自动打开了，然后车把她带到酒店的专用停车场。玛丽亚走进房间时，房间里已经根据她的喜好为其调整了温度、光线、电视节目和音乐频道。之后，她通过可视屏与女儿交谈。这种场景标志着任何计算机的交互形式将会从"认知型"转向"直觉型"，即人们需要进行学习和掌握的知识与能力将越来越少。计算机将可以准确地感知用户的意图，理解用户直觉化的操作，从而使得人机之间的互动变得极为简单和顺畅。

三、人-机器人交互

人-机器人交互通常被认为是一个新兴领域，但人类与机器人互动的概念并非一个崭新的概念，甚至与机器人本身的概念一样由来已久。艾萨克·阿西莫夫（Isaac Asimov）在20世纪40年代创造了"机器人"这个词，他围绕着以人与机器人之间的关系为主线提出了大量问题："人们会在多大程度上信任机器人？""一个人能和机器人有什么样的关系？""当机器在我们中间做着类似人类的事情时，我们对什么是人类的想法会发生怎样的变化？"几十年前，这些想法都只出现在科幻小说中，但如今，这些想法大多已成为现实，并成为人-机器人交互研究领域的核心问题。

人-机器人交互研究涉及人-机器人交互、机器人学、人工智能、技术哲学和设计等不同领域。接受过这些学科训练的学者们通过共同的努力发展了人-机器人交互信息系统，从他们各自的学科中引进了方法和框架，同时也发展了新的概念、研究问题以及研究和建设世界的人-机器人交互信息系统的具体方法。这些交互通常涉及的是有身体特征的实体机器人，它们的存在和行为方式使它们与其他计算技术有着本质的区别，也是真正使得人-机器人交互成为独立于人-计算机交互而存在的根本原因。

此外，社交机器人被视为具有文化意义的社会行为体，对当代和未来社会具有强大的影响[11]。说机器人是具体化的并不意味着它只是一台放在腿上或轮子上的计算机。相反，我们必须理解如何设计这种具体化，无论是在软件还是硬件方面，就像机器人学中常见的那样，以及它对人的影响和他们可以与这样一个机器人进行的各种交互。

机器人的具体化对它感知和行动的方式设置了物理限制，其也代表了一种与人互动的秩序。机器人的身体构造能让人们做出类似于与他人互动的反应。机器人与人类的相似性使人类能够在与机器人的交互中利用现有的人与人之间的交互经验，这些经验对于构建交互非常有用。然而，如若机器人不能达到用户的期望，它们也会使人产生挫败感。

人-机器人交互的相关研究致力于开发能够在各种日常环境中与人互动的机器人。人类和社会环境的动态性与复杂性给人机交互带来了技术挑战，这也开启了与机器人外观、行为和感知能力相关的设计挑战，以激发和引导互动。从心理学的角度来看，当面对人以外的社会智能体时，人-机器人交互提供了一个独特的机会来研究人类的情感、认知和行为。在这种情况下，社交机器人可以作为研究心理机制和理论的研究工具。

第三节 人-机-环境关系发展变迁

马克思认为，人类与其他动物的本质区别在于人类可以制造和使用生产工具进行劳动[12]。人类在劳动过程中，必然处于一定的外部环境中，并不断地改造着自然与人类自身。这种人与对象物品以及外部环境之间的关系，我们可以称为广义的"人机环境关系"。

任何事物的发展都取决于事物的内部矛盾。围绕人机环境的研究能够存在，正是因为在漫长的利用自然、改造自然的过程中，人和机器，或者说人类和其影响的对象以及外部环境之间产生了各种不同的关系与矛盾。这种关系与矛盾在很大程度上是随着人类社会生产力的发展而产生的。著名人机交互工程学家伍德（J. Wood）认为，当人操作和控制系统的能力无法达到系统的要求时，人们就确立了人机交互工程学这门学科。从这个角度不难看出，人、机器、环境之间的矛盾，主要体现在人和工具（包括以计算机为代表的智能机器）以及环境之间发展不平衡带来的矛盾。

从人类发展的历史角度来看，人机环境的关系主要可以分为以下几个发展阶段。

一、萌芽时期

人机环境关系发展的第一个时期是漫长的石器时代、青铜时代和农耕时代。在石器时代，人类就已经初步脱离了动物状态，开始具有基本的社会行为和工具行为。打制石器的出现，体现了人类最早的工具意识和设计意识[13]。在受到环境严重制约的情形下，人类开始有意识地生产和使用人造物以改变环境——最早的人机环境关系就这样出现了。后来在青铜时代和农耕时代，人类进行了社会分工，出现了工匠、商人、农民等身份。但无论是工匠的工具还是农民的农具，其使用效果的好坏主要取决于人的技巧，这一时期我们可以认为，人机的关系是一种"柔性"关系，即物品对于使用者而言是一种"器物"，人对机更多的是一种单向的使用关系，而机对人则较少具有约束力和影响力，且人使用机的目的主要是改变自然环境。因此不难看出，在这一阶段的人机环境关系中，人占据了主导地位。

二、工业化时期

随着工业革命的发展，人类大踏步走上了生产力发展的快车道。机器生产力的迅猛提高，使得上一阶段的"器物"，只用了一百多年的时间，就演变成了具有自己的动力和计算能力的机器。这使得之前的人机环境关系被打破。

机器生产力的提升伴随着社会化的工业生产和组织方式改变，使得机器对人具有了强大的约束力和影响力，这意味着人类将必须去学习和适应机器，按照机器要求的形式和节奏去工作[14]。正如卓别林（Chaplin）主演的经典电影《摩登时代》（*Modern Times*）中所展现的那样，在这种情形下，人类的工作和生活甚至需要依附于机器，人类逐渐丧失了在人机关系中的主导地位，而和机器产生了具有对抗性的人机矛盾，此前的"柔性"人机关系也就迅速演变成了一种"刚性"的对抗式的人机关系。在这一过程中，工作环境和自然环境也开始得到了区分。化石燃料的使用使得机器的工作对环境的依赖大大减少，化石燃料和电力的使用使得优化工作环境成为可能。这一阶段下的人机对立和矛盾，是后来的人机工程研究产生的根本原因，这一阶段表达的"机器需要适应人"的需求，也是后来人机交互工程学产生的思想基础。

三、信息时代

第三个时期是走上信息高速路的信息时代。这一时代和工业化时代最根本的区别在于，计算智能使得机器具有了"内部信息过程"，机器可以具备一定的"自主性"。这是人机环境关系发展的一个重大转变。在此前的人机关系中，无论是在人类主导的"柔性"关系中，还是在机器居于强势地位的"刚性"关系中，本质上机器都是被"使用"的简单对象，而在信息时代的智能化机器出现后，这一现象在很大程度上就被改变了。

换言之，有着巨大算力的智能机器，在一些方面具有人类无法比拟的优势，并且其计算的结果，往往也能在很大程度上影响人的思维和决策等更深层次的内部过程。这使得人和机器渐渐走向一种互相影响、互相适应的关系[15]，也就是一种"弹性"的人机关系。例如，一辆搭载了自动驾驶仪系统的汽车既可以通过完全自主地进行风险判断和紧急制动来规避即将发生的碰撞，也可以在人类驾驶员进行判断并发出指令的时候代替其完成动作，还可以在人类驾驶员手动驾驶的时候只是提供风险警告和驾驶建议。这种面对复杂的外部环境，人和机器相互影响，进行不同程度的人机协同的过程，就是"弹性"人机关系的集中体现。

四、未来：深度融合智能

在经历了人机环境之间的关系从"柔性"变为"刚性"再到"弹性"之后，未来人机环境的关系将会走向何方？其实这个问题在人机关系的第三个阶段就已经初见端倪，即智能问题。

智能不是人脑的产物，也不是人自身的产物，而是人、物、环境系统相互作用的产物，正如马克思所言，"人的本质不是单个人所固有的抽象物，在其现实性上，它是一切社会关系的总和"，比如狼孩尽管具有人的大脑，但是缺乏社会关系而不能与人类社会环境进行交流或交互，也不可能有人的智能和智慧。事实上，真实的智能同样也蕴含着人、物、环境这三种成分，随着科技的快速发展，其中的"物"逐渐被智能机器所取代，变为"人""机""环境"。显然，在目前的数学体系和逻辑符号的基础之上，人工智能要超越人类智能不太可能，但在人-机-环境系统中却是可能的。人工智能只能是逻辑的，智能则不一定是逻辑的。智能是一个广阔的空间，它可以随时打开异质的集合，将主观的超逻辑与客观的逻辑结合起来。

如前文所述，人和物之间的关系，是人机交互工程学的起源，人机交互的本质是共在，即人和机产生了实质性的交互。未来人机环境的关系，必然需要把人的智慧和机器的智能以及环境的因素联系起来，形成一个更有活力和支撑性的发展趋势。其实，"人机交互"或"人机融合智能"，都是对人和机交互过程的不精确的描述，最精确的描述是"人机环境交互系统"，因为人和机器及物质之间交互并不完整，还需要依靠环境这个大系统来进行沟通。人机环境深度融合，将可能是未来人机环境关系的主要发展趋势，而人-机-环境系统工程，亦可能是未来人机研究的一个主要方向。

第四节　人机交互工程学研究的基本原则与研究方法

一、人机交互工程学研究的基本原则

人机交互工程学的研究主要采用或者沿用实验心理学方法和实验生理学方法，以及所谓的心理生理学方法。简单来说，心理生理学方法，即一种使用电测量方法（如多导生理仪），通过生理变化（如血压、心率）的测量指标来表征心理状态的方法[16]。人机交互工程学研究强调如下七个方面的内容。

（一）课题来源

人机工程研究的课题来源主要有两个：理论研究和技术研究。前者是从理论假说中推演出某个假设，并需要用实验来验证其是否符合实际；后者是用实验去解决应用技术生产过程中存在的问题。理论研究是研究导向的，技术研究是应用导向的。理论研究一般应用于大学和研究所，其主要贡献是创造新知识、新测量方法等。技术研究的主要内容是改善作业条件、工具、设备和环境，如工作设计、产品设计、装备设计等。

（二）定义问题

人机交互工程学研究的问题主要是关于"系统中的人"，即人的速度、力量、动作精度、耐受性（是否能够保证在特定环境下完成特定的任务）以及人的身心健康和感受等[17]。

定义问题也指用假设形式提出某个问题，有两种基本假设形式：一是如果A，那么B。例如，如果是技能作业，那么作业面的高度为肘高以上10～20厘米；二是B=xA，即A与B之间的某种关系，如人的摸高与身高之间的函数关系。

（三）实验效标与系统效标

人机交互工程学的实验效标通常是指实验的因变量，即反应变量。它是实验目的所在，通常包括心理、生理或行为指标（如反应时间、摄氧量、肌电图和脑力负荷等）。系统效标则是指系统设计所要求的经济性、可靠性、安全性和舒适性等综合性系统指标。人机交互工程学借助实验的方法来提出与系统设计有关的参数，这种实验只能建立在某种特定的可控制、有操作意义的实验效标的背景之上。因此，必须仔细分析实验效标与系统效标的关系。例如，通过观察被试坐姿中身体的"不舒适移动"，来测量座椅的舒适性。因为坐着不舒适时，人就会调整身体的位置。

（四）变量的操作定义

在科学研究中，对研究变量必须有严格的技术定义，人机交互工程学的研究方法是对变量做出操作定义，即有关变量的可观察指标的具体陈述，或者说根据测量此变量的操作方法来定义此变量[18]。例如，物体的"长度"可以用"米"来度量，物体的"重量"可以用"千克"来表征。也就是说，科学研究的对象必须有一个可用于"度量"的标量，也就是用一个物理的长度标尺来表征一个心理的连续量。

（五）选择被试

人机交互工程学研究必须依据研究结果的概括程度来选择被试。选择被试的基本要求是能为研究主题提供尽可能完整描述的样本。例如，研究老年人人机工程问题，就要选取老年人作为被试。

（六）取样

人机交互工程学研究是针对某一特定总体进行的，例如，研究驾驶行为与安全的关系是针对所有驾驶人群的。由于不可能对全部总体进行一次研究，不可能对全国的驾驶人员都进行直接研究，因而，取样即确定研究对象的总体，并决定如何选取具有足够代表性的样本，是人机交互工程学研究的关键。取样的重要原则是随机化[19]，即研究中的对象（客体、被试）被选取的概率或机会均等。

（七）实验数据的收集和分析

实验数据的科学性和准确性，都是在数据是如何取得的过程中决定的，涉及实验设计和实验方法各方面的问题。由于人是复杂多变的，准确无误地收集实验数据往往是十分困难的。因此，应采取各种实验技术来提高数据的准确性。这需要更加深入地不断学习和实践。

二、人机交互工程学研究的常用方法

人机工程的研究根据研究内容和目的交叉融合了信息科学、心理科学、人体科学、生物医学、安全科学、系统工程、控制理论、计算机科学等学科的研究方法，来探讨和解决人、机与环境三要素之间的复杂关系，以充分发挥人、机与环境系统的综合效能[19]。目前常用的研究方法有以下几种。

（一）观察法

观察作为一门实验技术必须超越常识，从而获得具有一定效度和普遍性的资料。观察是指在某一特定时间内或特定事件发生时，观察"被观察者"自然表现的行为和言语。观察可用于实验研究，即通过观察来评估一个变量的变化。系统的观察技术的基本原则是：明确定义所观察的行为类别，训练数据收集人员保证观察的一致性，对行为进行系统的和有代表性的抽样。例如，所观察的坐姿中身体的"不舒适移动"可以定义为头部的平均移动次数和腰部的平均移动次数。通常，影响观察研究的主要因素有四个。

1. 情境

在观察研究中，情境包括人为情境、实验情境和自然情境。在大街上和在实验室情境下观察，结果显然是不同的。一般来说，自然情境更可能产生自然行为，而实验情境更容易控制实验变量。不同的情境，对行为人和实验的影响是不同的。

2. 数据获取

在进行观察研究的同时还要把观察到的数据记录下来。如果是定量观察，可以采用结构化方法进行数据记录，也就是将数据记录在事先准备好的表格中。如果是定性观察，就需要采用一种开放式的研究过程，目的是收集到更广泛的数据资料。两者相比，定量性质的观察研究建立在更加明确的问题和理论上，定性分析则更多地适用于寻找或发现问题。另外，在研究中，数据的获取方法对分析结果的影响极大，若取得了不准确的数据则对研究毫无意义，即所谓的"垃圾进垃圾出"，这是对数据获取重要性的一个形象比喻。

3. 知情性

知情性指的是被观察者能否知道自己处于被观察的状态。比如，在语言考试，特别是口语考试时，通常不仅有观察，还会全程进行录像。事实上，知情性不仅会影响实验中人的行为，更容易使人陷入一种道德上的困境。最简单的问题就是，如何在探究观察的过程中确保人的隐私。在人机系统中，为了探究人和机器两者各自的工作状态，常常使用多种观察手段。例如，对工人在流水线上的操作进行动作分析、功能分析，对生产工艺进行流程分析等。

4. 观察者

观察者在参与被观察的行为过程中，可以采用不同的方式，例如使用旁观者的视角隐蔽观察，使用参与者的视角与被观察者互动，使用被观察者的视角与其他所有被观察者融入一起。应该说，参与程度越深则观察程度越深，然而参与程度越深就越难以分清自己是观察者还是被观察者，也会带来诸如"骗"被观察者一类的问题。

观察研究的起始阶段一般是描述性的研究，主要针对行为类别进行观察，例如儿童游戏中的侵犯性行为的观察，其核心问题是哪些行为可定义为侵犯性行为，以及它们在游戏中的发生情况[19]。对观察研究所收集的数据进行分析整理后，也可能根据分析提出某种假设。对于设计和艺术而言，观察也许并不是什么新概念，艺术中最强调的也就是"观察生活"，不过，学习科学的观察方法的特殊性在于，不但要观察生活，而且要科学地观察生活。

美国国家航空航天局（National Aeronautics and Space Administration，NASA）在多次实施修复哈勃空间望远镜的计划中，通过将哈勃空间望远镜的修复过程生成计算模型，再加入失重条件下的视景变化规律进行模拟训练宇航员，取得了很好的效果。计算模型的可用性验证本身来自中性浮力水槽中宇航员修复哈勃空间望远镜的模拟演练。例如，美国宇航员在修复哈勃空间望远镜的"近视眼"和"颤抖症"时，事先在水槽里进行了400多个小时的训练。对训练过程的观察记录本身又为计算模型的建立提供了可靠的数据。

（二）实验法

与观察法相比，实验法适用于更加明确的研究对象和研究目的。通过人机组合或者人-机-环境三者的系统组合，以实验的方式给出具体的研究结论。

实验法是目前科学探究中应用最为广泛且效果最佳的手段。它的基本原则在于控制变量，即在其他变量保持不变时，系统地改变某单一变量，研究一个系统的变化对另一个变量的影响。在实验法中，被改变的变量称作实验变量，控制保持不变的变量称作控制变量，因系统的影响而改变的变量称作因变量，自变量是能引起因变量变化的变量。

1. 自变量

在人机交互工程学的研究中，自变量是主要考虑的变量，是导致因变量产生变化的直接原因。在人机交互工程学的研究中，自变量常常与作用于人自身的系统环境中的物理变量有关，如机器显示、温度变化等。

2. 实验变量

自变量在实验法中可以被选定作为实验变量，比如，实验人员在探究阅读速度和室内光照之间的联系时，可以通过控制室内光照的亮度收集单位时间内阅读字数变化的数据。在这个探究中，很显然，室内光照的强度就是实验变量，根据所提出的假设，它可能对阅读速度有影响。实验变量在探究中是研究的主体。

3. 因变量

因变量在实验法中是受自变量影响的结果。在实验人员探究阅读速度和室内光照的联系实验中，因变量就是阅读速度，它随光照强度的变化而变化。因变量在人机交互工程学中常常包括一些人的内在因素，诸如心理活动和生理活动等。

4. 控制变量

在实验法中，除实验变量外，还有一些被实验人员控制保持不变的，同时可能对因变量产生影响的自变量，这些自变量被称作控制变量。在探究实验中，往往只有一个或有多个自变量导致系统的变化，它们都可以作为实验变量。但在实际操作中，影响因变量的因素可能会更多。同样地，在探究室内光照与阅读速度的联系的实验中，除去室内光照强度外，其他环境因素和被观察者自身的因素（如心理状态、生理状态、环境噪声、阅读的内容等），都可能对阅读速度这一因变量产生或强或弱的影响。实验人员对这种潜在的变量能做的唯一事情就是将它们控制恒定不变。因而"控制"是实验法中的一个重要特征。

在实验法中控制变量需要遵循两个原则：第一个原则是，在改变实验变量的同时，控制其他的潜在变量不变；第二个原则是，尽可能消除由实验对象的个体差异产生的可能改变实验结果的影响。

（三）相关研究法

在尽可能的自然状态中，使用相关分析的数学和统计方法，将两个以上的变量之间的关系确定下来，这是相关研究法的基础理论。这种方法事实上被广泛应用于自然科学和社会科学的相关研究中，其中最著名的就是心理和社会测量理论。与实验法相比，相关研究法无须刻意地控制或改变某一单一变量，而是尽可能追求所有的变量都处于自然状态中，尤其是要避免人为因素的影响。

1. 相关与相关性分析

表征两个变量之间的关系的统计测量度就是相关。从这个角度看，使用统计方法分析两个变量之间的关系，就是相关性分析。分析得到的结果可以用相关系数表示。相关系数的取值范围为$-1 \leqslant r \leqslant 1$，它表示两个变量数列之间关系的方向与强弱。$r = 1$ 为完全正相关，$r = -1$ 为完全负相关，$r = 0$ 为无任何线性相关。皮尔逊相关系数是广泛运用于人机交互工程学的统计方法[20]。

2. 相关与因果

相关性只证明两个变量之间存在联系，并不能充分说明变量间的因果关系。这就是相关研究法与实验法的重要不同之处。相关关系虽不能说明变量之间的因果关系，但仍然具有描述和预测的能力，这一点在心理和社会测量中是非常重要的。例如，研究者可以考察父亲身高与儿子身高之间的相关关系，确定两者是否相关。这样的相关研究显然无法从因果关系的层面说明，父亲身高是通过怎样的方式（如遗传因素）影响儿子身高的，但是了解这种相关性，也是描述和预测儿子身高的重要科学依据。同时，也有一些研究认为，相关虽然不能从逻辑上直接说明因果关系，但是采用相关的一些更为复杂的方法可以逼近因果关系。

（四）模拟器或模型试验法

目前，模拟器已广泛用于汽车或飞机驾驶员的操作培训等。在人机与环境系统设计研制阶段，为了充分发现问题，还研发了一种介于原理样机和实际样机之间的工程模拟器。例如在飞行员训练过程中使用的工程模拟器，就可以通过仿真飞行来研究飞行员在多任务情况下的人机工效，并对座舱布局或系统设计提出改善意见等[21]。

（五）计算机数值仿真法

通过对人机系统进行数学建模，在计算机上对其模型进行仿真性研究，就是数值仿真。实际上，在人机系统中，人和机器的模型是不同的，这种不同不是形式上的，而是内容上的。因此，需要我们分别运用不同的方法来构建模型，在两个相异的模型集成后，综合考虑这个集成人机模型的功效。以飞机座舱布局为例，驾驶舱模型包括座舱、座椅、操纵控制装置和仪表板等。这类模型由几何图形构成，建模过程中为了提高数学建模的效率，以及方便对构建的人机系统进行改进或改造，人们常利用各种图形软件直接绘制三维人机系统。人的模型除了要正确反映人的三维形象外，还要反映人的运动特性和生理特性等，这需要引入运动学方程、动力学方程及有关的生物力学方程。

计算机数值仿真法在诸如太空失重环境下的航天员舱外活动仿真，以及车辆碰撞或弹射救生过程中人体颈椎或腰椎受力分析这类地面环境条件无法再现或危险作业的分析中作用巨大[22]。采用计算机仿真能大大缩短人机系统的设计周期和节省设计费用。

（六）调查研究法

在人机交互工程学的探究中，应用最广泛的就是调查研究法。这种方法采用系统性的调查手段，因而能够得到第一手的数据信息。另外，我们可以通过模糊理论处理收集到的调查结果，对信息进行筛选，从而获得更加可靠的数据。

（七）统计分析法

对通过以上各种方法获得的信息和数据进行统计学方法上的数据整理、数据归纳，以此得出科学性的结果或相对客观的评价，就是统计分析法。在科学实践中，统计分析法包括：①瞬间操作分析，就是用统计学中的随机取样对人机系统进行某一时刻的信息测量，再通过统计方法加以整理；②频率分析，就是分别测量人的动作频率和机器的运转频率，以此作为调节人机系统中机的负载或人的负荷的依据；③动作负荷分析，就是在单位时间内对人的负荷进行分析，判断最大的负荷和平均负荷；④信息认知分析，就是采用计算器的显示界面，汇报各种能够被人认知的信息。总之，统计分析法是通过对全部的信息进行认知来实现正确处理的目的。

本章参考文献

［1］Sanders M S，McCormick E J. 工程和设计中的人因学[M]. 于瑞峰，卢岚译. 北京：清华大学出版社，2009.

［2］Taylor F W. A Treatise on Concrete Plain and Reinforced[M]. London：John Wiley & Sons，1912.

［3］Munsterberg H. On the witness stand[J]. Journal of the American Medical Association，1908，（1）：59.

[4] 刘伟. 人机工程简史 [EB/OL]. https://blog.sciencenet.cn/home.php?do=blog&id=1227160&mod=space&uid=40841[2022-05-09].

[5] 陈信，龙升照. 人-机-环境系统工程学概论[J]. 自然杂志，1985，（1）：36-38，80.

[6] 刘伟，庄达民，柳忠起. 人机界面设计[M]. 北京：北京邮电大学出版社，2011.

[7] 孟祥旭. 人机交互基础教程[M]. 2版. 北京：清华大学出版社，2010.

[8] 董建明，傅利民，饶培伦，等. 人机交互：以用户为中心的设计和评估（第3版）[M]. 北京：清华大学出版社，2010.

[9] Bezold M，吴永礼. 自适应多模态交互系统[J]. 国外科技新书评介，2012，（9）：10.

[10] 张华. 情感化计算机[J]. 国外科技动态，2003，（10）：32-33.

[11] 陈鹰，杨灿军. 人机智能系统理论与方法[M]. 杭州：浙江大学出版社，2006.

[12] 马克思，恩格斯. 马克思恩格斯全集（第六卷）[M]. 中共中央马克思恩格斯列宁斯大林著作编译局译. 北京：人民出版社，1961：56.

[13] 刘伟. 世界机器人大会|人工智能 VS 人类[EB/OL]. https://blog.csdn.net/VucNdnrzk8iwx/article/details/120245470[2024-01-10].

[14] 周前祥. 人机整合出舱活动的模拟失重试验技术研究进展[J]. 中国航天，2006，（3）：34-37.

[15] 陈农田. 航空中人的因素理论研究综述[J]. 人类工效学，2014，20（4）：89-92.

[16] 罗仕鉴，朱上上，孙守迁. 人机界面设计[M]. 北京：机械工业出版社，2002.

[17] 谢正文，吴超. 近十年我国人机工程学应用研究进展[J]. 工业安全与环保，2005，31（3）：52-53，19.

[18] 孙守迁，唐明，潘云鹤. 面向人机工程的布局设计方法的研究[J]. 计算机辅助设计与图形学学报，2000，12（11）：870-872.

[19] 袁保宗，阮秋琦，王延江，等. 新一代（第四代）人机交互的概念框架特征及关键技术[J]. 电子学报，2003，31（12A）：1948-1954.

[20] 王继成. 产品设计中的人机工程学[M]. 北京：化学工业出版社，2004.

[21] 卢兆麟，汤文成. 工业设计中的人机工程学理论、技术与应用研究进展[J]. 工程图学学报，2009，30（6）：1-9.

[22] 谢庆森，王秉权. 安全人机工程[M]. 天津：天津大学出版社，1999.

第二章　人机交互中的情境认知

人机交互工程中的信息输入部分即人的感知和机器的感知部分，人机系统感知到的信息即整个人机交互工程中输入的信息。随着计算机的发展，人机交互的信息输入正在经历从人适应机器到机器不断适应人的发展过程，交互的信息也由精确的输入输出信息变成非精确的输入输出信息。本章基于人机交互工程中的信息输入视角，介绍人的感知系统和机器的感知特性。

第一节　人 的 感 知

感知是指通过五种人体感觉（视觉、听觉、味觉、嗅觉和触觉）从环境中获取信息，并转化为物体、事件、声音和品味的体验的过程[1]。此外，我们还有额外的运动觉，它涉及通过位于肌肉和关节中的内部感觉器官（称为本体感受器）对身体各部位的位置和运动的认识。感知很复杂，涉及其他认知过程，如记忆、注意力和语言。感知实际上是人体和环境最简单的心理互动，是形成多种多样的复杂心理活动的基础，同时也是人机交互研究的源泉和起始点。从人机交互的角度出发，我们需要关心的人的特征主要包括心理活动、生理活动，以及与心理或生理相关的信息输入、处理和输出等。

一、感觉的分类与特性

通过感觉对周围的事物产生认知，这是最基础的认识形式。比如，我们可以通过眼睛（视觉）看出一种水果的颜色，通过舌头（味觉）尝出它的味道，通过鼻子（嗅觉）闻出它的气味，还可以通过手指（触觉）感受它表面的高低起伏。人类对世界上绝大多数事物的认知都是通过感觉得到的。感觉是人脑分析事物的工具，借助于感觉反应，我们才能够了解外部世界。

感觉不仅能让我们对外界的客观事物做出反应，而且能告诉我们自身各部位的运动和状态。比如，我们能够不通过观察就感觉到自己的手举了多高，不需要视觉或听觉就能感受到身体的战栗等。

感觉虽然是一种极简单的心理过程，但它在我们的生活实践中具有重要的意义。感觉是人对内、外环境客观刺激的主观印象。最主要的感觉包括视觉、听觉、嗅觉、味觉、触觉等。我们依靠感觉分辨外界客观事物的种种属性，因此我们能够清楚地知道其颜色、软硬、重量、温度、湿度等物理特征。依靠感觉，我们才能够了解自身各个部位的运动状态、姿态。依靠感觉，我们才能够进一步地对其他复杂多变的规律进行认知。如果没有感觉，我们就很难分辨外界事物的性质和状态。因而，可以说，感觉是各种复杂的心理活动（诸如直觉、记忆、思维等）的基础。从这个角度来说，感觉是人类依靠自身对外界知识认知的原动力。

根据人的主要感觉系统及其功能特征，一般把感觉分成两大类。

第一类是外部感觉，包括视觉、听觉、嗅觉、味觉和触觉。这些感觉的感受器都位于皮肤表面或接近皮肤表面。简单来说，视觉就是眼睛的感觉，从生物学的角度来说，人眼能够观察到 0.39～0.77 微米的电磁波[2]。听觉是耳朵的感觉，人耳能够听到振动频率在 20～20 000 赫兹的声音。更具体地说，人耳能够识别出声音的高低（称为音调）、声音的大小（称为响度）和声音的个性特点（称为音色）。例如，我们能够清晰地分辨出火车和汽车的声音，甚至能够只用耳朵就能分辨出是谁在说话，还能够确定声音的来源和距离。嗅觉是鼻子的感觉，是气体分子作用于鼻子的结果，通过嗅觉，我们可以分辨出物体的大致性质。味觉是舌头的感觉，人的舌头上分布着味蕾，能够让我们感觉出酸、甜、苦、咸等多种味道。触觉的感受器分布在皮肤上，因而也称为肤觉，是由物体作用于皮肤感受器而引起的，大致可分为痛、温、冷、压四种最基本的感觉。

第二类是内部感觉，主要是反映肌体内部各个器官的状态。这类感觉的感受器基本上都位于组织深处（如肌肉组织）或器官表面（如呼吸道、肠胃壁）。这类感觉主要包括运动感觉、平衡感和肌体感[3]。运动感觉能够反映四肢的状态、位置和它们内部肌肉的收缩程度，肌肉、筋腱和神经末梢都是运动感觉的感受器；平衡感的感受器一般是内耳的前庭和半规管，其能够反映出身体平衡的状态；肌体感反映的是肌体的内部状态或体内器官的运动状态，它的感受器一般都位于器官内部或表面，主要分布在食道、肠胃壁、肺泡、血管等[4]。

一般情况下，人的各种感觉系统并不是单独工作的，一般是几种相关感觉系统联合协同起作用的。例如，皮肤感觉系统与本体感觉系统联合协同工作，以使人感觉出空间的特征。又如，在维持人体姿态平衡的过程中，前庭器官系统、视觉系统以及本体感觉系统是作为感觉人体动态平衡的相关单元而协同工作的。再如，在某些有人参与定位的人机系统中，用于纵向方位、航向、高度的单自由度听觉显示装置常连同一个常规的视觉显示装置一起工作。听觉系统与视觉系统配合，可减轻人的工作负荷，并可增加动作的灵活性，提高速度。但有关跟踪实验表明，听觉与视觉显示的联合运用并不都使传递函数中的时间延迟项比只用视觉显示时的时间延迟项小，并指出，各个感觉系统的感受器所得信息是有多余度的。因此，在一定情况下，当人的某种感觉发生障碍时还可用其他感觉的多余信息进行补偿。例如当视觉系统不起作用时，可能会利用听觉系统对声音回波的响应来调节其躯体的方位。

从功能上看，人的感觉系统似同某些输入-输出换能器一样，而且这种输入-输出的换能转换一般不是线性关系而是近于幂函数关系[5]。表2-1给出了包括视觉、听觉和触觉在内的与人的外部感觉近似的换能器特性。

表 2-1 与人的感觉器官近似的换能器特性

项目	感觉		
	视觉	听觉	触觉
刺激的能量形式	电磁辐射（光）	机械振动	机械压力
收集、聚集及过滤能量的人体组织	眼的晶状体与孔径	耳内膜片、骨骼肌与液体腔	皮内黏弹性组织
能量转换体感受器	视锥细胞及视杆细胞	鼓膜、毛细膜	一般及特殊的神经末梢
调节方式	瞳孔直径调整、眼球和眼睑活动	头部运动	肢体运动
对变化的适应性	亮度突然增强，约零点几秒才适应；亮度突然减弱，约20分钟才适应	适应性差	对非振动负荷，约数秒才适应
主要属性 对刺激的最低感受值	3×10^{-10} 尔格/厘米	2×10^{-9} 尔格/厘米或 2×10^{-4} 达因/厘米	3×10^{-2} 尔格/厘米或在 200～300 赫兹的振幅为 2.5×10^{-4} 毫米
对刺激的最高容忍值	是最低感受值能量的 10^9 倍（直接观看太阳）	是最低感受值能量的 10^{13} 倍（距喷气发动机 15R）	是最低感受值能量的 10^2 倍
刺激的范围	390～770 纳米（可见光波长）	20～20 000 赫兹	0～10 000 赫兹
刺激的时间分辨率（相继的脉冲）	20～50 毫秒（取决于强度）	2～3 毫秒（取决于强度）	10～50 毫秒（取决于强度）
刺激的空间分辨率	在具有良好亮度与对比度的亮背景中分辨清 0.01 弧分的黑线	在与两耳位置对称的面内左右各数度	在最敏感皮肤部位两点阈为 0.16 厘米

二、人的感觉传导系统类别与特征

感觉器官的活动是人们认识与对周围环境做出反应的第一环节。感觉本是神经系统的一种基本机能，只有当各种感觉器官受到内外环境的刺激作用，产生神经冲动，这些神经冲动又经过一定的传导途径传入中枢神经系统，上达到大脑皮质时才有可能在人的主观上形成相应的感觉。但是，正常情况下的大脑感觉必须依靠特异性的感觉传导系统与非特异性的感觉传导系统同时密切配合才能形成。

（一）特异性的感觉传导系统

特异性的感觉传导系统包括本体感觉传导系统、皮肤感觉传导系统、视觉传导系统、听觉传导系统、嗅觉传导系统、味觉传导系统及内脏感觉传导系统等[6]。本体感觉就是指肌肉、肌腱与关节的感觉，包括位置觉、运动觉与振动觉等。本体感觉传导系统属于深部感觉的传导系统。本体感觉传导系统的第一级神经元在脊神经节内，其周围突则终于肌肉、肌腱与关节的感觉器，其中枢突经脊神经的后根后上行止于延髓的薄束（管躯干下部和下肢的神经束）核和楔束（管躯干上部和上肢的神经束）核，由此两核发出的第二级神经纤维继续上行止于丘脑外侧核，并在此又发出第三级神经纤维经内囊上行止于大脑皮层的中央后回[7]。皮肤感觉属于浅部感觉，指的是触觉、压觉、温觉以及痛觉等（味觉也属浅部感觉）。头面部的浅感觉神经传导路径与四肢和躯干的浅感觉神经传导路径不同：前者的第一级神经元位于三叉神经半月节内，其周围突则终于头面部的皮肤和黏膜的感受器，中枢突则进入脑桥，止于三叉神经脊束核，此核发出的第二级神经纤维继续上行也止于丘脑外侧核，并沿此核发出的第三级神经纤维经内囊止于大脑皮层中央后回的下 1/3；后者的第一级神经元位于脊神经节内，其周围突终于四肢和躯干的皮肤感受器，其中枢突经后根进入脊髓，上行一、二节后止于后角，又经此处发出的第二级神经纤维达脊髓丘脑束继续上行经脑干止于丘脑外侧核，再沿此处发出的第三级神经纤维经内囊止于大脑皮层中央后回的上 2/3[8]。视觉、听觉、嗅觉等属于远距离感觉，这些由远距离传来的刺激信号由各种相应感受器的传入神经接受后直接通过各对脑神经传入脑内。至于内脏感觉则一般由内脏感觉神经传入中枢，但它们上达大脑皮层的具体路径情况目前人们不甚清楚。内脏感觉的一个特征是其感觉较迟钝且定位不准确。特异性的感觉传导系统的共同特征是它们传递到大脑的各种刺激冲动都被分别投射到大脑皮层的各个特定区域并引起各相应的特定感觉[9-12]。

（二）非特异性的感觉传导系统

非特异性的感觉传导系统是指与特异性的感觉传导系统配合工作的另一类感觉传导系统[13]。这类感觉传导系统由脑干网状结构内的神经元通过许多短轴突彼此相连接，交织成网，从延髓向上延续到丘脑，再通过丘脑内侧的核弥散性地投射到大脑皮质中，只刺激整个大脑皮质的活动，维持其兴奋性，使肌体处于觉醒状态。这种从脑干网状结构延续到丘脑，再经过丘脑内侧核弥散性地投射到大脑皮质的广泛区域的感觉传导系统就称为非特异性的感觉传导系统（因其只是刺激整个大脑皮层，使大脑皮质处于觉醒状态而并不形成特定的感觉）[14-16]。由此可知，这两类感觉传导系统实际上是同时起作用的，即非特异性的感觉传导系统使大脑皮质处于觉醒状态，特异性的感觉传导系统则使大脑皮质形成某种特定的感觉。如果投向大脑皮质广泛区域的这种非特异性的冲动增多，则人体会表现为精神更加振奋，注意力也更呈集中状态；如果这种非特异性的冲动减少，则人体便会相对地呈现为安静与不兴奋状态。

三、感觉与神经系统

（一）神经系统的组成及其功能

一般来说，神经系统主要包括脑和脊髓（高级神经中枢）以及分布全身的神经元（周围神经）。神经系统在人体中是一个完善的主导系统，人体的各个系统和它们各自的组成器官都统一在神经系统的调节下相互协调与影响，以此来保障肌体的统一和与外界的相对平衡状态。在调节过程中，神经系统通常通过感受器接收来自体外的信息，这些信息经过高级神经中枢的整合反映到周围神经的控制上，从而实现各个系统的活动，使肌体能够适应多变的外部环境，同时也调节肌体内环境的平衡。

从心理学的角度来看，人的全部心理活动和意识活动都是通过神经系统的调节来实现的。所以我们可以说，神经系统是心理现象的基础。

（二）神经组织

人的神经组织主要由神经元和神经胶质细胞组成。神经元也称神经细胞，是神经系统的结构、功能和营养的基本单位，具有感受体内外刺激、整合信息和传导信息的功能。神经胶质细胞分布在神经元周围，构成网状支架，对神经元起支持、绝缘、营养、防御等作用[17]。

1. 神经元

一个神经元由三个部分组成，一是包含细胞核的细胞体，它是神经元代谢和营养的中心；二是由细胞体向外伸出的呈树枝状的短突部分，称为树突；三是由细胞体向外伸出的一条细长的单突，称为轴突。

轴突的长短随神经元类型的不同而异，短的轴突仅数十微米，长的可达 1 米以上。轴突外被髓鞘及施万细胞包围组成神经纤维。神经纤维的末端有许多分支，称为神经末梢。神经元得到的信息通过树突来传递，在细胞内部整合后再由轴突将信息传递给另一神经元或肌细胞和腺细胞，从而在整个肌体内形成传递信息的神经元链[18]。刺激沿神经纤维的传递速度和轴突髓鞘的厚度有关。髓鞘厚时，传递速度可达 100 米/秒；髓鞘薄时，传递速度则可低至 1 米/秒。传递速度还与神经元之间的间隙数目有关，因为突触间隙对刺激传递有微弱的阻碍作用。

2. 突触

神经系统的机能活动依赖于众多神经元之间的密切联系,而神经元之间是彼此接触的,突触即为神经元之间发生接触并进行信息传递的特殊连接装置[19]。神经元通过突触形成一张密集庞大的神经元网络,这张"大网"就可以看作是一个完整复杂的神经系统,通过它,冲动能够有效地在神经系统内传导。突触由突触前膜、突触间隙和突触后膜三部分组成。

轴突末梢的每个分支末端都有一个膨大成球状的突触小体。突触小体内含有大量的突触小泡,储存着高浓度的化学递质(神经递质)。突触小体的细胞膜称为突触前膜,与突触前膜对应的另一神经元的细胞膜称为突触后膜,两个膜之间的空隙则称为突触间隙,宽15～30纳米[20]。由于突触前、后神经元之间有突触间隙相隔,并无原生质联系,因此信息的传递是通过化学递质转变为电位变化而完成的。当神经冲动传至突触前膜时,突触小泡即向前膜移动并贴附于前膜形成破裂口,此时,大量的化学递质被释放到突触间隙并且通过扩散到突触后膜,从而引起突触后电位。这种突触后电位使神经冲动由突触前膜单向地传向突触后膜,引起突触后神经元兴奋或抑制。正是突触传递的单向性,才保证了信息有效地传向中枢和大脑。

(三)中枢神经系统

1. 脊髓

脊髓是人体中高级神经中枢的最低部位,位于脊柱内。脊髓的上端进入颅腔扩展成为大脑的一部分——延髓。脊髓的功能有二:一是传导,来自躯干、四肢和大部分内脏的各种刺激通过脊髓传导至脑,脑的活动又通过脊髓传导至躯体和内脏，脊髓是脊神经与脑之间的神经传导通路；二是反射，脊髓能够实现一些相对简单的反射，如腱反射、屈反射和行走反射等[21]。

2. 脑

脑是中枢神经的高级处理器，位于颅腔内，包括延髓、脑桥、中脑、间脑、小脑、大脑六个组成部分。在生物学上，后面的三个部分通常也合称为脑干。脑干参与传导上、下行神经冲动，是大脑半球与脊髓之间的联络通路。

（1）延髓。延髓为脊髓的延续，它不仅是食物反射（如唾液分泌、咀嚼、吞咽等）和某些防御反射（喷嚏、咳嗽、呕吐等）的中枢，还是呼吸系统和循环系统的反射性自动调节中枢，故有"生命中枢"之称。脊髓上行的和脑下行的神经纤维在延髓交叉，以致形成左、右大脑半球分别控制对侧躯体的状况。

（2）脑桥。位于延髓上方、小脑腹侧，是联系小脑两半球上、下行神经纤维的桥梁。脑桥参与或完成头面部肌肉（如外直肌、咀嚼肌、表情肌）的运动以及某些感觉（面部肤觉、味觉、平衡觉和听觉）的形成。

（3）中脑。位于脑桥上方，是视、听运动的反射中枢。中脑的反射机能对肌体的定向反射具有重要意义。

位于延髓、脑桥和中脑中央部位的一个广泛区域称为脑干网状结构，由各种来源的神经纤维交织而成的网络及散布其中的神经细胞、核团构成[21]。该结构存在两个相互对立的调节系统——激活系统和抑制系统。激活系统不断接受来自体内外的各种刺激并经丘脑广泛地传至大脑皮质，引起大脑皮质处于醒觉状态。抑制系统则引起大脑皮质活动水平的降低。两个系统的协调活动，使大脑皮质维持正常功能。脑干网状结构也调节内脏活动和躯体运动。

（4）间脑。位于脑干上方，由丘脑和下丘脑组成。丘脑是大脑皮质下的低级感觉中枢。除嗅觉外，身体各部分的感觉冲动均传至丘脑，经丘脑更换神经元后传向大脑各高级感觉中枢，引起特定的感觉，故丘脑为各种感觉的中转站。下丘脑主要负责调节内分泌活动，也参与某些情绪反应活动及昼夜周期性变化活动等。

（5）小脑。位于颅后窝内，在延髓和脑桥的背侧、大脑的后下方。小脑通常负责维持身体平衡，也负责运动相关的肌肉协调等。

（6）大脑。位于中枢神经系统的最高部位，被一条纵裂分为左、右两个半球，两半球之间通过连合纤维——胼胝体连合与沟通。大脑表面有许多深浅不一的皱褶，皱褶凹陷部位称为沟或裂，隆起部位称为回。三条主要的沟将大脑分为额叶、顶叶、颞叶、枕叶4叶。半球表面被覆的灰质细胞层，称为大脑皮质。皮质的深部为髓质，亦称白质，有联系左右大脑半球、同侧半球各区域以及皮质与低级中枢的机能。靠近大脑半球底部埋藏于髓质之中的灰质核团，称为基底神经节，是调节肌肉紧张度和保证肌体在完成复杂活动时使肌肉协同活动的神经细胞集团，是大脑皮质下的运动中枢。

大脑皮质拥有数以亿计的神经元，是整个肌体的"司令部"。人的大脑皮质大约含有140亿个神经细胞，在垂直切面上大致分6层排列[22]。皮质浅部的1～4层为最重要的细胞层，其主要机能是对进入皮质的各种冲动进行复杂精细的分析、综合，并做出反应。皮质深部的5～6层主要是接受并传递来自1～4层的信息。正是大脑皮质含有大量的神经元以及它们相互联系的广泛性和复杂性，才使得大脑皮质具有完善的分析、综合能力，成为人类思维和语言的物质基础。

大脑皮质的各个不同区域在功能上具有不同的分工，如感觉区和运动区，但皮质各区域这种功能上的分工又不是绝对的，一个区域通常只负责某一功能的核心任务，同时，皮质的其他区域内也有类似的功能区。例如，大脑皮质的中央前回（第4、6区）主管全身骨骼肌的运动，称作运动中枢，但该区域也接受部分的感觉冲动。中央后回（第1、2、3区）主管全身的感觉，称作感觉中枢，刺激该区域后也可产生少量的运动。中枢损伤的人依靠皮质其他功能区域的代偿，不会完全丧失该中枢所管理的功能。

1909年，布罗德曼（K. Brodmann）[23]根据皮质不同部位的组织结构的不同特点和功能，将大脑皮质分为 52 区，并注上阿拉伯数字，至今仍是具有权威意义的细胞构筑图或脑地图。1937 年，加拿大的潘菲尔德（W. Penfield）[24]还绘制出了相当精确的皮质第 1 躯体感觉区和运动区的定位图。

第 1 躯体运动中枢也称大脑皮质运动区，位于中央前回第 4、6 区[24]。每个半球的大脑皮质运动中枢控制对侧躯体的运动（控制头面部的运动是双侧的）且具有精细的定位，即一定的区域支配一定部位肌肉的运动。具体地说，面部肌肉的运动由中央前回的下部控制，上肢和躯干肌肉的运动由中央前回的中部支配，下肢肌肉的运动则依靠中央前回的上部进行控制，从而使身体各部位在皮质运动中枢的投影呈一个倒置的人形（头面部在其内部排列呈正立）。同时，身体各部位在皮质运动中枢的投影的大小与该部位所从事的运动的精细复杂程度有关，如在人体上尽管口和手比下肢要小得多，但因为口和手是从事精细运动的部位，所以它们在运动中枢的投影特别大。

第 1 躯体感觉中枢也称大脑皮质感觉区，位于中央后回和中央旁小叶的后部，包括第 1、2、3 区[24]。它是皮肤的触、压、冷、温、痛等感觉的高级中枢，也是躯体运动觉和平衡觉的中枢。人体各部位在大脑皮质感觉中枢的投影与其在运动中枢的投影具有相类似的特点。

在大脑皮质中，除上述运动中枢和感觉中枢外，还有距状裂两侧的视觉中枢（第 17 区）、颞上回和颞横回的听觉中枢（第 41、42 区）、海马旁回钩附近的嗅觉中枢等[24]。

在大脑皮质中除上述区域以外的广大区域为机能联合区，联合区具有高度的整合能力。人的语言、记忆、抽象思维、运筹计划等复杂心理活动和动机行为均与联合区的机能有关。

人的语言功能区包括运动性语言中枢、视性语言中枢和听性语言中枢，它们分别位于第 44 区、第 39 区和第 22 区，还有位于额中回的书写中枢，这些神经处理器都在大脑皮质的机能联合区内[24]。这 4 个语言中枢是构成人类特有的第二信号系统的生理基础。

（四）周围神经系统

周围神经系统是由脑和脊髓发出的，其末梢分布于身体各器官和组织的神经系统，包括脊神经、脑神经和内脏神经。周围神经的功能有二：一是接受来自体内外的各种刺激并将其传导至中枢神经；二是传递由中枢神经发出的指令并完成运动反应。

四、人的知觉

（一）知觉特征

信息加工在知觉过程中分为两种方式，一种是自下而上进行的，另一种是自上而下进行的。前者是由信息输入（也就是感觉）引起的，基本上是靠刺激来完成加工过程；后者则是由经验和记忆所引导的。在脑的工作流程中，脑对外界的刺激进行分析和编码，与记忆中的信息比对，这些刺激中重要的信息被保留下来并完成加工，不重要的信息则直接在脑中过滤出去。通过这种加工处理，外界的刺激能够构成一种"知觉期待"，再与脑中已经储存的信息做比较，从而使刺激更加准确、迅速地从所有的信息中脱颖而出，整合为知觉表征，进而产生对事物完整的知觉。无论是自下而上的方式还是自上而下的方式，它们都不是各自独立的，往往互相关联、互相补充。

人的知觉一般分为空间知觉、时间知觉、运动知觉等，它们具有如下特征。

1. 知觉的整体性

当多个具有相同或不同属性与特征的物体同时出现时，人们对这些物体形态的知觉往往不是独立的，而是借助一定的知识经验，加上思维习惯，把这些对象感知为一个统一的整体。例如，看到一个四边形，人们不会把它感知为孤立的四条直线，而是习惯于将其看成一个矩形四边形。再如，在美国国家导弹防御系统中，人机界面上呈现的矩形四边形代表着敌方来袭的导弹；北约 1984年颁布的陆基系统军事标识协议 APP-6 中用矩形四边形代表当前区域的友军单位。即普通的标识符号除了具有常规意义外，根据使用目的和对象还包含其所代表的内涵。

当人在第一印象中没有可以直接匹配的模型时，知觉往往会以感知对象的特点为转移，按照一定的习惯将它感知为具有某种意义的形态。格式塔理论研究人员将这些习惯总结为接近、相似、封闭、连续、美的形态等，如图 2-1 所示。

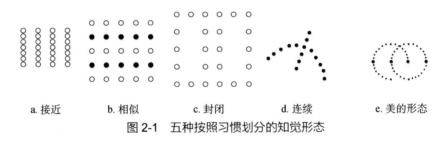

    a. 接近   b. 相似   c. 封闭   d. 连续   e. 美的形态

图 2-1　五种按照习惯划分的知觉形态

2. 知觉的理解性

人类需要根据自身的知识和经验去理解与感知信息或对象，在此基础上进行了解与感悟，这就是知觉的理解性。

3. 知觉的选择性

从人的认知过程微观模型可知，人总是根据需要，有选择地把少数刺激作为知觉对象，在向短期记忆存储库移送过程中已将大量其他无用的信息丢失。

4. 知觉的恒常性

当知觉条件发生变化时，知觉的影像会保持相对不变，这种特性称作知觉的恒常性。知觉的恒常性实质上是指经验在知觉中起作用的结果，其中视知觉的恒常性表现得特别明显[25]。这种知觉恒常性主要表现在以下几个方面。

（1）大小恒常性。在不同距离观察同一物体时，人的视网膜上呈现的物象是近大远小，但人的知觉系统将修正视网膜映像的变化，从而实现感觉出物体真实大小的效果。

（2）形状恒常性。从不同的角度观察同一物体时，人的视网膜上呈现出来的影像也会有所差别，而人的知觉系统能够恰到好处地修正这种差别，从而使知觉到的物体仍然保持同样形状。

（3）颜色恒常性。光环境变化时有时会改变物体本身固有的颜色，如黑色屏幕有时会因反光形成其他颜色的光斑，但是人的知觉系统仍然判断这些光斑是黑色的。

（二）知觉的种类

1. 深度知觉

深度知觉是指人对距离的视觉感受，也称作距离知觉。人生活在三维立体世界中，靠眼球中视网膜感光和晶状体调距形成深度知觉[26]。例如，在晴朗天空看飞机起飞，从最初看到一架完整的飞机到最后看到一个黑点再到黑点消失在视野外，给人带来天空无限深远的感受。

2. 时间知觉

时间知觉是人对时间长短的估计。人的心态和情绪将影响人对时间长短的估计，如人在做感兴趣的事情时会感觉时间过得快；相反，人在做不感兴趣的事情时会感觉时间过得慢。

3. 方位知觉

方位知觉是人对空间位置等属性的判断与反映。人对上下、左右、前后等方位的判断主要靠视觉。方位知觉还可通过声音发出的位置和方向来判断，而且运动觉和平衡觉也会对方位知觉产生影响。

4. 运动知觉

物体在空间的位移引起的视觉感受称为运动知觉。知觉者固定不动，物体实际运动的视觉感受称为真动知觉；知觉者固定不动，物体也不运动时的视觉感受称为似动知觉，这是在视觉残留的作用下产生运动的感觉。

5. 错觉

错觉是知觉恒常性颠倒时产生的对客观事物不正确的知觉。错觉中最常见的是视觉错觉。另外，人的听觉、嗅觉、味觉等都会产生错觉，有时会把无声错听为有声，把无味错认为有味等。

五、感觉与知觉的对比

与感觉比较，知觉是脑对由各种感受器接收到的全部信息进行整合得到的整体结果。也就是说，感觉是单一的知觉，知觉是整体的感觉。

具体地说：①两者的产生来源不同。感觉是一种介于心理和生理之间的活动，它主要来源于外界的刺激。知觉则是在感觉的基础上，联系人的知识和主观因素，对事物的各方面进行综合性的解释。②两者反映的内容不同。感觉是脑对事物某一个方面的反映，知觉是对事物各个方面信息总结的综合反映。③两者的生理机制不同。感觉是通过某一个感受器得到的信息，知觉则是多个感受器和分析器协同作用的结果。

但是两者也有联系：①感觉是知觉的基础。从产生来源来看，感觉是知觉的组成部分，是知觉的前提。没有对单一属性的感觉，就不可能产生对事物整体的知觉。②知觉是感觉的发展。对事物的感觉越丰富（更多的单一属性），对事物的知觉也就越准确。③知觉不是感觉的总和。知觉是高于感觉的心理活动，它不仅包含各种感觉，也包含各种感觉综合分析的结果，并且需要参考个体的知识积累和经验积累。

第二节　人　的　认　知

20世纪80年代中期，认知工程（cognitive engineering）的概念由诺曼（D. A. Norman）和拉斯穆森（J. Rasmussen）分别提出，认知工程就是将信息科学与人的认知特性相结合，主要研究的是人感知信息进行判断和决策的行为过程，旨在揭示人的失误原因、失误本质以及减少失误的措施。描述认知的其他方式是根据其发生的背景、使用的工具、界面以及涉及的人员[27]。根据发生的时间、地点和方式，可以分配、定位、扩展和体现认知。认知也被描述为特定类型的过程[28]。人的认知特性涉及人的认识过程中理解与认识、注意与注意力分配、学习和习惯、记忆、阅读说话和聆听、解决问题、规划、推理和决策等特性和理论[29]。

一、理解与认识

（一）理解

理解是学习过程的重要组成部分。认知心理学认为，信息的传输和编码是人类理解的基础，它通过已有的信息建立起内在的心理状态，从而获得心理上的意义[30]。

理解可因人的特征和学习内容不同而异，每个人会根据自己的方式对得到的信息进行系统性的整合，进而产生对这些信息或这些信息背后的信息的理解[2]。但是，单就人的学习过程而言，人的理解往往存在某种一般模式，可以用图 2-2 表示。

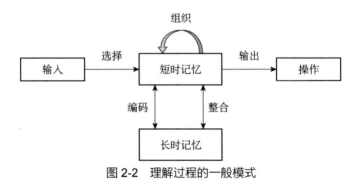

图 2-2　理解过程的一般模式

从理解的模式来看，可将人的理解分为以下三个阶段。

第一阶段，选择性注意阶段。在这个阶段，当前的各种外界信息经过主观的"过滤"，其中一部分会通过感觉进入短时记忆。但是，哪些信息会进入短时记忆，取决于信息本身的特性，也取决于人自身的特点。

第二阶段，信息的编码阶段。当人们注意到外界的各种信息时，这些信息就已经在短时记忆中存在了，它们要通过脑的进一步加工进入长时记忆。梅泽伊（A. Mezei）和派维奥（A. Paivio）认为人的信息编码方式是一种双重编码，既可以用语言-序列储存来编码，也可以用映像-空间储存来编码[31]。在具体的学习实践中，我们是依靠语言-序列的储存来编码一些抽象的概念和原理的，其中更加具体形象的词汇或句子则既依靠语言-序列的编码也依靠映像-空间的编码。也正因为如此，那些对具象的理解和提取比抽象的要容易很多。

第三阶段，表征的重新建构和整合。当新的信息进入长时记忆后，人的图式会发生相应的变化。从一个角度看，已有图式的某些节点和区域在信息输入后被激活，这个过程使得信息编码获得了心理上的意义。从另一个角度看，新信息的输入又能够改变原有图式。如果新输入的信息和原来图式中的信息有关，那么就在原有的信息网络中增加新的信息，而如果两者没有关系，这些新的信息就会存放在图式中的空位上[32]。通过这种内在的不断建构，个体在新信息和原有信息中得以建立关联，并不断地整合和重组。

（二）认识

认识是心理学上一个主要的研究内容，包括多种心理现象，诸如感觉、知觉、记忆和思维等。在心理学上，感觉和知觉是认识的开始与基础，记忆是对经验的反馈，思维是认识的核心。认知心理学在 20 世纪 70 年代提出了图 2-3 所示的认知过程微观模型，描述了人从感觉上升到知觉的认知过程中所涉及的感觉和工作记忆过程[33]。感觉是对刺激的一种本能反应，知觉是对感觉信息进行解释的高级认知过程，解释过程依赖人的长时记忆和短时记忆，而认知除了感觉和知觉外，还包括判断、决策和反应。

图 2-4 为人的信息加工模型，人接收到的信息经过感觉和知觉的整合后，就进入思维和决策环节。对于人而言，决策是信息加工的重要模块。某一事物一旦被知觉感知，就会经过决策模块确定要不要对它采取某种行动。在图 2-3 的例子中，一旦确定为敌机入侵，矩形方块就会决定是攻击还是避让。决策通过反应和选择来表达，在某些情况下，也会发生暂时不做决策而将信息储存在长时记忆的现象[34]（不做决策也是一种决策）。在这种情况下，需要从长时记忆提取出关键的信息输入短时记忆中，以供选择和执行。在实际的生活实践中，

决策往往能够给出不止一种的可能性，包含多个可行性方案，这些方案需要通过分析筛选出最优者。

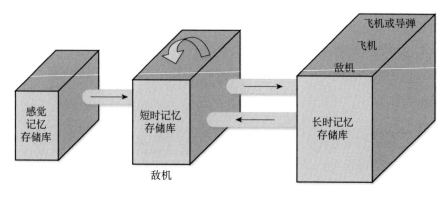

图 2-3　认知过程微观模型

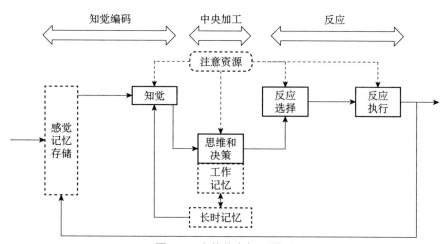

图 2-4　人的信息加工模型

图 2-4 中，反应执行的含义是信息经上述过程加工后，如果人决定对外部刺激做出某种反应，该决策将以指令的形式传递给效应器官，支配效应器官做出相应的动作。效应器官是反应活动的执行机构（如手指），反应执行是信息输出的过程。

反馈本质上是被动系统对主动系统的反作用。效应器官相应动作的结果被视为一个新的刺激，并传回输入端，即形成一个反馈回路。在反馈信息的帮助下，人们会加强或抑制信息的再输入，从而更有效地调节效应器官的活动[33]。

了解人的信息输入和处理过程以及人的信息传递能力，可使人在人机系统中处于最佳信息接收的状态，对提高工作效率、防止人因失误、增强系统作业环节的效果具有重要意义。

二、注意与注意力分配

注意力（attentiveness）就是在某个时刻，从众多可能的事物中选择一个，并把精力集中在这个事物中。注意力涉及我们的听觉和/或视觉。注意（attention）作为一种重要的心理努力，贯穿于信息加工的全过程。从感觉记忆存储到反应执行，几乎所有的信息加工阶段都离不开注意。注意的重要功能是过滤和筛选大量外部信息，即选择和跟踪所需信息，避开和抑制无关信息，从而使所需信息在大脑中得到精细加工。然而，这并不意味着注意总是指向并集中在同一个对象上。根据当前活动的不同需求，注意可以有意识地从一个对象转移到另一个对象。请注意，在某些特定条件下，它也可以同时分配给两个或多个活动。例如，汽车驾驶员在驾驶时，不仅要掌握驾驶，还要注意周围的变化等。在现代复杂的科学技术和生产活动中，操作者只有具有较高的注意力分配能力，才能提高工作效率，并防止错误和事故的发生。

注意作为心理活动的状态在近代心理学发展初期就已受到高度重视。构造主义心理学的创始人冯特（W. Wundt）在1908年出版了一本专著《情感和注意力心理学》（*Grundzüge der Physiologischen Psychologie*）。在论述统觉说时，冯特指出，注意是伴随着一种心理内容的清晰领会的状态；还指出了注意的范围和作用：注意和视野一样，是一个有一定阈值的有限领域[35]。只有当心理内容进入这个领域时，注意才能被领会。这个领域有一个狭窄的中心区域。

只有当心理内容进入这个中心区域时，注意才能获得最大的清晰性和鲜明性。这个中心区域被称为"注意焦点"。美国机能主义心理学的创始人詹姆斯（W. James）在 1892 年出版的《心理学教科书》（*The Principles of Psychology*）一书中将注意作为意识的四大特征之一[36]。他指出，意识总是对注意的某些部分感兴趣，而排斥其他部分。注意始终在欢迎或拒绝，始终在对注意力进行选择。他还指出，我们所谓的"经验"几乎完全由我们的注意习惯决定。然而，随着行为主义心理学和格式塔心理学的传播，注意的研究几乎被完全排除在外。行为主义心理学以人的活动和行为作为研究对象，坚决主张把难以捉摸和不可靠近的心理现象完全摈弃于心理学的研究之外。因此，行为主义心理学从根本上否定了注意这一心理状态；格式塔心理学则把注意淹没在"组织作用"和"完全趋向"中。

第二次世界大战期间和战后，由于通信工程的需要，工程心理学开始关注对注意的研究，以了解人可以同时处理的信息量，以及注意的分配、维持和转移的特点，从而保证人机系统的工作效率和可靠性。特别是 20 世纪 50 年代中期以后，随着认知心理学的兴起，人们越来越认识到注意的重要性，对注意的研究也越来越广泛和深入。1967 年，奈塞尔（U. Neisser）出版了《认知心理学》（*Cognitive Psychology*）一书，在书中他有意地用"拾取信息"（pick up information）的词组，以表明人接收信息的过程不是像行为主义心理学者们所说的那样，被动地接受外界刺激，而是"挑选"，即主动地选取某种信息，从而将人的注意这一十分重要的内容又纳入心理学的范围[37]。实际上，人在客观世界中首要的是他选取了什么信息，又忽略了什么信息，然后才会论及如何利用这些所获取的信息。认知心理学目前将注意作为一种内部机制，借以实现对刺激选择的控制并调节行为。

截至目前，注意和注意力并没有被认为有很大的区别。很久之前，注意是一种概念，不含注意力。20 世纪中期，作为神经结构的一部分，通过实验证明了注意的存在。后来，研究者对注意机能提出了几个构成要素。所以，注意逐渐被看成是一个实体并具有能力，而注意力则代表某种意义。

我们生活、工作中涉及的各种环境中都会有很多情报，人们并不需要根据所有的情报去知觉或认识对象。毋宁说人是根据情况选择特定的情报进行处理。这一类认识过程中的机能的总称叫注意。注意本身是一种谁都知道的现象，在很久以前人们对注意就有很多研究，对注意的生理机理和心理机理也有很多真知灼见。另外，近几年，人们将注意与可观察的神经活动相联系，即和具有神经基盘的实在的概念相联系。

注意这一概念有很多意思。对注意下一个明确的定义很难，无论怎样定义，都有片面性，因此，以下罗列的仅是从人机界面的观点对注意的几个定义[38]：①精神集中，对某件事，能否精神集中地去处理；②监视，在监视作业中，监视发生概率低，但有可能发生的事情；③选择的注意，对同时提示的复数的情报进行选择和捕捉；④探索，从很多信号中找出、发现其中的一部分；⑤活性或定位反射，时刻戒备、严阵以待即将来临的事；⑥准备，在认识或肌肉运动方面准备下一次反应；⑦综合分析，认识某特定图案的过程；⑧努力或资源，努力是极限容量说中的中心概念，资源意味着情报处理中能利用的记忆容量或情报传输回路等。

人的情报处理系统能处理信息的量是有极限的。如把人看成是知觉、认识情报的情报处理系统，则注意能够促进增强认识的感度和提高处理速度，这是确定注意力时的基本概念。关于注意是在人的情报处理系统的哪个阶段起作用，以神经结构为基础的研究正处在对其不断理解的过程中。此外，各种各样观点的注意研究也在进行中。从注意力的观点来看，注意机能的特征基本由以下三个基本要素集约而成：①选择机能，是一种只选择所需情报的过滤器；②觉醒水平，即大脑皮质的兴奋状态；③容量分配，即能分配的努力、资源的量和情报处理量。如人在开汽车时，看道路前方是理所当然的，但还要观察侧视镜和后视镜，注意侧方和后方路况，与此同时，还要看速度计、气动量仪、温度计等各种仪器，然后从提示的各种情报中，在最短的时间内进行正确操作。

三、注意的生理机制

对注意的研究大体可分为两类：注意的认知机制和注意的生理机制。这里侧重讨论注意的生理机制的研究及几个重要的理论。

（一）关于注意的生理指标的探索

关于注意的生理机制的研究始于朝向反射的研究。早期巴甫洛夫（P. Pavlov）在狗的唾液条件反射实验中发现了朝向反射，他发现，对于已建立起唾液条件反射的狗，给予一个突然意外的新异的声音刺激，则原先的条件反射立即停止，狗出现了朝向反射以做出应对的准备[9]。他对此的解释是：这种对新异刺激的朝向反射本质上是脑内发展了外抑制过程，即新异刺激在脑内产生的强兴奋灶对其他脑区产生明显的负诱导，因而抑制了已建立的条件反射活动；随着新异刺激的重复呈现，则失去了它的新异性，在脑内发生了逐渐消退抑制过程，抑制了引起朝向反射的兴奋灶，这样朝向反射就不复存在。从中可知，巴甫洛夫主要是根据动物的行为变化，推论脑内抑制过程的变化来加以解释的。

20世纪50～60年代，世界各地的很多研究者系统地研究了朝向反射的各种生理变化。由于朝向反射是由新异性强烈刺激引起的肌体反射活动，表现为肌体突然暂停现行活动，头部、面部甚至整个身体转向新异刺激的方向，探索新异刺激的性质及其对自身的意义，因而研究者们认为朝向反射是注意（非随意注意）的生理基础。在研究过程中发现，新异刺激可导致瞳孔放大；皮肤电反应迅速增强交感神经的兴奋效应；头颈部肌肉和眼外肌的收缩使头部转向刺激源；脑波出现弥散性去同步化反应和皮层的兴奋性增加；等等。同时发现，所有这些朝向反射的生理变化对于各种新异刺激的性质都是非特异性的，即无论是声、光还是痛刺激，只要它对于肌体来说是新异的，就都会引起这些生理变化，并且刺激量的差异也会引起这些生理变化。这种非特异性使朝向反射不同于适应反应和防御反应。适应反应随着刺激性质不同而异，如温刺激会引起外周血管和脑血管的扩张，而冷刺激则使它们收缩；在有害刺激引起的防御反应中，无论是外周血管还是脑血管都发生收缩，并在重复应用有害刺激的情况下，这种收缩反应不会减弱。除了非特异性特点外，朝向反射还具有对刺激模式也很敏感的特点。例如，如果重复应用相同的刺激模式，朝向反射就会消失；当刺激模式改变时，朝向反射将再次出现[39]。

直至20世纪60年代初，在心理学研究中正式采用计算机的叠加功能对人脑颅表电位进行加工，提取了一系列过去无法观察到的由心理活动引起的脑电波，形成了一个独特的事件相关电位（event-related potential，ERP）研究领域。目前，ERP被认为是观察人脑心理活动的一个窗口。20世纪70年代，国际上ERP研究尚处于兴起的初期阶段，各国生理心理学的研究者对各种心理因素的ERP进行了广泛的研究，发现实验条件的微小差异即可使结果发生很大的变化，从而致使各研究者的实验结果常常不一致。魏景汉和汤慈美[10]在总结前人工作的基础上，采用诱发电位法严格控制实验条件，分析研究了有意注意和无意注意对同一组受试者脑听觉诱发电位晚成分的影响，并分析了有意注意和无意注意在诱发电位上的异同。

（二）神经匹配模型

在上述研究中，研究者试图从朝向反射的各种生理变化的测量中来寻求注意的机制。索科洛夫（N. E. Sokolov）从朝向反射对刺激模式敏感的现象中得到启示，提出了"神经匹配模型"（the neuronal matching model）[40]。

该模型认为，刚刚呈现的外部刺激形成了神经系统中神经元组合的固定反应模式。如果重复呈现相同的刺激，传入的信息与已形成的反应模式相匹配，那么朝向反射就会消失。然而，如果刺激发生变化，新传入的信息与已形成的神经活动模式不匹配，则朝向反射将重新建立。因此，索科洛夫认为，第一次应用新异刺激所引起的朝向反射，以及在其消退后改变刺激模式所引起的朝向反射，都是通过同一神经活动模型的机制实现的。具体来说，这种机制发生在对刺激反应的传出神经中，在这里把感觉神经元所传入的信息模式与中间神经元所保留的先前刺激痕迹的模式相比较，如果这两种模式匹配，传出神经元将不再反应；如果两种模式不匹配，传出神经元将从不反应状态变为反应状态。这种模型得到了许多朝向反射的实验的支持。

（三）神经活动双重过程模型

1970年，格罗夫斯（C. P. Groves）和汤普森（R. H. Thompson）在他们对动物实验研究的基础上，提出了神经系统的"双重过程模型"（dual-process model）[41]。他们发现，神经系统中有一些特定的细胞对任何输入都能做出反应并快速放电。此外，他们发现更强的输入会导致更多的神经细胞反应。随着时间的延续，一系列微弱的输入也会逐渐增加神经放电，这种效应被称为敏感化（sensitization）。他们还发现，当一个输入被重复时，参与加工这个特定输入的一些神经细胞就会变得疲劳，并且随着每次输入的重复，这些细胞的反应强度逐渐降低，这种效应被称为习惯化（habituation）。格罗夫斯和汤普森推断，有机体对输入的反应强度是习惯化和敏感化的结合。他们称此为双重过程模型（因该模型是从动物实验中获得证据，故在用其来解释人类注意机制时就应谨慎）。

关于注意的生理机制的研究不计其数，如丘脑网状闸门理论。该理论指出，丘脑网状核在注意机制中起着闸门作用。中脑网状结构的兴奋抑制丘脑网状核，这是非随意注意的基础；额叶-内侧丘脑系统的兴奋导致丘脑网状核的兴奋，这是随意注意的基础。因此，丘脑网状结构在非随意注意和随意注意的交替中起着闸门的作用。又如前运动中枢控制理论，该理论认为，注意过程与前运动皮层和顶盖前区或上丘眼动中枢的功能有关。注意以多种运动中枢的连续活动为其生理基础。

四、注意模型

（一）注意力分配的数学模型

比起注意本身更重要的是注意分配的机能和注意力。例如，在情报社会中，从情报海洋中筛选出所需的情报，需要有选择的注意能力，以防止发生情报将人淹没的情况。另外，为高速化、高精度化的工业社会或运输机构的作业者开发的注意容量极限辅助装置能较好地起到防止重大事故发生的作用。这样，在知觉、认识目标对象时，注意所起的重要作用是无法预测的。实际上，只要注意没被引起，被观察对象就不可能被真正认识。另外，注意将根据状况发生变容。因此，如何弄清楚人内部的注意机制并将其量化，是人机界面设计中一个不可缺少的基础研究课题。

克莱曼（P. K. Kleinman）和马克斯（S. C. Marks）[42]在监视控制中为了定量地求出最佳注意分配，在最佳控制理论范畴内，考虑生理极限，将人的反应模型化了。

人在知觉 m 个表示的信息 $y = (y_1, y_2, \cdots, y_m)$ 时，脑内情报处理系统受容的状态为 $Q = (w_1, w_2, \cdots, w_m; p_1, p_2, \cdots, p_m)$。$w_i$ 是与各信息 y_i 对应的实际受容的量，可以认为其反映了注意的强度；p_i 是情报处理过程发生的概率，即 m 个信息不是全部都被情报处理系统接受，接受的比例由发生的概率决定。w_i 对各信息 y_i 的注意强度的差异可由相关函数 $x(w_i)$ 给出。这样可得出求解注意力的公式：

$$s(m) = \frac{1}{m} \sum_{i=1}^{m} \left\{ -p_i x(w_i) \ln p_i x(w_i) - p_i \left[1 - x(w_i) \right] \ln p_i \left[1 - x(w_i) \right] \right\} \quad (2\text{-}1)$$

式中，$s(m)$ 表示注意力的量，$s(m)$ 对信息 y_i 是否重要不明朗时呈很大的值，$s(m)$ 值大表示想要得到信息的渴望高。

对应于使 $s(m)$ 为最大的 p_i^*，信息 y_i 的注意分配量 f_i 为

$$f_i = \frac{p_i^* x(w_i)}{\sum_{i=1}^{m} p_i^*(w_i) x(w_i)} \quad (2\text{-}2)$$

f_i 的有效性已被众多的认识实验加以证明。

（二）注意的过滤器模型

认知心理学家在实验的基础上提出了一些注意模型，试图从理论上解释注意的认知机制。注意的研究始于信息缩减问题。人类的各种感官一直受到许多内部和外部刺激的撞击，由于人类信息加工系统的能力有限，人不可能加工所有撞击器官的刺激。因而，人们总是选择重要的而忽略其他的。因此，注意的核心问题也就是对信息的选择分析。

（三）单通道的过滤器模型

过滤器模型（filter model）是英国心理学家布罗德本特（D. E. Broadbent）[43]在双耳同时分听实验的基础上较早提出的一个注意模型。

布罗德本特认为，来自外界的信息如汪洋大海，而人的神经系统高级中枢的加工能力是有限的，于是就出现了瓶颈。为了避免系统超载，使重要信息进入高级分析阶段，这类信息将得到进一步加工而被识别和存储，而其他信息则不让通过。这种过滤器体现了注意的选择功能。因此这种理论被称为注意的"过滤器模型"。因为这种过滤器模型的核心思想是只有一个通道可以达到高级分析水平，所以布罗德本特称之为"单通道模型"（图2-5）。

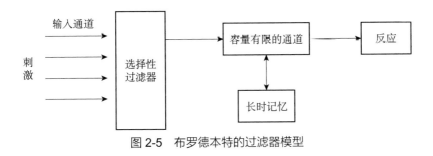

图 2-5 布罗德本特的过滤器模型

（四）衰减模型

根据非追随耳的信息也可得到高级分析的实验结果，特瑞斯曼（A. Treisman）和戈米肯（S. Gormican）[44]对上述的过滤器模型加以改进，提出了衰减模型（attenuation model）。特瑞斯曼认为，高级分析水平的容量有限，必须由过滤器加以调节，不过，该过滤器不仅允许一个通道（追随耳）的信息通过，还允许非追随耳的信息通过，只是非追随耳的信号衰减，强度减弱，一些信息仍然可以得到高级加工。

衰减模型如图 2-6 所示。从图中可以看出，追随耳和非追随耳的信息首先通过初级物理特征分析，然后通过过滤器。当通过过滤器时，只有非追随耳的信息衰减，用虚线表示；而追随耳的信息在通过过滤器时不会衰减，仍然用实线表示。为了解释受到衰减的非追随耳的信息如何得到高级分析而被识别，特瑞斯曼将阈限概念引入高级分析水平。她认为，已存储的信息（如字词，在图中以圆圈表示）在高级分析水平（即意义分析）有不同的兴奋阈限。追随耳的信息在通过过滤器时强度没有衰减，从而得到识别；非追随耳的信息会衰减，其强度也会减弱，因此通常无法激活相应的字词，很难被识别。然而，特别有意义的项目（如自己的名字），尽管阈值很低，仍然有可能会被激活和识别。在图中，所有被识别的项目都用实心圆表示。可以看出，追随耳的信息可以激活比较多的项目，而非追随耳的信息只能激活特别有意义的项目（如自己的名字)。

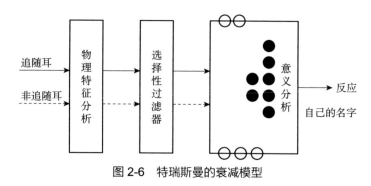

图 2-6　特瑞斯曼的衰减模型

虽然特瑞斯曼的衰减模型有别于布罗德本特的过滤器模型，但是这两个模型也有着基本的共同点：两个模型都认为高级分析水平的容量有限，必须由过滤器来调节；两个模型都认为这种过滤器的位置介于初级分析和高级意义分析之间。因此，这种注意选择具有知觉的性质。为此，在当前的认知心理学中，大多数研究者倾向于将这两种模型结合起来，称为布罗德本特-特瑞斯曼过滤器-衰减模型，并将其视为注意的知觉选择模型。

（五）反应选择模型

依据非追随耳的信息也可以得到高级分析的实验结果，多伊奇（D. Deutsch）[45]提出了反应选择模型（response selection model），之后诺曼支持这个模型并加以一定的修订。该模型的一个基本假定是，由感觉通道输入的所有信息都可进入高级分析水平，得到知觉加工，并加以识别。过滤器不在于选择知觉刺激，而在于选择对刺激的反应。其选择的标准是人对重要刺激是否做出反应，对不重要的刺激则不做出反应，若有更重要的刺激出现，则会去掉原先重要的刺激，并对更重要的刺激做出反应。因多伊奇-诺曼的模型主张[46]，注意是对反应的选择，所以它被称为反应选择模型（图 2-7）。诺曼曾提出，不重要的刺激输入的信息没有被报告出来，并不是没被识别，只是因为要对其他信息做出反应，因而，这些信息除识别外没有得到继续的加工（如从记忆中提取）。

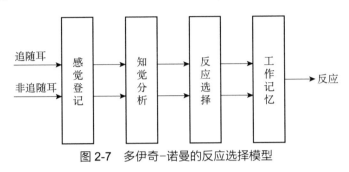

图 2-7　多伊奇－诺曼的反应选择模型

反应选择模型得到一些实验结果的支持，如哈德威克（J. M. Hardwick）和谢夫林（R. M. Shiffrin）的单、双耳同时分听的追随靶子实验[47]。这些实验结果表明：无论是单耳还是双耳，都能识别输入的信息，如果所设计的条件相同，双耳能有相同的识别率。

（六）知觉选择模型和反应选择模型的比较

两类注意模型的主要不同点，在于注意选择机制（即过滤器）在信息加工系统中所处的位置不同。如图 2-8 所示，知觉选择模型认为过滤器位于觉察和识别之间，它还表明，不是所有的输入信息都能进入高级分析而被识别。反应选择模型认为过滤器位于识别和反应之间，它还表明，可以识别进入输入通道的所有信息，但只有部分信息可以引起响应。这两类注意模型都各有其实验依据。自 20 世纪 60 年代至今，围绕它们始终存在着激烈的争论。

目前，对于这两类模型，心理学上没有充分的基础来肯定一个和否定另一个。然而，就研究方法和具体问题而言，这两类模型似乎并非十分对立。主张知觉选择模型的研究者，一般都运用附加追随耳程序的双耳同时分听的实验方法。这种实验方法将注意引向一个通道，再来分析和比较两个通道的作业情况。

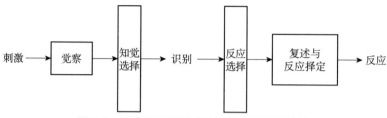

图 2-8　两类注意模型中注意选择的位置比较

可见，他们所研究的是注意的集中性。支持反应选择模型的研究者，一般都运用不附加追随耳程序的靶子词的双耳同时分听的实验方法。这种实验方法使注意力分散到两只耳朵上。可以看出，他们研究的具体问题是注意力的分布。由于两种实验方法和所研究的具体问题不同，两类注意模型的影响必然会反映在实验结果中，进而影响理论分析。

从上述分析可知，知觉选择模型和反应选择模型都以认知系统的加工能力或有限的资源为出发点。实际上，认为注意是资源有限的加工系统的工作结果的想法，最早是由布罗德本特[43]提出并予以详细说明的，并且他所提出的注意过滤器模型也体现了这种思想。然而，上述模型并没有使用注意是资源有限的加工系统的工作结果来指定注意，也没有成为注意的机制或解释注意的原则。

五、注意能量分配模型

卡尼曼（D. Kahneman）在其出版的《注意与努力》（*Attention and Effort*）一书中提出的注意能量分配模型[48]，就较好地体现了注意能量有限的理论。图 2-9 为卡尼曼的注意能量分配模型。

他解释道，人们可用的资源总是与觉醒有关，资源的数量会随着各种情绪、服用药物、肌肉紧张和其他因素的作用而变化。图 2-9 中的资源分配方案是决定注意分配的关键。分配方案取决于唤醒因素的可用能量、当前意图、完成操作所需能量的评估以及个人的长期意图。在这些因素的影响下，实现的分配方案反映了注意力的选择。卡尼曼指出，评估完成这项工作所需的能量是制订资源分配方案的一个重要因素。它不仅影响唤醒水平，增加或减少可用能量，还对配电方案产生重大影响；个人长期意图反映了非自愿注意的作用，即需要将能量分配给新的和不同的刺激、紧急刺激和它们自己的名字；当前意图反映了完成当前操作的要求和目标。从该模型可知，只要不超过可用能量，人们就可以同时接受两个或多个输入，或者从事两个或多个活动。

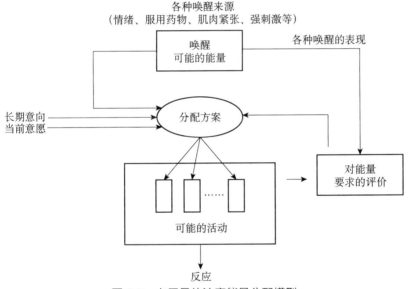

图 2-9　卡尼曼的注意能量分配模型

有一些认知心理学家也为能量有限理论做出了许多贡献。例如，诺曼和博罗（J. D. Borow）把能量或资源有限分成两类过程，即资源有限过程（resource limited process）和材料有限过程（material limited process）[49]。若某项行动因受到所分配的资源的限制，一旦有了更多的资源，这项行动就可以顺利进行，则称之为资源有限过程；如果一个操作因其质量差或内存信息不正确而受到限制，即使当时分配了更多的资源，该操作的操作级别也无法提高，这称为材料有限过程。例如，在强噪声的背景下要检测到一个特定的声音，若该声音强度过弱，则此时即使分配到较多的资源，也难以加以检测。对于双作业操作，如果对资源的总需求超过可用总能量，双作业操作将受到干扰。此时，一个作业的操作所要用的资源增加多少，就会使另一作业操作可得到的资源相应地减少多少，这被称为双作业操作的互补原理（principle of complementarity）。

六、学习和习惯

（一）学习

人从学习中获得知识，从知识中加深理解从而得到新的知识，如此反复使其整体智能逐渐提升。这种过程既是学习过程也是认知过程。根据学习者与被学习者之间的不同关系，学习认知类型可以划分为以下几种类型。

1. 单向式学习认知类型

这是一种为学习内容通过信息传递界面向被学者单向传递而获得学习效果的认知方式，如对物体大小形状的视觉感知、对物体温度的皮肤感知、对气味的嗅觉感知等。这些学习对象通过与人体功能部分的接触（界面）获得知识。传输方向是从外到内。这种学习通常只需要一次性接触，不需要学习者事先掌握一些知识，所以也可称之为一次性认知方式。此类学习认知模型如图2-10所示。图中，信息传递界面是指从学习对象发送的信息到学习者思维活动区域的方式。这种学习属于人们的基本学习，它不需要或只需要很少的其他知识的支持。学习结果的质量主要与信息传递界面的性能有关[50]。

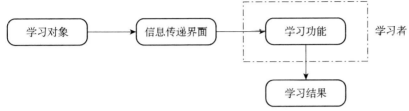

图 2-10　单向式学习认知模型

2. 双向式学习认知类型

当人具备一定知识后，若想提高知识级别，或学习更复杂的学习对象，采用单向式学习认知方式是难以完成的，需要通过学习者与学习对象相互作用多次才可实现，这就是双向式学习认知[51]。如此多次反复，最后实现预期的学习效果。比如学习驾驶飞机，飞行员在模拟机里推或者拉操纵杆将改变飞机向上或向下的飞行状态，获得相应学习结果（或叫中间结果），结合已学的学习结果，采用左右脚分别推脚蹬又可获得飞机往左或往右的飞行状态。如此反复，便可掌握飞机的基本驾驶技术（即获得一种基本定型的学习结果）。在这种学习中，学习对象的状态不是固定的，在学习者的影响下会发生变化。这类学习认知模型如图 2-11 所示。图中的双向箭头表示各个功能部件之间的相互作用。从图 2-10 和图 2-11 可以看出，单向式学习认知和双向式学习认知都属于界面学习。学习者通过界面接收学习对象的相关信息，学习者对学习对象的影响信息也通过界面实现。如果界面质量不好，学习者获取的信息和发送的信息就很难完整与正确，学习效果也很难达到理想状态。

3. 理想学习认知类型

理想学习认知是学习对象为记忆信息的学习认知方式。单向式认知学习和双向式认知学习的学习对象皆为思维以外的客观现实，这种客观现实经过界面作用于思维，思维又要经过界面作用于学习对象。在此情况下，思维活动受到

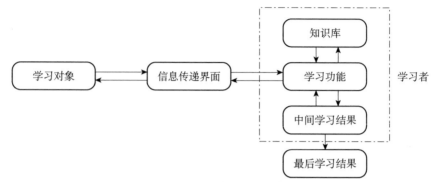

图 2-11　双向式学习认知模型

外界学习对象及界面的各种影响，要完成一项学习有时很困难，有时甚至做不到。为了提高学习效率，减少损失，人们往往不会根据所学知识暂时处理客观的外部世界，而是先考虑可能性，即先做思想实验，如果可能性大再进行实践。科学理论的提出往往是这样进行的。在理想学习认知中，思维的学习对象可以随意给定，实验手段和方法可以设置。经过多次反复的思维活动，学习者可以获得最佳的自我认知思维学习效果。这种学习对象由于是非外部客体，所以也可称为内部学习[52]。理想学习认知模型如图 2-12 所示。

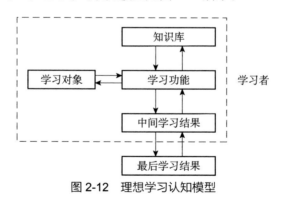

图 2-12　理想学习认知模型

从图 2-12 可以看出，理想学习认知模型没有界面学习和信息丢失。这种学习的质量与知识库的质量密切相关。当然，学习的最终结果需要通过与实际客观对象的互动来获得，但作为一种学习认知的方式，它仍然显示出强大的生命力。

（二）习惯

1. 习惯的含义

对于"习惯"一词东西方各形成了不同的含义。美国心理学家詹姆士在1890年出版的著名的《心理学原理》（*The Principles of Psychology*）中提出[53]，习惯是物理学领域的一个问题，也就是说，当各种简单的物质相互反应时，自然规律不会随意改变。自然现象是根据自然规律运行的，而心理现象是根据习惯运行的，它们有相似之处。美国心理学家赫尔（C. L. Hull）也对习惯做了较深刻的论述[54]，他认为感受器官和反应器官间的联结关系会通过强化过程建立并增强，而感受器官和反应器官的联结就是习惯，可以说习惯不是肉眼可观察到的具体行为变量，而是一种假设性的中介变量，它会随着强化的次数、时间等而改变。

在我国的心理学专著里也有关于习惯的解释。例如，有学者指出习惯不需要特殊的练习，而需要通过多次重复形成某种自动动作；还有学者提出，习惯是指通过练习获得的与完成某种自动动作的需要相关联的动作模式；或习惯是人们后天在特定情况下自动执行特定行为的一种特殊倾向。

2. 习惯的形成机制

从生理角度来讲，习惯的形成过程大致可以这样表述。首先，一些外部信息通过散布在大脑各个部位的网状结构传递给更高层次的结构，并在海马、纹状体、下丘脑、新皮质，特别是前额叶的配合下在更高层次上进行处理，然后通过下行反馈神经网络和网状结构发送到下一级组织进行处理或执行，从而使行为更加准确、稳定和可靠。其次，为了理解和解决新问题，不断输入新信息，人们必须要从自己的记忆中调用大脑中以前储存的相类似的大量信息块，来与这些新的信息进行联系与建构，因此，在大脑皮质和前额叶的结构与功能的协同作用下，在总体预期和目标方向的引导下，这些被激活的信息块通过内部反应器和控制器的相互合作达到最终的理解。由于调用的信息量大，处理时间长，反应速度相对较慢，但这种相似性经过无数次重复后会产生一定的促进作用。因此，外部信息认知阶段将逐渐转变为内部认知阶段，形成快速反应渠道。反应过程呈现出刻板印象和自动化的特点，习惯会慢慢形成[55]。

简言之，人们对事物的熟悉程度越高，事物的相似度越高，人们的反应速度或解决问题的速度就越快，动作越准确，行为也越主动。

认知心理学提出的观察学习理论认为，动物是靠直接经验来学习的，但对于人类来说，除了直接经验外，一些技能、态度、观念等还来自间接经验，是靠人主动求知获得的。

观察学习是指个体通过观察他人获得复杂行为的过程，通常经历四个阶段[56]：①注意。个体选择性地关注榜样行为的模式和特征，这是观察和学习的开始。②保持。个体将通过选择性注意获得的信息转化为语言符号或图像，并保存在自己的记忆中。这种记忆可以指导未来的模仿行为操作。③重复。个人将注意力和保持榜样行为转化为行动，这需要个人具备必要的体力和技能。一开始，模仿行为往往与示例保持一定距离，并通过获得反馈信息逐渐变得准确。④动机。个体关注和维持的榜样行为不是自动产生的，而是由动机变量控制的。只有满足个体需求的榜样行为才能使观察者处于动机状态进行模仿。注意和记忆过程是观察学习的习得阶段；重复和动机过程是观察学习的操作阶段。收购是经营的前提。没有收购，就没有经营。操作是将头脑中获得的榜样行为具体化。

按照观察学习的理论，习惯不是简单的刺激与反应的联结，它的形成是相当复杂的[57]。①习惯是后天习得的，也就是说，习惯的行为既不是决定的，也不是遗传的，更不是由潜意识产生的，它完全是人们通过在自己的生活环境中学习获得的。②习惯的养成还应经历四个阶段，即注意—保持—重复—动机，最终实现自动化。③重新学习可以改变坏习惯。既然习惯是后天养成的，那么改变恶劣的环境条件、采取某些特殊措施和系统地重新学习有助于纠正坏习惯。

七、语言处理

阅读、说话和聆听是三种具有相似和不同属性的语言处理形式。相似性之一是：不论使用哪一种形式，句子或短语的意思都是相同的。例如，不论是读到、听到还是说出"计算机是一个伟大的发明"，这个句子的意思都是相同的。但是，人们可以阅读、说话或聆听的难易程度取决于人、任务和背景。例如，许多人认为聆听要比阅读容易得多。

（一）听觉信号知觉过程

声音的交流除了传递信息、表达人的喜怒哀乐外，其自然性与快捷性是其他手段难以比拟的，表2-2为声音的输入类型与输入的速度的关系，由表2-2可知，对简单的语句，人朗读输入的速度比键盘输入快4倍。

表2-2　声音的输入类型与输入的速度的关系

输入方式		速度/（字/秒）
朗读	声音	4.0
	自然发声	2.5
	独立发声	1.0
键盘输入（熟练者）	手写	0.4
	键盘输入	0.3

按对听觉信号的感知程度，声音知觉可分为三个层次，即觉察、识别、解释[58]。图2-13为声音知觉过程模型。

（1）听觉信号觉察条件：主要影响因素是相对于环境噪声的声压水平。声音的特征因素也很重要。

（2）听觉信号识别条件：识别主要由相对于噪声的声压级，相对于噪声信号的频谱、振幅和频率按某些特定模式的变化，声源位置和现场的声学特性决定。一个听觉信号识别的基础是对觉察的综合判断，但也取决于信号给出的紧急程度。

（3）听觉信号解释条件：取决于多种因素，通常受作业者的训练程度和后来所获得的经验的制约。

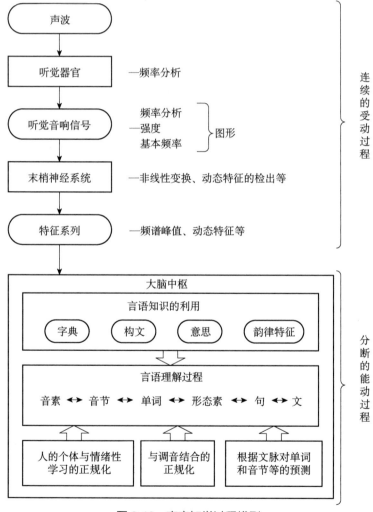

图 2-13　声音知觉过程模型

（二）语音的传递

语音是一种特殊的声音，是由人讲话发出的声音。语音由一连串的音组成，是组成语言的基本单位。语音的产生是由人的大脑中枢的语言活动转化成人发声器官的运动，产生声波并传播出去。人耳将语音声波经初步处理后，转换成神经元活动，然后逐级传递到大脑皮质的语言中枢。

语音传递系统是指从讲话人到听话人之间传递语音信号的媒介或电声系统，由传声器，放大、传递和接收装置，扬声器或耳机组成。

语音听觉是一个复杂的感知过程，影响人对语音的知觉与传递的主要因素有以下几个。

1. 言语的清晰度

言语的清晰度是指由发音人发出的语言单位（字、词、音节等）经语音传递系统为听音人正确识别的百分比。言语的清晰度与人的主观感觉之间的关系如表 2-3 所示。

表 2-3　言语的清晰度与人的主观感觉的关系

言语的清晰度/百分比	96 以上	85～96	75～84	65～74	65 以下
人的主观感觉	言语听觉完全满意	言语听觉很满意	言语听觉满意	言语可以听懂但非常费劲	言语听觉不满意

影响言语清晰度的因素主要有：讲话人所用语言、听话人对于语言的熟悉程度、讲话的声级、讲话的清晰度、讲话人与听话人之间的距离及物体和场地的混响时间、干扰噪声等。

2. 语音的强度

语音的强度直接影响语音的清晰度，从而影响人对语音的识别。当语音强度增至刺激阈限以上时，清晰度的百分比逐渐增加，直到差不多全部语音都能被正确听到的水平，之后清晰度不再随强度的增加而增加。不同的研究结果表明，语音的平均感觉阈限为 25～30 分贝（即 50%被听清楚），而汉语的平均感觉阈限是 27 分贝[59]。如果想达到 80%以上被听清楚，平均而言，语音强度要达到 60 分贝以上。辅音的清晰度一般比元音更低一些。

3. 环境噪声

噪声不仅会影响语音的清晰度，还会对语音产生掩蔽效应，使人的听阈提高。当噪声的声压级超过语音声压级 10～15 分贝时，互相交谈是困难的；超过 20～25 分贝时，语音完全被噪声所掩蔽；当噪声频率在 1000 赫兹以下时，噪声对清晰度的影响最大。

（三）人对语言的理解度

对美国航空安全报告系统（Aviation Safety Reporting System，ASRS）数据库中保存的 5 万份以上报告进行分析可知，在所有出现航空事故或发生失误的事件中，70%以上与信息交流中的语言问题有关。如机长指示 back-on the power（提高功率），副机长理解为 back on-the power（降低功率）。可见，为了提高信息交流的效率和准确性，必须提高对语言的理解度。

语言理解度与语言的长短有关。为了提高交流的效率并减少误解，国际航空业开发了航空标准用语词汇，由这些词汇构成航空用语语句。在确定具体的航空标准用语词汇时需考虑人的发声和听觉特性。从认知学的角度来分析，语言的长短影响语言理解度，长句比短句容易理解。在听一个长句时，无须听完全文就可理解意思。但在听一个短句时，即使听完全文也不一定能理解意思。因此，特别在有噪声、杂音、通信干扰情况下忌讳使用短句或单词，而应在一个句子中包括这些短句或单词。如只是说"起火了"可能给对方很多猜想，应具体指出是哪个部位或设备"起火了"，才能有效地将信息传递出去。但也不代表句子越长越好，多余的语句也是一种浪费和失误的诱因。

语言理解度还与发音的明了度和杂音及噪声的影响有关。人耳对1000赫兹以下周波数的声音不敏感，即对低周波音比对同样强度的高周波音听觉差。以英语为例，单词是由元音和辅音构成的，元音是由通过咽喉和口腔中相对自由的气息发出的声音，常形成音节最突出和中心的音；辅音是由语言器官的收缩所致的部分或完全气流堵塞产生的音。辅音大部分是高周波的弱音，一般情况下辅音的发音量比元音低且辅音的词汇量要远大于元音，即辅音占会话和情报交流的大部分词汇量[60]。这就意味着辅音容易被杂音覆盖。因此，在确定具体的航空标准用语词汇时必须考虑单词的词性。

发音的测量标准包括明了度指数和正确理解度。明了度指数通过物理测定单词的发音难度和杂音算出，指数大意味着发音难度大且杂音多。由52个音声均衡、选定的单词构成的实验用语在发音明了度指数大于0.3的情况下正确理解度就接近100%；如果是对方了解的文章，在发音的明了度指数大于0.4的情况下正确理解度可接近100%；如果是单词，只有在发音的明了度指数为1的情况下正确理解度为100%。

第三节　人　的　决　策

解决问题、规划、推理和决策涉及人的反思认知，包括思考要做什么、可用的选项是什么以及执行特定操作可能产生的后果。它们通常涉及有意识的过程（意识到一个人在想什么）、与他人（或自己）讨论以及使用各种工件（如地图、书籍、钢笔和纸张）。推理涉及不同的场景，并决定哪个是给定问题的最佳选择或解决方案。例如，在决定去哪里度假时，人们可能会权衡不同地点的利弊，包括成本、目的地的天气、住宿条件、航班时间、目的地的风景、配套娱乐设施等。在权衡所有选项时，他们会在决定最佳选项之前，先了解各个选项的优缺点。

人们越来越关注在面对信息过载时如何做出决策，例如在网上或商店购物时[61]，面临过多的选择是很困难的。经典的理性决策理论认为做出选择涉及权衡不同行动方案的成本和收益[62]。假设这涉及详尽地处理信息并在决策特征之间进行权衡。这些策略在计算和信息方面非常昂贵（至少它们要求决策者找到比较不同选项的方法）。相比之下，认知心理学研究表明，人们在做出决策时倾向于使用简单的启发式方法[63]。一个理论上的解释是，人类的思想已经进化为快速行动，通过使用快速和节俭的启发式方法做出足够好的决策。我们通常忽略大部分可用信息，仅依赖于一些重要提示。例如，在超市中，购物者基于少量的信息做出快速判断，购买他们认可的品牌、价格低廉的产品或有吸引力包装的产品（很少阅读其他包装信息）。这可能取决于用户的偏好、敏感点或兴趣。例如，一个人可能对坚果过敏且在意食物的产地，而另一个人可能更关心产品所使用的耕作方法（如有机食品等）[64]和产品的含糖量。

一、决策的信息加工模型

图 2-14 描述了一个简单的信息加工示意图，提示了选择性注意及从短时记忆和长时记忆中提取相关信息的活动对决策与行动起着重要的影响[65]。决策有三个过程：①收集和知觉同决策有关的信息或线索；②考虑同决策有关的现在和将来的状态，产生或选择同线索有关的假设或情境评估；③根据推断的状态、不同结果的成本和效果，计划和选择选项。其中每个过程可能还包括一些子过程，而在一个完整的决策中，上述三个过程经常循环和反复。

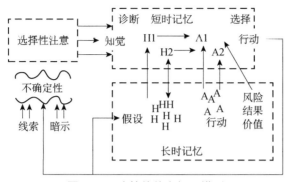

图 2-14 决策的信息加工模型

图中，H—hypothesize，假设；A—act，行动

决策包括风险，一个好的决策者要能够有效地评估每个选择的风险。考虑到人的认识能力和决策时间的紧迫性，很难要求人立即做出最好的决策，反馈系统要求人根据行动的结果对决策做进一步的修正和改善，使决策合情合理。

二、整合模型

整合模型是将不同的关于决策的观点整合为一个描述决策的模型。整合模型开始于人行为控制的三个层次。将人行为控制的三层次模型扩展并结合决策的信息加工模型即构成图 2-15 的整合模型。

为了有效地解释外界线索，我们采用了以技能、规则和知识为基础的分析过程。当以技能和规则为基础的过程没有提供令人满意的解决方案时，或者决策时间允许时，将依赖以知识为基础的分析过程。此时，元认知在寻找合适的决策策略中将发挥关键性作用。

心理学家发现了一种在作业过程的许多方面都很重要、性质不同的知识来源，并将其称为元认知。它是指人们对自己的知识和能力的认知[66]。在整合模型中，解释了元认知是如何通过指导人们适应特定决策情景来影响决策过程的。

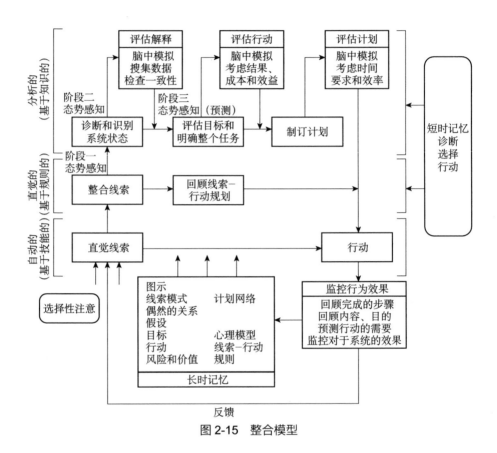

图 2-15　整合模型

　　整合模型强调了检测决策效果的重要性，这是决策过程中的一个关键部分，即清楚的和有诊断性的反馈能改善或纠正错误的决策。整合模型本身还需继续完善。另外，各种因素及人认知的局限性也影响了决策。因此，为了改善决策还需决策支持系统等来帮助决策者。

第四节　机　的　决　策

　　机器决策是人脑的延伸。然而，自计算机诞生以来，关于机器是否具有智能的争论就一直未停止过，旷日持久，众说纷纭。实际上，这种争论达不到共识，问题主要在于对所争论命题的提法和对所讨论的概念本身的定义。如果问机器是否具有真正的智能，这首先涉及对"智能"的定义。如果把智能视为人脑才具有的功能，是以人的意志为前提，与人脑这种特定的物质形式相联系的属性且是人类社会实践的产物，并且强调思维是一个过程、一个整体，那么可以肯定地讲，计算机不可能具备与人类一样的智能决策能力。但是，计算机可以模拟人脑思维的部分功能和结果，并且随着科学技术的发展，计算机可以模拟人脑的属性将越来越多，能力越来越强。从这个角度看，计算机无疑是具有一定的智能决策功能的，并且还在不断进化，尽管其智能决策过程与人脑可能完全不同。通过许多科学家的努力，机器模拟人思维的方法越来越多，模拟手段越来越先进。目前常用的模拟方法有基于符号机制的人工智能（专家系统）、基于连接机制的人工神经网络以及模糊模拟技术[67]，有时还将三者融合在一起来模拟人类的思维活动。

一、专家系统

人工智能是通过对符号的加工来实现智能模拟的，通常采用启发式搜索等方法来寻求问题的解。目前在人工智能领域研究得最成功、应用最广泛的要数专家系统了，现以专家系统为例来说明人工智能模拟人类思维的特点。

（1）专家系统的知识库是由基于物理符号知识表达方式表示的领域知识所组成的，这种领域知识只能应用于狭窄的专门领域。

（2）专家系统的推理机是由模拟领域专家求解问题的思路构成的，具有一定的启发性。专家系统推理机的直接要求是，既要提高系统的行为质量，又要提高系统推理执行的速度。决策专家系统的决策质量和推理速度与表达决策的知识结构和用于识别知识结构的模式有关，高质量的模式是对高度复杂现象的高度集结、抽象和浓缩的描述[68]。知识结构的识别和匹配程度越高，在每一步中的推理方法就越多，系统的行为质量也就越高，同时相对推理速度也就越慢。

（3）专家系统的知识库和推理机是相互独立的，都具有各自的扩充能力，这样专家系统就可以在发展中不断扩充自己的知识和能力，使得专家系统具有一定的灵活性。

（4）专家系统在一定程度上能理解人的思想，获取知识。专家系统获取知识分成两个阶段，第一阶段是在建立专家系统知识库时把已有的知识（经验、事实、规则等）从专家的大脑中或书本中总结和抽取出来，并转换成某种独特的知识表达形式[69]，即从已获取的知识和实例中以某种方式产生新的知识。更确切地说，第一阶段是"知识的授予"（或称直接获取），在"知识的授予"阶段，有些只可意会不可言传的人类专家知识是很难授予计算机的。第二阶段才是真正的"知识获取"（或称间接获取），"知识获取"在专家系统的研究中是最难解决的，而且即使能解决其效率也很低，被公认为是专家系统的瓶颈问题。截至目前，尚没有很好的方法来解决这个问题。

（5）专家系统具有一定的透明性，能向用户提供自己的推理结果的解释。作为专家系统经常引用的一个主要特征，解释只是系统为达到其目的而重新构造推理途径的副产品，所以专家系统中的解释通常与在问题求解过程中跟踪某些规则的应用相关联[70]。

（6）专家系统具有学习功能，在专家系统中可以引入机器学习（machine learning，ML）领域所开发的各种学习技术，也即为机器从实例（正确的或错误的）、结论（成功的或失败的）及观察中获取知识和规则，以填补自身缺乏的知识，提高系统的性能[71]。对机器学习方法的研究还处于初期阶段，目前还很难很好地实现。

二、人工神经网络

机器进行智能模拟的另一种方法是人工神经网络方法，它是一种基于连接机制的智能模拟方法，通过大量的人工神经元间并行的协作来实现智能模拟。网络的信息处理是通过神经元之间的相互作用来实现的；知识和信息的存储则通过网络元素之间的分布式物理连接来表示；网络的学习和识别依赖于神经网络连接权系数的动态演化过程[72]。神经网络智能模拟系统具有以下特点。

（1）神经网络智能模拟系统具有大规模模拟并行处理的能力。

（2）神经网络智能模拟系统具有很强的鲁棒性和容错性，善于联想、泛化、类比和推广[73]。一定程度的局部损伤不会影响整体结果。

（3）神经网络智能模拟系统具有较强的自学习能力，学习后系统可以不断完善。

（4）神经网络智能模拟系统是一个具有集体运算能力的大规模自适应非线性动态系统[74]。但是，就目前的发展状况看，人工神经网络还存在以下问题和难点：①至今还没有一种正式统一的方法为问题建立合适的网络拓扑结构；②目前的人工神经网络模型在实现连续的非线性映射方面还存在精度不高的问题[75]；③在解决实际问题时，通常需要满足一定的实时性要求，而人工神经网络实现的快速性不好，学习效率就更低；④人工神经网络有较好的学习和联想能力，但它的解释和推理能力都很有限。

三、模糊模拟技术

从一定意义上说，模糊模拟技术是对模糊信息处理技术的一种简称。为进行智能模拟，需要让计算机能够接受和处理"自然语言"，更希望计算机能模拟出人的"日常思维"。在实际情况下，人类的自然语言本质上是一种定性多于定量的描述性语言。在人类自然语言中，存在大量有丰富的内涵而无绝对度量标准的概念。在人的日常生活中所运用的推理规则和过程也并不是绝对严密的，其中常伴随着某些不精确的成分，所以在智能模拟过程中模糊模拟技术极大地提高了人工智能的适应性和实用性，使人工智能向人类智能更靠近了一步。目前国内外模糊模拟技术得到了许多成功应用。但从成功应用的实例来看，模糊模拟技术都是应用于比较简单的系统中。

总之，尽管机器智能不具有人类智能的许多优良品质，例如在形象思维、具有创造性的灵感思维及应变能力等方面还远远不及人类，但机器智能也有其独特的优势，特别是在知识存储的大量性、永久不变性，以及处理问题的并行性、严密性、逻辑性等方面，机器具有其独特的优势。随着模糊模拟技术、人工神经网络技术的发展，机器智能也具有了一定的自学习能力。

（1）机器能将人类在解题过程中所采用的策略以及与该问题有关的大量实际知识和经验知识不受个体和时间、空间的限制而结合起来，集中物化在系统之中，从而成为人类在进行决策时最好的智能助手，协助人类专家做出正确的决策[76]。

（2）机器智能系统能够运用专家的知识和经验进行推理与判断，使得机器程序具有智能上的启发性[77]。

（3）由于机器智能系统能解释本身的推理过程以及回答用户提出的问题，因而它能有效地控制大量的知识库，克服人类在记忆上的限制，在严格性、准确性和条理性上弥补人类专家的不足，使系统具有解释、预测和教学的能力[78]。

（4）机器智能系统能够在人类的帮助下不断地增长知识，修改原有的规则，补充新规则，从而使系统具有一定的灵活性。

（5）机器智能系统不受周围环境和人类生理、心理因素影响，能高效地不知疲倦地进行工作[79]。

第五节　情境认知的理论与思考

一、情境认知的概念

（一）态势感知与情境认知的关系

"雷鸟"飞行表演队前领导和美国空军前参谋长麦克皮克（M. McPeak）认为，区分优秀战斗机飞行员和非优秀战斗机飞行员的一个标准是态势感知。麦克皮克认为，如果飞行员能够在脑海中创造并保持对过去和当前情况的准确清晰的画面，那么他就能创造辉煌的纪录。既然态势感知如此重要，那么它到底是什么？

第一次世界大战期间，波尔克（O. Boelcke）提出"在敌人意识到我们之前了解他们的意图非常重要，我们迫切需要找到一种方法来实现这一点"，这就是态势感知的原始定义。20 世纪 80 年代之前，这个想法并没有受到太多关注，但是从 20 世纪 80 年代后期开始，这个想法已经成为人-机-环境系统工程中人机交互最热门的研究领域。确切地说，这个问题的原动力来自航空业的需求：随着航空设备自动化、智能化水平的不断提高，飞行员和空中交通管制员的任务和时间压力（即体力人的负担）非常高，精神负担变得更加突出，这要求他们对日益复杂的监视、控制操作有更好的态势感知[80]。因此，态势感知的研究成为航空人机交互领域一个非常有前景的研究方向。

与其他涉及人主观活动的概念（如注意、工作负荷、紧张、冒险）相似，态势感知的定义并不是绝对唯一的，而是被用来描述那些不能被直接测量、评价的概念，这也是造成此概念难以准确定义的一个重要原因。目前，比较公认的对态势感知的定义是安德斯雷（M. R. Endsley）于 1988 年人类工效学协会年会上发表的《态势感知增强的设计与评估》（"Design and Evaluation for Situation

Awareness Enhancement"）一文中提出的定义："...the perception of the elements in the environment within a volume of time and space, the comprehension of their meaning, and the projection of their status in the near future."（态势感知就是在一定的时间和空间内对环境中的各组成成分的感知、理解，进而预知这些成分的随后变化状况。）[81]

　　另外，1995 年，史密斯（T. J. Smith）和汉考克（T. E. Hancock）对态势感知的定义是："Situational awareness is the invariant in the agent-environment system that generates the momentary knowledge and behavior require to attain the goals specified by an arbiter of performance in the environment."（态势感知是人-环境系统中的不变量，该不变量产生瞬间的知识和行为特性以满足由一个在环境中决定者提出的具体要求。）[82]斯坦顿（N. A. Stanton）等[83]于 2001 年对态势感知下的定义则是这样的："Situational awareness is the conscious dynamic reflection on the situation by an individual. It provides dynamic orientation to the situation, the opportunity to reflect not only the past, present and future, but the potential features of the situation. The dynamic reflection contains logical-conceptual, imaginative, conscious and unconscious components which enables individuals to develop mental models of external events."（态势感知是一个个体对情境有意识的动态反应。它不但反映了情境的过去、现在和未来的动态变化趋势，还反映了该情境可能的要素特征。这种动态的反映包括逻辑概念、想象虚构、有意识和无意识的成分——能够使个体形成外部事件的心理模型。）

　　结合上面提到的态势感知的三个定义，可以看出安德斯雷在 1988 年的定义主要强调对当前形势的感知、理解和对未来发展的预测；史密斯和汉考克 1995 年的定义侧重于人和情境，它们之间的相互作用主要集中在两者有机协调的方法上；斯坦顿等于 2001 年提出的定义主要集中在态势感知的反射方面，特别是与当前系统理解的心理关系模型有关。这些定义之间的主要区别在于它们对决定态势感知的交互属性的关注程度。这些定义对态势感知的理解起着重要作用。从根本上说，态势感知就是要了解人们周围发生的事情，并了解这些信息对人们现在和未来的意义。这种意识通常是根据对特定工作或目标而言最重要的信息是什么来定义的。

尽管态势感知在人机交互领域是一个很常见的概念，但仍然缺乏对它统一严格的定义，几乎每个学者对它都有独特的定义。但是，作为一个整体分析人、机器和环境相互作用的综合概念，它仍然具有基本的描述性：一般来说，态势感知的概念可以将驾驶行为、信息环境、资源约束及其相互关系有机地联系起来[84]，合而为一。但态势感知并不是天生的决策或执行行为。例如，一个人可能具有较高的态势感知，但在执行行为方面表现不佳（反应不佳）；也可能一个人态势感知能力低，但执行行为的表现较好（更好的响应）。这是因为还有许多其他因素（如有偏见的决策、错误的执行响应等）会影响态势感知的处理。

我们研究的情境认知[situation（al） cognitive，SC]与态势感知不完全相同，情境认知不但包括态势感知，还包括决策、执行行为等因素。它们之间的关系详见图 2-16。

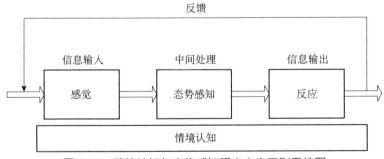

图 2-16　情境认知与态势感知研究内容区别系统图

从图 2-16 可以看出，在信息处理过程中，态势感知只属于中间处理阶段，而情境认知则贯穿整个信息处理过程，即包括信息输入、中间处理和信息输出。

因此，从宏观角度来看，情境认知的研究是以"人"为核心的人、机器、环境之间的关系及其最优匹配。计算机界面（如汽车、飞机的驾驶室显示/控制面板）优化设计的依据是保障人员安全、提高培训效率的重要手段。重大安全技术问题，对交通运输、智能家居、智能/情感机器人、工业设计/控制、空中交通管制员/飞行员的学科培训等相关研究领域，尤其是对当前高科技中人机系统的功能优化设计具有现实意义。

目前，如何提高空战中飞行员的情境认知已成为美国空军发展计划署（USAF Development Planning Directorate）对人机系统技术投资的一个重点目标，并正在进行实时情境评估智能处理器项目（On-Line Intelligent Processor for Situation Assessment，OLIPSA）的研究（图2-17）。同时，欧洲共同体也正在实施"通过情境认知整合提高训练的安全性"（Enhanced Safety Through Situation Awareness Integration in Training，ESSAI）的项目研究计划。

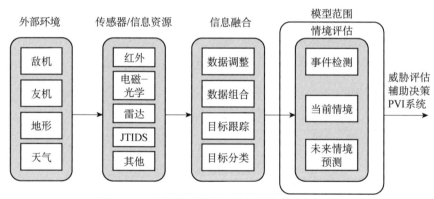

图2-17　机载数据融合及情境评估的全部环境

注：JTIDS 为联合战术信息分发系统（joint tactical information distribution system）；
PVI 为投影可视指示器（projected visual indicator）

图2-18说明了OLIPSA模型的功能方块图，其具有四个阶段处理器结构：一个事件检测器、一个当前情境评估器、一个未来情境预测器、一个发生事件环境处理器。

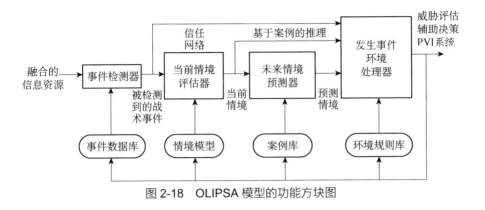

图 2-18　OLIPSA 模型的功能方块图

（二）情境认知的主要理论方法

情境认知的三种主要理论方法是：信息处理方法、行为方法和生态关系（人类与其环境之间的关系）方法。安德斯雷通过使用三层态势感知模型很好地描述了信息处理方法，该模型将发展中的情境认知视为高级认知处理行为。一方面，三层态势感知模型描述了人类与环境之间的关系；另一方面，行为理论方法仅将情境认知视为对动态反应的有意识行为。感知循环模型的支持者将情境认知视为人与其环境之间的动态交互，并建议将情境认知定义为这种交互的背景。下面将依次解释这三种观点。

1. 三层模型理论

三层模型理论即安德斯雷的三层态势感知模型，安德斯雷的三层态势感知模型（图 2-19）最初用于理解航空任务，例如飞机驾驶和空中交通管制，这些任务要求操作员根据不断变化的环境动态更新他们的感知。模型分为三层，每个阶段都在下一个阶段之前（必要但不充分），模型遵循信息处理链，从感知到解释再到预测规划，从低层到高层。

1）第一层：对当前情境中的成分感知

拥有态势感知的第一步是感知环境中相关因素的重要性、特征和强度。不

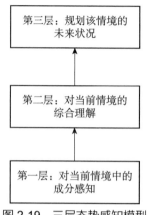

图 2-19　三层态势感知模型

同领域和工作类型的态势感知要求非常不同。例如，对于一个飞行任务来说，在一架飞机的驾驶舱内，飞行员需要感知的重要元素是其驾驶飞机的状态、飞行高度、系统状态、警示灯及其相关的飞行数据特征等；而对于一名地面指挥官来说，他需要的是了解敌人的状态、识别敌我双方的位置和行为、了解地形障碍物的特征和天气状况。同样地，对于空中交通管制员或机动车辆驾驶员来说，需要完全不同的信息作为态势感知。

信息感知可以通过视觉、听觉、触觉、味觉、嗅觉或它们的组合来实现。例如，调酒师可能会通过品尝、闻香或视觉刺激来收集有关发酵过程的重要信息；外科医生可能会使用所有可用的感官和其他历史信息来诊断患者的健康状况，训练有素的心脏病专家可以在几分钟内听到心脏节律的差异，还可以看到心电图显示的重要特征，而未经训练的观察者通常会忽略这些特征；经验丰富的飞行员只要听到发动机的声音或看到驾驶舱内指示灯的状态，就知道出了什么问题；同样，在很多复杂的系统中，需要更多关注电子显示器和系统提供的可读信息，但实际上很多第一层的态势感知来自人们对环境的直接感知——看窗外或感觉振动，往往忽略一些重要的间接信息来源，使得第一层态势感知不存在完整性。

每个信息源都与不同的可靠性层相关联。在大多数领域，信息的可信度

（主要基于传感器的准确性、组织或提供信息的个人可靠性）以及信息本身，共同构成了第一层态势感知[85]。

在很多领域，仅收集第一层所需的所有数据就是一项难度很大的任务，例如在军事行动中，由于视力模糊、噪声、烟雾、信息混乱、瞬息万变的情况下的动态因素等，很难评估局势的所有因素，当敌人试图保守秘密或提供虚假信息时，地面指挥官必须迅速对当前局势做出判断，其难度可想而知。再比如飞机降落时，跑道的标记可能模糊不清，飞行员可能对相关信息知之甚少。复杂系统（如电子设备）中大量信息的涌入使得感知有用信息变得极其困难[86]。如何准确及时地处理大量的直接和间接信息，对于执行飞行员来说是一个相当具有挑战性的决策过程。

大多数关于航空领域态势感知的问题都出现在第一层。琼斯（A. D. Jones）和安德斯雷发现，76%的态势感知错误与没有注意到必要的信息有关。在某些情况下（大约2/5），没有将必要的信息提供给那些应该知道它的人，或者因为系统限制或缺陷一些必要的信息没有清楚地呈现出来，从而导致了这些错误，如跑道线褪色、多云天气或天窗干扰无线电传输；在某些情况下（大约1/5），人们确实检测到了一些必要的信息，但随后获得了一些新信息，然后忘记了以前的信息；在某些情况下（大约1/3），所有信息都在那里，但关键信息没有被捕获，这可能是因为人们被外部因素（如电话或与工作无关的谈话）分心，更有可能是因为人们在工作中处理与紧迫任务相关的其他信息。基于态势感知的设计还意味着确保系统中必要的信息可用，并以一种便于用户处理系统信息的方式呈现，这样可能会有大量未经过滤的信息占用用户有限的注意力资源[87]。

2）第二层：对当前情境的综合理解

获得态势感知的第二步是了解数据和感知线索与相关目标和对象相关的含义。这种了解（态势感知第二层）基于整合第一层中的不连贯元素并将此信息与个人目标进行比较。它包括将大量数据流聚合成信息，并且评估这些合成信息的重要性和意义，因为它与实现近期目标有关。态势感知的第二步就像高水平的阅读理解，而不仅仅是理解单词。

例如，一个路口附近的司机，看到黄灯亮了，就会意识到自己要根据到路口的距离来响应警告，进一步通过感知车辆速度以及路口和前方车辆的速度来决定是停车还是通过。这样，驾驶员对情况如何影响其目标的理解定义了第二层态势感知所必需的内容。

在飞机起飞过程中，一旦飞行员看到提示问题的警示灯，就应该立即通知塔台判断问题的严重性，并利用多年的飞行经验综合看待和处理这些问题，当然要确定是否应终止飞行。一名新手飞行员可能与许多资深飞行员一样能够达到态势感知第一层，但在整合大量目标数据信息以期获得更好的态势理解时，仍有许多不足之处。

对于地面指挥官来说，态势感知第二层可能包括了解特定区域的分析报告或者附近敌军的情况，抑或是观察地面车辆的踪迹并推断其部队的行进方向。

通过了解数据流的重要性，具有第二层态势感知能力的人已经可以将与目标相关的特定含义与手头的信息联系起来。

据统计，约19%的航空态势感知错误与第二层态势感知有关。在这种情况下，人们可以看到或听到必要的数据（态势感知第一层），但无法准确理解信息的含义。例如，一名飞行员可能知道他的飞机在10 000米的高度，但可能没有意识到下面的山脉会导致他没有足够的空间降落，或者他已经偏离了飞行路线控制系统的控制。在众多感知信息流的基础上加深对现状的理解，需要为飞行员提供良好的数据融合模型或智能模型，才能将这些不同的数据流汇集在一起并加以解释。一个新手或者刚刚接触到一种全新情境的人，可能没有这种知识背景可以参考，因此在发展更深层次的态势感知时，他们将处于明显的劣势地位。

3）第三层：规划该情境的未来状况

一旦人们知道这些元素是什么以及它们对当前目标意味着什么，那么预测这些元素在未来（至少在短期内）将如何发挥作用的能力就是态势感知的第三个层次。一个人只有在对形势（第二层次）和自己操作系统的功能与趋势有很好的了解时，才能达到第三层次的态势感知。

有了第三层态势感知，司机就能够意识到，如果他继续闯红灯穿过十字路口，就有可能会被汽车撞到，这种可能性让他在做决定之前更加谨慎；地面指挥官凭借他的第三层态势感知能力，可以预测敌人将接近哪个方向以及他自己的行动可能产生的影响；飞行员和空中交通管制员可以主动有效地预测个别飞机的运动轨迹，并提前预测可能出现的问题。

基于对当前情况的理解形成预测需要对该领域的深入了解（高度发达的智力模型）和大量的智力工作。许多领域的专家花费了大量的时间研究第三层态势感知的形成和预测理论的发展。近年来，通过不断的研究，一些专家在特定领域形成了一套态势感知理论，可以对事件做出相应的反应，避免了很多不愉快事件的发生。

一般来说，未能在第二层态势感知（形成第三层态势感知）的基础上形成正确及时的预测，可能是由于智力资源不足（如一个人不断超载其他信息），也可能是因为没有足够的专业知识。但有时也可能是由于对当前情况的估计过于主观，例如，空中交通管制员主观地猜测飞机会根据当前速度减速，而不是根据当前速度来保持恒定速度。据统计，大约6%的航空态势感知错误与第三层态势感知有关[88]。可能是因为在这个领域，获得第一层和第二层态势感知比获得良好的第三层态势感知要简单得多。如果没有足够的专业知识、复杂的信息系统设计和良好的用户界面，人们可能会停留在态势感知的早期阶段，很难达到第三层，这可能会受到任务因素、环境因素和个人的影响。这也从一个方面解释了为什么两个人在面对同一个任务时可能会得出不同的结论，这应该与人的能力、经验、训练不同等因素有关。

综上所述，安德斯雷的三层态势感知模型表明，随着信息在更高层的处理，飞行员的意识会增强，需要全面理解知识和目标来整合外部数据以预测随后的情境变化。该模型基于常见的认知过程，适用于多个应用领域。在动态系统中，安德斯雷建议应该根据系统的特定子类（如模式感知、空间感知、时间感知）进行不同的分析。

时间感知和各种元素的时间动态都在态势感知中发挥着关键作用。一般来说，时间在许多领域的态势感知中都扮演着重要的角色。态势感知的一个关键问题是知道在事件发生或必须采取某些行动之前有多少时间可用。

在大多数领域，当操作员收集外部（情境）信息时，他们感兴趣的不仅是空间（某些元素的距离），还包括该元素需要多长时间才能对其目标和任务产生影响。时间在态势感知的第二层（对当前情境的综合理解）和第三层（规划该情境的未来状况）中都起着重要作用。态势感知中另一个非常重要的时间因素是现实世界态势感知的动态因素，即对信息变化速度的理解要充分考虑对未来态势的预测。因为情况是不断变化的，所以人们的态势感知也必须不断变化，否则信息就会过时或不准确。在高度复杂的不确定环境中，为了保持态势感知，操作员最好利用通过训练获得的动态信息来采取策略。

2. 子系统交互理论

第二种方法基于行为理论。该理论提出了一个由八个主要功能块组成的定向行为功能模型。这是一种交互式的、认知的、子（次）系统方法。作为一种信息处理方法，它不同于传统的认知心理学方法。它不是感知、记忆、思维和行为执行的特定处理，而是取决于任务性质和个人目的的处理。这种观点似乎类似于认知心理学的矩阵方法，由过程的两个主要维度和功能组成。关于情境评估，班迪（H. A. Bendy）和迈斯特（M. T. Meister）认为功能块必须面向情境的意义来理解任务，模型的八个功能块通过前馈和反馈回路连接起来，如图 2-20 所示。

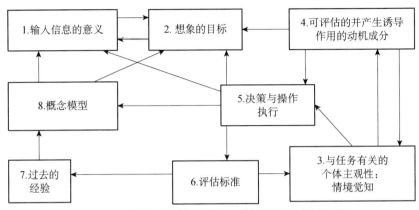

图 2-20 情境认知的一个交互式子系统方式示意图

如图 2-20 所示,在情境认知和行为建构发展中,每个功能模块都有一个具体的任务,其内容依赖于动态情境的特性,其作用如表 2-4 所示。

表 2-4 情境认知中功能模块的输入及作用总结表

模块	功能	输入块	作用总结
1	含义	1、2、5、7	解释从外而来的信息
2	想象	1、4、5、8	概念化信息-任务-目的
3	条件	4、5	情境和任务的动态反映
4	评估	3、6	动机与操作特性的比较
5	操作特性	3、4	与外界环境交互
6	标准	4、5	规定评估的有关标准
7	经验	6	完善经验以解释新的信息
8	模型	7	完善环境模型以解释新的信息

班迪和迈斯特提出的活动理论是指通过传感器-感知系统将新信息传递给功能模块 1,然后通过个人的环境概念模型(功能模块 8)、他们的任务目标规划"模式"(功能模块 2)以及需要解释的活动类型的方向(功能模块 5)对任务进行解释。然后,这种解释将任务目标的完整"模式"告知人员(功能模块 2)。根据任务目标(功能模块 4)及其与环境的整合(功能模块 5)的重要性和动机,由个人决定与功能模块 3 内相关的环境特征。它们包含任务目标的困难

程度在功能模块 2 中确定，进而受到评估制定标准（功能模块 6）和当前环境状态（功能模块 3）的影响。此评估的结果控制操作行为以及人员和任务的组合（功能模块 5），从中可以生成进一步的标准（功能模块 6）。与环境的交互结果被存储为经验（功能模块 7）并通知个人存储环境（功能模块 8）。如交互式模型所示，从人类行为和概念模型（分别为功能模块 5 和功能模块 8）中获得的信息被反馈给来自环境信息的新解释（功能模块 1）。

作为一个主动系统理论，该模型看起来并不完美，有两个重要问题：一是缺少功能模块 2 的前馈（如连接功能模块 4 的线），二是缺少来自功能模块 5 的前馈功能（功能模块 5 没有与环境的连接线）。尽管如此，交互式子系统提供了对人类认知的更强有力的说明。班迪和迈斯特认为，产生情境认知的关键过程是概念模型（功能模块 8）、图式目标（功能模块 2）和主观相关的任务条件（功能模块 3），他们建议前两个功能模块（功能模块 2 和功能模块 8）应该相对稳定，而后者（功能模块 3）更容易控制。如果操作者对主观相关的事物产生误解，就会导致情境认知的错误发展，这可能被认为是失去了一些态势感知。这样一来，就会涉及整体情境认知的进行，进而使操作者更难客观地重新评估事物的重要性，从而产生更偏离现实的情境反应。

3. 感知循环理论

情境认知的另一种观点是，它既不是环境中固有的东西，也不是人的固有特性，它只能通过人与环境的相互作用而存在。这种观点是奈塞尔的感知循环模型的发展结果。感知循环理论认为情境认知的过程-结果二分法应该基于人类信息处理理论的使用程度。情境认知的过程涉及由情境认知状态修改的知觉和认知活动，而结果则考虑了情境认知状态中可用的信息和知识。在奈塞尔的开创性著作《认知与现实》（*Cognition and Reality*）中，他指出人们的思维方式与他们互动的环境密切相关[37]。他证明，在给定现实环境的情况下，预先存在的知识直接导致对某种类型的信息（如心理模型）的期望，这反过来又指导行为选择某种信息并为解释它提供准备。在事件发展过程中，随着环境的不断变化，预先存在的知识在环境刷新后适应内部认知地图信息，依次引导操作者进一步搜索。感知周期框图见图 2-21。

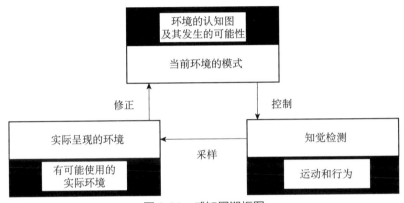

图 2-21　感知周期框图

感知循环可用于解释飞机驾驶舱内飞行员的信息处理。例如，（假设飞行员对他们控制的系统有正确的了解）他们形成的心智模型将使自己能够预测事件（如飞行中的期望状态）、搜索明确的证据（考虑预测）、控制行为过程（不断调整操纵杆或油门）并不断检查输出是否符合要求（仪表显示预期值）。如果他们发现某些数据与预期不一致（如仪表读数高于或低于预期要求），他们会调动更多关于航空器/环境的知识来找到足够的解释以支持后续的监视/控制活动。模型的完成是对过程（飞行器/环境信号采样的周期）和结果（飞行器/环境模型在任何时间点的刷新）的描述。

这些理论之间存在合理的因素。嵌入式交互模型在解释情境认知的动态方面具有一定优势，特别是在如何刷新瞬时知识和检索环境中的信息方面。这代表了对人类与环境交互的高级理解，其中基于系统的方法似乎特别有用。认知子系统方法非常适合考虑基本功能的各个方面以及它们如何相互作用。这种方法主要用于个体大脑信息处理活动。三层态势感知模型提供了一个功能模型，用于以实用的方式评估不同程度的洞察力（把握事物内在或隐藏本质的能力或直观感受的能力）。嵌入式交互模型假设数据是基于整个环境的条件获得的（同时，认知子系统方法假设关于个人的数据也很重要），三层态势感知模型为"当进行态势感知分析时，在个人中可以找到哪些数据类型"提供了指导。态势感知的三个观点都通过更全面的人类认知功能模型得到巩固。基于对人体生理学生物学模型的研究，达登（T. Darden）等[89]认为，知觉系统有几个层次的信息处理。第一层要求人们从嘈杂的环境中检测信号和目标，过滤掉非目标信息；第二层要求人们必须将这些检测到的信号组织成有意义的信息模式；在第三层，人们必须通过对检测到的信号进行分类并将其纳入现有的信任和知识网络以理解这些模式。回到过程-结果二分法，交互式子系统模型和感知循环主要关注过程，三层态势感知模型则关注结果。在情境认知的测量中，两者都不能忽略，因为后者很可能由前者决定。

情境认知是一个过程还是一个结果，这在人体工程学界一直存在争议。三层态势感知模型强调结果（即操作者大脑中情境认知的合成状态），感知循环和交互式子系统模型则强调过程（即操作者获得情境认知的动作）。这些争议可能会持续一段时间。

4. 情境认知模型

情境认知可以看作是操作者与系统和环境的许多组成部分相互作用的合成产物。但从广义上讲，情境认知是操作者在特定环境中充分利用各种认知活动（如目的、感觉、注意力、动机、预测、自动性、运动技能、计划、模式识别、实践、动机、经验、编码技能，以及知识的提取、存储、执行等）来完成一项任务。接下来，我们将对情境认知研究发展过程中的几个重要模型进行分析总结，然后结合我们的研究工作，建立情境认知的多层次触发定性分析模型。

（1）贝林格和汉考克的模型

贝林格（D. B. Beringer）和汉考克（P. A. Hancock）[90]在1987年提出了情境认知加工的三层模型（图2-22）。高层加工的主要活动包括保持情境认知，即保持决策和动作的优先次序、子任务的有机整合以及监视任务变化的预示；中层加工（信息处理），通知观测者环境中的成分是什么、在哪里、什么时间出现；底层加工，从内部或外部的环境中感知刺激（信息）。

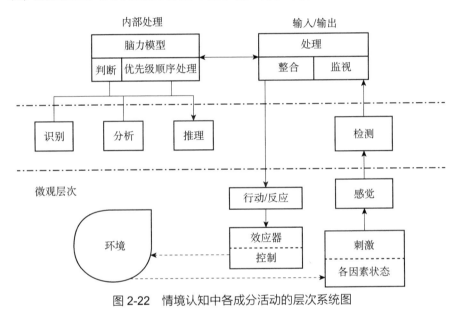

图2-22　情境认知中各成分活动的层次系统图

（2）芬妮和泰勒的模型

芬妮（I. Finnie）和泰勒（B. Taylor）提出了一个基于强度知觉控制理论的情境认知模型，如图2-23所示。知觉控制整合模型的主要思想是情境认知受行为控制。与知觉控制理论类似，情境认知的获得和维持源于减少实际与预期的错误行为。

（3）安德斯雷的模型

安德斯雷于2000年明确提出人对环境中有关成分的感知是形成态势感知

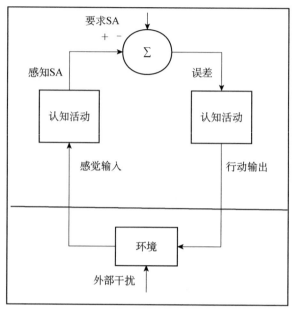

图 2-23 情境认知的知觉控制整合模型

的基础，决策、动作执行被看成是与态势感知不同的阶段。人们态势感知的活动不是一成不变的，这可能与内在能力、经验和练习程度有关。另外，人们的某种目的与计划也可能使其对环境的感知和分析受到影响；任务系统与环境中的其他因素（如工作负荷、压力、系统复杂性等）对态势感知也会产生重要的影响。图 2-24 是动态决策态势感知模型。

（4）情境认知多级触发定性分析模型

通过实验和现场调查分析，刘伟等认为高级飞行员存在态势感知"跳蛙"现象，即从感知刺激阶段直接进入预测规划阶段（跳过了综合理解阶段），这主要是由注意和环境任务的驱动引起的，他们进行的是信息的关键特征搜索，而不是整个客体的搜索[91]。与一般飞行员的态势感知相比，他们态势感知的采样更离散一些，尤其是在感知刺激后的信息过滤中，表现了较强的"去伪存真、去粗取精"能力。对于每个刺激客体而言，既包括有用的信息特征，又包括冗余的其他特征，而高级飞行员具备了准确把握刺激客体的关键信息特征

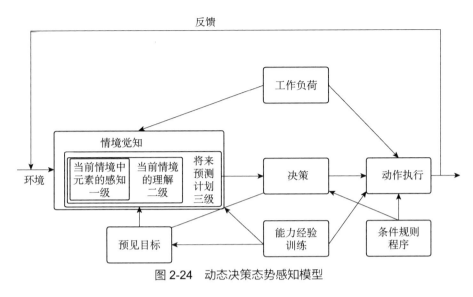

图 2-24　动态决策态势感知模型

的能力（可以理解为"由小见大"的能力），因此，它可以形成跳跃扫描、即时计划和预测的态势感知能力。对于普通飞行员来说，高级飞行员的态势感知能力尚未形成，因此感知到的刺激对象不仅包含有用的信息特征，还包含其他冗余特征。因此，扫描范围很大，在预测计划之前，需要全面了解感知信息。与高级飞行员相比，信息采样量大，态势感知相对持续渐进（缓慢），具体如图 2-25 所示。

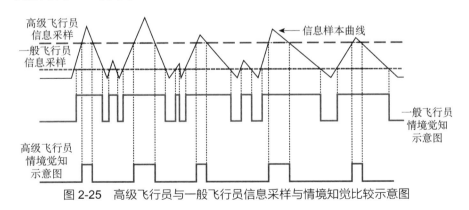

图 2-25　高级飞行员与一般飞行员信息采样与情境知觉比较示意图

在时间和任务的压力下，经验丰富的高级飞行员经常使用基于认知而非评估的决策策略。事实上，他们的反应和行动是基于以前的经验，而不是通过传统的统计方法做出决定和选择。基本认知决策中的情境评估是基于图式和脚本的。图式是对一种概念或事件的描述，是形成长时记忆组织的基础。在自上向下的处理过程中，被感知事件的信息可按照最匹配的存在思维图式进行映射；而在自下而上的处理过程中，根据被感知事件激起的思维图式调整不一致的匹配，或通过积极的搜索匹配最新变化的思维图式结构。

刘伟等[91]建立的情境认知多级触发模型（图2-26）与安德斯雷模型的不同之处在于：情境认知的三个阶段之间的关系是一个渐进的触发器，即只有当环境信息满足一定的数量/质量要求时，感知阶段可以工作并将信息传输到信息"滤波器"（滤波器的基本功能是使指定的信号平滑通过并衰减其他信号，它可以突出有用的信号，抑制/衰减干扰和噪声信号，达到提高信噪比或选择的目的）；只有当过滤出的有效信息达到一定阈值时，才能实现对有效信息的全面理解；然后，通过与长时记忆中存储的经验图式匹配产生自上向下的处理过程（基于联想、程序）或面对当前情境刺激（包括短时记忆中的存储信息）直接进行自下而上的处理过程（基于分析），信息经过这样两个过程或（它们的）复合处理并达到一定的临界值后，规划预测阶段才能够正常进行；最后，对情境规划预测的指令分成两路，其中一路形成反馈，对感知、综合理解、预测规划等阶段进行修正；另一路形成决策输出，并实现行为控制。

面对同样的情境信息成分，高级飞行员与一般飞行员表现出的觉知过程（如信息的接收、处理、加工）是不同的，将这种现象不妨称为"信息不对称"，这主要是由于：一方面，许多高级飞行员使用的是基于经验性思维图式/脚本的认知活动，这些图式/脚本认知活动是形成自动性模式（即不需要每一步都进行分析）的基础；另一方面，高级飞行员有时也要被迫对特定的情境做有意识的分析（自动性模式已不能保证准确操作的要求）。高级飞行员很少把注意转移

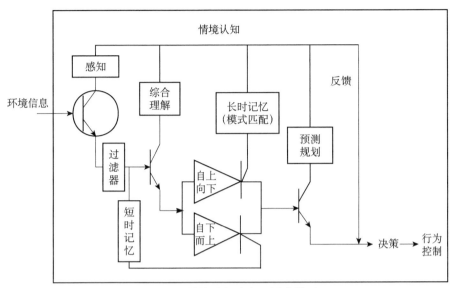

图 2-26　情境认知的多级触发模型

到诸如驾驶的基本技巧或显示/控制位置等因素上，这将会减少其分心。

这种现象也许与训练规则有关，因为在规则中飞行员通常被要求依程序执行，而规则程序设定了触发其情境认知的阈值（即遇到规定的信息被激活）；经验丰富的驾驶员通过大量的实践和训练经验，形成了一种内隐的触发情境认知阈值（即遇到对自己有用的关键信息特征就被激活，而不是规定的）。

一个自上向下的处理过程提取信息依赖于（至少受其影响）对事物特性的以前认识；一个自下而上的处理过程提取信息只与当前的刺激有关[92]。所以，任何涉及对一个事物识别的过程都是自上向下的处理过程，即对于该事物已知信息的组织过程。自上向下的处理过程已被证实对深度知觉及视错觉有影响。自上向下与自下而上过程是可以并行处理的。

利用自上向下处理过程，飞行员的注意和规划可以在情境认知第一阶段发生时就朝向环境的有关方面，然后，根据目标综合理解信息形成情境认知第二阶段。与这些自上向下过程并行，自下而上的处理过程也产生了。例如，环境中变化的趋势及模式意味着新的规划必须适应新的注意需要，这就需要飞行员当前的注意和规划要随着环境的变化而变化。飞行员的注意（即从众多竞争目标中挑选出最重要的目标）将指向最适合的思维模型或图式的选择，进而使两者相匹配以实施规划预测（情境认知第三阶段）。

在大多数正常情境下，飞行员按自上向下的处理过程达到目标；在非正常或紧急情境下，飞行员可能会按自下而上的处理过程达到新的目标。无论如何，飞行员都应在情境中保持主动性的（前摄的）策略（如使用前馈控制策略保持在情境变化的前面）而不是反应性的策略（如使用反馈控制策略跟上情境的变化），这一点是很重要的。这种主动性的（前摄的）策略可以通过对非正常或紧急情境下的反应训练获得。

二、情境认知的影响因素

目前，情境感知是工效学领域一个广泛存在的概念，但它缺乏一个统一而严格的定义，几乎每位学者都对其有不同的定义。然而，作为一个整体分析人、环境状况和系统状态之间相互作用的综合概念，情境认知具有基本的可描述性。目前，基础的研究工作是通过对情境认知影响因素的系统分析来实现概念的界定，以便于对其进行定性分析和定量评价。

从航空领域来看，态势感知的概念可以将飞行员的能力、经验、目标驱动行为、信息环境、资源约束以及它们之间的关系有机地结合起来[93]。但态势感知不是决策、工作量或行动执行。例如，可能存在态势感知能力高但动作执行差（响应执行差）的情况，也可能存在态势感知能力低但动作执行良好（如自动驾驶仪飞行）的情况。这样，当驾驶员的态势感知推动决策和响应的实施时，许多其他因素（如决策偏差、执行响应错误等）都将影响这些处理过程。我们研究的情境认知与态势感知不完全相同，它不但包括态势感知，还包括决策、工作负荷或行动执行等因素。情境认知被认为是操作者与有关的系统及环境之间交互所产生的一种综合作用。获得并保持情境认知的影响因素有很多，既包括内在的（人的认知活动），也包括外在的（环境及系统），还有直接或间接之分，详见表2-5。

表2-5　影响情境认知因素的结构分类

影响因素	内在的	外在的
直接的	感知 综合 规划 目标捕捉	工作负荷和压力 界面设计 自动化 系统能力
间接的	固有能力 经验 当前目的	条例 规则 程序

表2-6为影响情境认知的直接内部因素。

表2-6　影响情境认知的直接内部因素

阶段	认知形式	认知内容
第一阶段：对当前情境中的成分感知	视觉感知	感觉的组织、空间视觉及深度知觉、颜色知觉
	对象识别	模式的检测、辨别、识别
	知识认知	自上向下及自下而上处理过程运用
	注意	集中听觉注意、集中视觉注意、注意分配、注意的保持、自动处理
	环境感知	选择、偏差
第二阶段：对当前情境的综合理解	记忆	工作记忆、回忆与遗忘、长时记忆
	图式	知识经验的组织与综合
	认知偏差	认知不一致的偏差
第三阶段：规划该情境的未来状况	推理	通过线索的诊断认知
	记忆	使用心理图式搜索
	认知偏差	形成反馈调节机制
	目标	整合自上向下及自下而上处理过程

表 2-7 为影响情境认知的间接内部因素。

表 2-7　影响情境认知的间接内部因素

认知类型	认知内容
决策	基于经验的认知决策、基于评估的自然决策
内在能力	视觉灵敏度、感知与模式识别、运动控制、技能记忆
经验	判断与正确性的关系
情绪	情绪与记忆/识别/控制、焦虑与注意的关系

表 2-8 为影响情境认知的直接外部因素。

表 2-8　影响情境认知的直接外部因素

认知类型	认知内容
压力	形成认知隧道
工作负荷	认知与操作活动的绩效
任务中断	执行多任务时
系统	系统设计、系统复杂性、自动操作
界面	交互任务的线索、信息预测/合成/过载

表 2-9 为影响情境认知的间接外部因素。

表 2-9　影响情境认知的间接外部因素

认知类型	认知内容
条例	
规则	通过条例、规则和程序训练约束可调节情境认知的获取与保持
程序	

总之，通过对上述因素的分析可以得出结论，不同个体情境认知的差异主要在于感知能力（包括感知速度、编码速度、警觉性和模式匹配能力），注意力分布，记忆（包括工作记忆和长时记忆），高级认知能力（分析、综合理解、预测），决策和操作能力。因此，可以制定相应的培训措施来提高情境认知技能[94]。例如，操作员可能需要识别特定区域中的重要特征（如情况中的组件、这些组件的运动特征及其后续变化）。此外，还可以训练情境认知的习得和维

持。例如，使用有效的扫描、采取注意模式、从对象的有限特征数据中提取最大数量的信息等。通过培训建立的有效反馈功能还可以提高操作者情境认知的准确性和完整性，使操作者能够充分理解自己的评价，并意识到错误的情况，从而更好地进行纠正。

第六节　推荐系统情境决策实验

本部分由两个实验组成，第一个是电影院座位选择场景实验，第二个是路径选择策略实验。前者主要考察推荐系统的干预时间对个体决策和群体决策的影响；后者主要考察动态信息对决策的影响，以及系统干预对动态信息中系统的影响[95]。

一、电影院座位选择场景实验

（一）实验背景

座位选择一直是许多人关心的问题。日常生活中，座位选择存在于许多场景中，如电影院、教室、餐厅、火车等。座位选择问题可以看作一个经典的非复杂系统场景，其中不涉及生命损失，并且该场景中的信息是相对静态的。特别是在电影院座位的选择问题上，很多人都做了相关研究。例如，某大学的李祖元（音译）做了一项研究，用数学模型来模拟电影院里最好的座位。然而，该研究主要集中在电影院的物理属性上，即人们的视觉和听觉最好，但推荐系统没有考虑人们的心理属性。美国心理学家霍尔（G. S. Hall）曾说过，距离可以分为四种，即公共距离、社交距离、人们的舒适距离和亲密距离。如果距离太近或太远，人们会感到不舒服。目前大多数电影院选择座位的功能可以在手机小程序（APP）上完成，很多 APP 都推出了推荐系统，即可以选定人数，人数一般有 1 人、2 人、3 人等不同的选项，然后由系统推荐最佳位置。一个好的推荐系统应该综合考虑人的物理需求和心理需求，很明显，现在的电影院座位推荐系统还有很大的提升空间。也就是说，座位选择问题很适合研究相对静态信息下人的直觉和相对理性的决策规律，以及推荐系统对单一主体和群体决策的影响。

（二）实验目的

一是探究机器的理性决策和人的直觉决策的区别；二是探究推荐系统介入不同时间对决策和可用性的影响；三是探究多人决策对推荐系统介入的影响。

（三）实验设计

该实验分为两部分，实验 a 为 2×2 设计，自变量为页面呈现时间与预期电影院的人数，因变量为被试选择的座位的方向和座位间的距离。实验 b 为 2×2 设计，自变量为系统介入时间与被试初始所处情景，因变量为被试选择的座位的方向和距离大小、使用系统后对决策的改变程度。实验 c 为 2×2 设计，自变量为被试初始所处情景与系统介入时间，因变量为被试选择的座位的方向和距离大小、使用系统后对决策的改变程度。各个实验设计见表 2-10～表 2-12。

表 2-10　实验 a 的自变量设计

项目		呈现时间	
		水平一（5 秒）	水平二（10 秒）
预期人数	水平一（不到 1/2）	$N=3$（No.1、3、5）	$N=3$（No.7、9、11）
	水平二（接近满座）	$N=3$（No.2、4、6）	$N=3$（No.8、10、12）

注：N 为因变量，是指被试选择的座位的方向和距离大小。

表 2-11　实验 b 的自变量设计

项目		介入时间	
		水平一（2.5 秒）	水平二（7.5 秒）
初始人数	水平一（小于 1/2）	$N=2$（No.1、3、9）	$N=2$（No.5、7、11）
	水平二（大于 3/4）	$N=2$（No.2、4、10）	$N=2$（No.6、8、12）

表 2-12　实验 c 的自变量设计

项目		介入时间	
		水平一（2.5 秒）	水平二（7.5 秒）
初始人数	水平一（小于 1/3）	$N=3$（No.1、3、5）	$N=3$（No.7、9、11）
	水平二（大于 1/2）	$N=3$（No.2、4、6）	$N=3$（No.8、10、12）

（四）实验被试

被试一共 15 人，其中，3 人为预实验，6 人为男性，6 人为女性（$M=24.15$，$SD=2.36$，M 指平均数，SD 指标准差），均在电影类 APP 购买过电影票，均为右利手，视力良好，无色盲色弱现象。

（五）实验场地与设备

（1）实验场地。实验场地为专用的人因工程实验室，面积为 50 平方米，亮度调整为均值 550 勒克斯，温度调节为 25℃。所有实验时间均为 13：00～17：00，消除了外部因素对实验结果的影响。

（2）实验设备。装有 E-Prime 的一台笔记本电脑、一个鼠标和一副入耳式耳机（防止噪声）。

（六）实验流程

1. 实验 a 的实验流程

（1）首先被试填写知情同意书和自信心量表。

（2）被试首先进入空白界面，由主试朗读指导语，实验正式开始。

（3）由主试将被试按照呈现时间与预期电影院人数分为4组，其中，呈现时间为5秒、10秒，这么做的目的是让被试分别用启发式和理性决策来做出决定。将最终的电影院人数告诉被试的目的是探究被试在决策时是否会用预期信息进行判断。

（4）被试要在对应的时间内做出决策，选出想要坐的座位号，并手动输入空格处。在做决策之前，屏幕会被冻结，系统会呈现三个问题，被试口头告诉主试即可，主试记录下答案。问题分别会在第4秒和第9秒出现。

（5）5秒、10秒之后，屏幕空白，由被试填入所选择的座位号。

（6）被试填写美国国家航空航天局任务负荷指数量表，休息1分钟。

2. 实验 b 的实验流程

（1）被试首先进入空白界面，由主试朗读指导语，实验正式开始。

（2）由主试将被试按照初始情景与推荐系统呈现时间分为4组，其中，呈现初始情景为一部分人（1/2）、很多人（3/4）。系统推荐时间为起始时间（2.5秒）和决策时间一半之时（7.5秒），在决策的过程中，屏幕冻结，屏幕上会出现问题，被试需要将答案告诉主试。

（3）被试在20秒的时间后，要做出决策，选出想要坐的座位号，并手动输入空格处。

（4）被试填写美国国家航空航天局任务负荷指数量表和系统可用性量表。

3. 实验 c 的实验流程

（1）被试首先进入空白界面，由主试朗读指导语，实验正式开始。

（2）由主试将被试按照初始情景与推荐系统呈现时间分为4组，其中，呈现初始情景为一部分人（1/3）、很多人（1/2）。系统推荐时间为起始时间（0秒，表示未介入时间）、决策时间一半之时（2.5 秒）、做完决策之后（7.5 秒），在决策的过程中，屏幕冻结，屏幕上会出现问题，被试需要将答案告诉主试。与实验 b 的不同之处在于，实验 c 的被试要负责两个人的订票活动，也就是说，被试在订票的时候，要考虑到同伴的决策倾向（2 人）。

（3）被试在 20 秒的时间后，要做出决策，选出想要坐的座位号，并手动输入空格处。

（4）被试填写美国国家航空航天局任务负荷指数量表和系统可用性量表。表 2-13 和表 2-14 为实验中用到的态势感知全局评估技术（situation awareness global assessment technique，SAGAT）问题。

表 2-13　直觉与理性情景决策态势感知全局评估技术问卷

阶段	问题	所属类别
第一阶段	1. 有几个人已经占了位置？	感知
	2. 影院最好的位置在第几排？	预测
	3. 该影院的规模是？ A. 小影院　B. 中型影院　C. 大型影院	理解
第二阶段	1. 影院最好的座位在第几排（从左数）？	预测
	2. 影院满员能坐多少人？	感知
	3. 影响你选择座位时更重要的因素是？ A. 视线好　B. 较安静	理解

表 2-14　个人与群体情景决策态势感知全局评估技术问卷

阶段	问题	所属类别
第一阶段	1. 有几个人已经占了位置？	感知
	2. 预测系统会推荐什么座位？	预测
	3. 该影院的规模是？ A. 小影院　B. 中型影院　C. 大型影院	理解
第二阶段	1. 影院最好的座位在第几排（从左数）？	预测
	2. 影院满员能坐多少人？	感知

续表

阶段	问题	所属类别
第二阶段	3. 试图理解一下有些人选靠后座位的理由是? A. 随机 B. 渴望独处 C. 朋友的选择 D. 没有位置了	理解

（七）实验数据分析

因为是座位选择问题，所以在数据统计之前，首先规定一个座位选择标准由两部分组成：一部分是角度，即所选座位与系统推荐最佳座位的锐角角度 A（假定前后排距离相等），按照四舍五入制，以 15° 为标准进行计算；另一部分是位置 P，P 表示所选座位与最佳座位的距离，前后排距离均为 1。态势感知的计算将答对 1 题记为 1 分，如果有两个态势感知全局评估技术问卷，则计算两者的平均值。实验 a、b、c 的计算方法均为此。

1. 实验 a 的数据分析

预期人数与呈现时间及两者交互作用对座位选择角度的影响如表 2-15 所示。

表 2-15　预期人数为水平一（少于 1/2）的方差检验

源	Ⅲ类平方和	自由度	均方	F	显著性
修正模型	3 300.000	3	1 100.000	9.778	0.005
截距	14 700.000	1	14 700.000	130.667	0.000
预期人数	300.000	1	300.000	2.667	0.141
呈现时间	2 700.000	1	2 700.000	24.000	0.001
预期人数×呈现时间	810 000.000	1	810 000.000	64.008	0.000
误差	900.000	8	112.500	—	—
总计	18 900.000	12	—	—	—
修正后总计	4 200.000	11	—	—	—

可以看出，通过相关因素方差分析，呈现时间对座位选择角度影响显著（显著性=0.001＜0.05），而预期人数与两者的交互则对座位选择角度影响不显著。

预期人数与呈现时间及两者交互作用对座位选择距离的影响如表 2-16 所示。

表 2-16　预期人数为水平二（接近满座）的方差检验

源	Ⅲ类平方和	自由度	均方	F	显著性
修正模型	74.250	3	24.750	4.500	0.039
截距	2.083	1	396.750	72.136	0.000
预期人数	396.750	1	2.083	0.379	0.555
呈现时间	70.083	1	70.083	12.742	0.007
预期人数×呈现时间	2.083	1	2.083	0.379	0.555
误差	44.000	8	5.500	—	—
总计	515.000	12	—	—	—
修正后总计	118.250	11	—	—	—

可以看出，通过相关因素方差分析，呈现时间对座位选择距离影响显著（显著性=0.007＜0.05），而预期人数与两者的交互则对座位选择距离影响不显著。

当呈现时间相同时，预期人数对座位选择角度、座位选择距离、态势感知的影响如表 2-17～表 2-19 所示。

表 2-17　预期人数与座位选择角度的独立样本 t 检验

项目		莱文方差等同性检验		平均值等同性 t 检验				
		F	显著性	t	自由度	显著性（双尾）	平均值差值	标准误差差值
座位选择角度	假定等方差	3.333	0.098	0.877	10	0.401	10.000 00	11.401 75

可以看出，通过独立样本 t 检验，不能拒绝方差齐性假设，而显著性为 0.401＞0.05，所以预期人数对座位选择角度的影响不显著。

表 2-18　预期人数与座位选择距离的独立样本 t 检验

项目		莱文方差等同性检验		平均值等同性 t 检验				
		F	显著性	t	自由度	显著性	平均值差值	标准误差值
座位选择距离	不假定等方差	0.004	0.949	0.423	10	0.681	0.833 33	1.967 80
	假定等方差	—		0.423	9.998	0.681	0.833 33	1.967 80

可以看出，通过独立样本 t 检验，不能拒绝方差齐性假设，而显著性为 0.681＞0.05，所以预期人数对座位选择距离的影响不显著。

表 2-19　预期人数与态势感知的独立样本 t 检验

项目		莱文方等同性检验		平均值等同性 t 检验				
		F	显著性	t	自由度	显著性（双尾）	平均值差值	标准误差差值
态势感知水平	假定等方差	0.000	1.000	0.767	10	0.461	0.333 33	0.434 61
	不假定等方差	—	—	0.767	10	0.461	0.333 33	0.434 61

可以看出，通过独立样本 t 检验，不能拒绝方差齐性假设，而显著性为 0.461＞0.05，所以预期人数对态势感知的影响不显著。

当预期人数相同时，呈现时间对座位选择角度、座位选择距离和态势感知的影响如表 2-20～表 2-22 所示。

表 2-20　呈现时间与座位选择角度的独立样本 t 检验

项目		莱文方差等同性检验		平均值等同性 t 检验				
		F	显著性	t	自由度	显著性（双尾）	平均值差值	标准误差差值
座位选择角度	假定等方差	1.800	0.209	4.243	10	0.002	30.000 00	7.071 07
	不假定等差	—	—	4.243	7.353	0.003	30.000 00	7.071 07

可以看出，通过独立样本 t 检验，不能拒绝方差齐性假设，而显著性为 0.002＜0.05，所以呈现时间对座位选择角度的影响显著。

表 2-21 呈现时间与座位选择距离的独立样本 t 检验

项目		莱文方差等同性检验		平均值等同性 t 检验				
		F	显著性	t	自由度	显著性（双尾）	平均值差值	标准误差差值
座位选择距离	假定等方差	2.401	0.152	3.814	10	0.003	4.833 33	1.267 11
	不假定等方差	—	—	3.814	6.740	0.007	4.833 33	1.267 11

可以看出，通过独立样本 t 检验，不能拒绝方差齐性假设，而显著性为 0.003＜0.05，所以呈现时间对座位选择距离的影响显著。

表 2-22 呈现时间与态势感知的独立样本 t 检验

项目		莱文方差等同性检验		平均值等同性 t 检验				
		F	显著性	t	自由度	显著性（双尾）	平均值差值	标准误差差值
态势感知水平	假定等方差	1.818	0.207	1.690	10	0.122	0.666 67	0.394 41
	不假定等方差	—	—	1.690	8.448	0.127	0.666 67	0.394 41

可以看出，通过独立样本 t 检验，不能拒绝方差齐性假设，而显著性为 0.122＞0.05，所以呈现时间对态势感知没有显著的影响。

2. 实验 b 的数据分析

初始人数与介入时间及两者交互作用对座位选择角度的影响如表 2-23 所示。

表 2-23 初始人数与介入时间及两者交互作用和座位选择角度的方差检验

源	Ⅲ类平方和	自由度	均方	F	显著性
修正模型	1 350.000	3	450.000	4.000	0.052
截距	2 700.000	1	2 700.000	24.000	0.001
初始人数	0.000	1	0.000	0.000	1.000

续表

源	Ⅲ类平方和	自由度	均方	F	显著性
介入时间	675.000	1	675.000	6.000	0.040
初始人数×介入时间	675.000	1	675.000	6.000	0.040
误差	900.000	8	112.500	—	—
总计	4 950.000	12	—	—	—
修正后总计	2 250.000	11	—	—	—

可以看出，通过相关因素方差分析，介入时间对座位选择角度的影响显著（显著性＝0.04＜0.05），而初始人数对座位选择角度的影响不显著，两者的交互对座位选择角度有着显著影响（显著性＝0.04＜0.05）。

初始人数与介入时间及两者交互作用对座位选择距离的影响如表 2-24 所示。

表2-24　初始人数与介入时间及两者交互作用和座位选择距离的方差检验

源	Ⅲ类平方和	自由度	均方	F	显著性
修正模型	52.917	3	17.639	5.040	0.030
截距	184.083	1	184.083	52.595	0.000
初始人数	52.083	1	52.083	14.88	0.005
介入时间	0.083	1	0.083	1.02	0.881
初始人数×介入时间	0.750	1	0.750	4.214	0.656
误差	28.000	8	3.500	—	—
总计	265.000	12	—	—	—
修正后总计	80.917	11	—	—	—

可以看出，通过相关因素方差分析，初始人数对座位选择距离影响显著（显著性=0.005＜0.05），而介入时间对座位选择距离影响不显著。

当介入时间相同时，初始人数对座位选择角度、座位选择距离、态势感知和系统可用性量表分数的影响如表 2-25～表 2-28 所示。

表 2-25 介入时间相同时初始人数与座位选择角度的独立样本 t 检验

项目		莱文方差等同性检验		平均值等同性 t 检验				
		F	显著性	t	自由度	显著性（双尾）	平均值差值	标准误差差值
座位选择角度	假定等方差	4.000	0.073	0.000	10	1.000	0.000 00	8.660 25
	不假定等方差	—	—	0.000	7.353	1.000	0.000 00	8.660 25

可以看出，通过独立样本 t 检验，不能拒绝方差齐性假设，而显著性为 $1 > 0.05$，所以初始人数对座位选择角度无显著影响。

表 2-26 介入时间相同时初始人数与座位选择距离的独立样本 t 检验

项目		莱文方差等同性检验		平均值等同性 t 检验				
		F	显著性	t	自由度	显著性（双尾）	平均值差值	标准误差差值
座位选择距离	假定等方差	2.444	0.149	4.250	10	0.002	4.166 67	0.980 36
	不假定等方差	—	—	4.250	7.833	0.003	4.166 67	0.980 36

可以看出，通过独立样本 t 检验，不能拒绝方差齐性假设，而显著性为 $0.002 < 0.05$，所以初始人数对座位选择距离有显著影响。

表 2-27 介入时间相同时初始人数与态势感知的独立样本 t 检验

项目		莱文方差等同性检验		平均值等同性 t 检验				
		F	显著性	t	自由度	显著性（双尾）	平均值差值	标准误差差值
态势感知水平	假定等方差	5.568	0.040	1.103	10	0.296	0.500 00	0.453 38
	不假定等方差	—	—	1.103	7.564	0.304	0.500 00	0.453 38

可以看出，通过独立样本 t 检验，可以拒绝方差齐性假设，而显著性为 $0.304 > 0.05$，所以初始人数对态势感知无显著影响。

表 2-28　介入时间相同时初始人数与系统可用性量表分数的独立样本 t 检验

项目		莱文方差等同性检验		平均值等同性 t 检验				
		F	显著性	t	自由度	显著性（双尾）	平均值差值	标准误差差值
系统可用性量表分数	假定等方差	0.510	0.492	0.052	10	0.959	0.416 67	7.969 12

可以看出，通过独立样本 t 检验，可以拒绝方差齐性假设，而显著性为 0.959＞0.05，所以初始人数对系统可用性量表分数无显著影响。

当初始人数相同时，介入时间对座位选择角度、座位选择距离、态势感知和系统可用性量表分数的影响如表 2-29～表 2-32 所示。

表 2-29　初始人数相同时介入时间与座位选择角度的独立样本 t 检验

项目		莱文方差等同性检验		平均值等同性 t 检验				
		F	显著性	t	自由度	显著性（双尾）	平均值差值	标准误差差值
座位选择角度	假定等方差	2.500	0.145	2.070	10	0.065	15.000 00	7.245 69
	不假定等方差	—	—	2.070	7.538	0.074	15.000 00	7.245 69

可以看出，通过独立样本 t 检验，可以拒绝方差齐性假设，而显著性为 0.065＞0.05，所以介入时间对座位选择角度无显著影响。

表 2-30　初始人数相同时介入时间与座位选择距离的独立样本 t 检验

项目		莱文方差等同性检验		平均值等同性 t 检验				
		F	显著性	t	自由度	显著性（双尾）	平均值差值	标准误差差值
座位选择距离	假定等方差	0.268	0.616	0.102	10	0.921	0.166 67	1.641 48
	不假定等方差	—	—	0.102	9.468	0.921	0.166 67	1.641 48

可以看出，通过独立样本 t 检验，可以拒绝方差齐性假设，而显著性为 0.921＞0.05，所以介入时间对座位选择距离无显著影响。

表 2-31 初始人数相同时介入时间与态势感知的独立样本 t 检验

项目		莱文方差等同性检验		平均值等同性 t 检验				
		F	显著性	t	自由度	显著性（双尾）	平均值差值	标准误差差值
态势感知水平	假定等方差	0.225	0.646	1.103	10	0.296	0.500 00	0.453 38

可以看出，通过独立样本 t 检验，可以拒绝方差齐性假设，而显著性为 0.296＞0.05，所以介入时间对态势感知无显著影响。

表 2-32 初始人数相同时介入时间与系统可用性量表分数的独立样本 t 检验

项目		莱文方差等同性检验		平均值等同性 t 检验				
		F	显著性	t	由度	显著性（双尾）	平均值差值	标准误差差值
系统可用性量表分数	假定等方差	0.086	0.775	5.749	10	0.000	22.083 33	3.841 48
	不假定等方差	—	—	5.749	9.580	0.000	22.083 33	3.841 48

可以看出，通过独立样本 t 检验，不能拒绝方差齐性假设，而显著性为 0.000＜0.05，所以介入时间对系统可用性量表分数有显著影响。

3. 实验 c 的数据分析

初始人数与介入时间对座位选择角度的影响如表 2-33 所示。

表 2-33 初始人数与介入时间和对座位选择角度的方差检验

源	Ⅲ类平方和	自由度	均方	F	显著性
修正模型	956.250	3	318.750	5.667	0.022
截距	1 518.750	1	1 518.750	27.000	0.001
介入时间	918.750	1	918.750	16.333	0.004
初始人数	18.750	1	18.750	0.333	0.580
误差	450.000	8	56.250	—	—

可以看出，通过相关因素方差分析，介入时间对座位选择角度影响显著（显著性=0.004＜0.05），而初始人数对座位选择角度影响不显著。

初始人数与介入时间及两者交互作用对座位选择距离的影响如表 2-34 所示。

表 2-34　初始人数与介入时间和对座位选择距离的方差检验

源	Ⅲ类平方和	自由度	均方	F	显著性
修正模型	21.667	3	7.222	9.630	0.005
截距	40.333	1	40.333	3.778	0.000
介入时间	8.333	1	8.333	11.111	0.010
初始人数	12.000	1	12.000	16.000	0.004
介入时间×初始人数	1.333	1	1.333	1.778	0.219
误差	6.000	8	0.750	—	—
总计	68.000	12	—	—	—
修正后总计	27.667	11	—	—	—

可以看出，通过相关因素方差分析，介入时间对座位选择距离影响显著（显著性=0.01＜0.05）、初始人数对座位选择距离影响显著（显著性=0.004＜0.05），而两者的交互则对座位选择距离没有显著影响。

当介入时间相同时，初始人数对座位选择角度、座位选择距离、态势感知和系统可用性量表分数的影响如表 2-35～表 2-38 所示。

表 2-35　介入时间相同时初始人数与座位选择角度的独立样本 t 检验

项目		莱文方等同性检验		平均值等同性 t 检验			
		F	显著性	t	自由度	显著性（双尾）	平均值差值	标准误差差值
座位选择角度	假定等方差	0.225	0.646	0.368	10	0.721	2.500 00	6.800 74
	不假定等方差	—	—	0.368	9.935	0.721	2.500 00	6.800 74

可以看出，通过独立样本 t 检验，可以拒绝方差齐性假设，而显著性为 0.721＞0.05，所以初始人数对座位选择角度无显著影响。

表 2-36 介入时间相同时初始人数与座位选择距离的独立样本 t 检验

项目		莱文方差等同性检验		平均值等同性 t 检验				
		F	显著性	t	自由度	显著性（双尾）	平均值差值	标准误差差值
座位选择距离	假定等方差	1.000	0.341	2.768	10	0.020	2.000 00	0.722 65
	不假定等方差	—	—	2.768	8.721	0.022	2.000 00	0.722 65

可以看出，通过独立样本 t 检验，不能拒绝方差齐性假设，而显著性为 0.02＜0.05，所以初始人数对座位选择距离有显著影响。

表 2-37 介入时间相同时初始人数与态势感知的独立样本 t 检验

项目		莱文方差等同性检验		平均值等同性 t 检验				
		F	显著性	t	自由度	显著性（双尾）	平均值差值	标准误差差值
态势感知水平	假定等方差	0.225	0.646	1.103	10	0.296	0.500 00	0.453 38
	不假定等方差	—	—	1.103	9.935	0.296	0.500 00	0.453 38

可以看出，通过独立样本 t 检验，可以拒绝方差齐性假设，而初始人数对态势感知无显著影响。

表 2-38 介入时间相同时初始人数与系统可用性量表分数的独立样本 t 检验

项目		莱文方差等同性检验		平均值等同性 t 检验				
		F	显著性	t	自由度	显著性（双尾）	平均值差值	标准误差差值
系统可用性量表分数	假定等方差	0.510	0.492	0.052	10	0.959	0.416 67	7.969 12
	不假定等方差	—	—	0.052	9.698	0.959	0.416 67	7.969 12

可以看出，通过独立样本 t 检验，可以拒绝方差齐性假设，而初始人数对系统可用性量表分数无显著影响。

当初始人数相同时，介入时间对座位选择角度、座位选择距离、态势感知和系统可用性量表分数的影响如表 2-39～表 2-42 所示。

表 2-39　初始人数相同时介入时间和座位选择角度的独立样本 *t* 检验

项目		莱文方差等同性检验		平均值等同性 *t* 检验				
		F	显著性	*t*	自由度	显著性（双尾）	平均值差值	标准误差差值
座位选择角度	假定等方差	1.607	0.234	4.341	10	0.001	17.500 00	4.031 13
	不假定等方差	—	—	4.341	9.494	0.002	17.500 00	4.031 13

可以看出，通过独立样本 *t* 检验，不能拒绝方差齐性假设，而显著性为 0.001＜0.05，所以介入时间对座位选择角度有显著影响。

表 2-40　初始人数相同时介入时间和座位选择距离的独立样本 *t* 检验

项目		莱文方差等同性检验		平均值等同性 *t* 检验				
		F	显著性	*t*	自由度	显著性（双尾）	平均值差值	标准误差差值
座位选择距离	假定等方差	2.222	0.167	2.076	10	0.065	1.666 67	0.802 77
	不假定等方差	—	—	2.076	7.442	0.074	1.666 67	0.802 77

可以看出，通过独立样本 *t* 检验，可以拒绝方差齐性假设，而介入时间对座位选择距离无显著影响。

表 2-41　初始人数相同时介入时间和态势感知的独立样本 *t* 检验

项目		莱文方差等同性检验		平均值等同性 *t* 检验				
		F	显著性	*t*	自由度	显著性（双尾）	平均值差值	标准误差差值
态势感知水平	假定等方差	0.625	0.448	3.796	10	0.004	1.166 67	0.307 32
	不假定等方差	—	—	3.796	9.966	0.004	1.166 67	0.307 32

可以看出，通过独立样本 *t* 检验，不能拒绝方差齐性假设，而显著性为 0.004＜0.05，所以介入时间对态势感知有显著影响。

表 2-42　初始人数相同时介入时间和系统可用性量表分数的独立样本 *t* 检验

项目		莱文方差等同性检验		平均值等同性 *t* 检验				
		F	显著性	*t*	自由度	显著性（双尾）	平均值差值	标准误差差值
系统可用性量表分数	假定等方差	0.745	0.408	5.483	10	0.000	16.250 00	2.963 90
	不假定等方差	—	—	5.483	8.088	0.001	16.250 00	2.963 90

可以看出，通过独立样本 t 检验，不能拒绝方差齐性假设，而显著性为 0.000＜0.05，所以介入时间对系统可用性量表分数有显著影响。

（八）实验结果与结论

1. 实验结果

（1）实验 a 中，呈现时间对座位选择角度和距离有很大程度的影响，而预期人数对座位选择角度和距离影响不大。

（2）实验 b 中，初始人数与座位选择的角度相关，介入时间对座位选择角度有显著影响，介入时间和初始人数的交互作用对座位选择角度有显著影响。系统可用性量表分数和介入时间对座位的选择有很大影响，其余因素影响不显著。

（3）实验 c 中，初始人数对座位选择距离有显著影响，介入时间对座位选择角度、态势感知的水平、系统可用性量表得分具有显著影响。

2. 实验结论

（1）呈现时间对被试在进行座位选择时有显著影响，时间越长，被试选择的位置角度与距离越小。

（2）初始人数对被试的座位选择角度有显著影响，当人数少时，座位选择角度比较分散，很有可能是被试在选择时产生了心理排斥效应。

（3）介入时间对被试的座位选择有很大影响，当介入时间较早时，被试的座位选择更加准确，对可用性的评价也越高。

（4）双人选择和单人选择整体趋势一致，区别在于被试的态势感知程度不同，双人选择时，被试的态势感知水平更好，且更试图去接受系统的建议。

二、路径选择策略实验

（一）实验背景

路径选择问题是日常生活中常常遇到的挑战。一旦路径选择出现差错，不仅仅会降低出行效率，有时甚至会遇到不必要的事故，可以这么说，好的路径规划能力对于提高出行效率和安全性必不可少。目前，很多 APP 都推出了路径推荐功能，人可以根据所在地和目标地智能规划路径。但是，路况是实时变化的，静态的路径规划并不能模拟实际上人们在动态信息变化时的决策规律。推荐系统的介入时间也很关键，如果动态信息的变化超出了人们的信息处理能力，那么做出的决策就是不可靠的，这时系统恰当的介入就显得必不可少。值得注意的是，系统推荐的结果最好不要去改变操作者的决定，否则会使得人们觉得推荐系统变成了对立系统。怎样使人们感觉不到智能系统的存在，又能潜移默化地受到推荐系统的影响，是值得研究的课题。该实验与电影院座位选择场景实验相比，最大的变化在于信息的呈现方式为动态的，即整体信息的呈现形式为动态变化，而且不同的奖惩状态更容易对被试的决策产生影响。所以，在路线规划决策之中，研究动态信息的变化对被试决策的影响，以及不同的奖惩状态对决策辅助系统的使用状态的影响是很有必要的。

（二）实验目的

（1）探究在路径选择时，动态的变化信息对被试决策的影响。

（2）探究在系统介入时，人们对决策辅助系统的使用状况以及可用性变化程度。

（三）实验设计

该实验分为两部分，实验 d 为单因素设计，自变量为路况刷新频率，有三个水平，即 5 秒、10 秒、15 秒，因变量为被试选择的路线和达到时间。实验 e 为 3×2 设计，自变量为系统介入时间与路况刷新频率，因变量为被试选择的路线的达到时间、使用系统后对决策的改变程度。表 2-43 与表 2-44 为该实验的自变量设计表格。

表 2-43 实验 d 的自变量设计

自变量（路况刷新频率）	水平一（5 秒）	水平二（10 秒）	水平三（15 秒）
使用系统后对决策的改变程度	$N=4$（No.=1、4、5、9）	$N=4$（No.=2、6、7、10）	$N=4$（No.=3、5、8、11）

注：N 为选择的路线数量。

表 2-44 实验 e 的自变量设计

项目		路况刷新频率		
		水平一（路况刷新频率 5 秒）	水平二（路况刷新频率 10 秒）	水平三（路况刷新频率 15 秒）
介入时间	水平一（刷新之前 2.5 秒）	$N=2$（No.1、3）	$N=2$（No.5、7）	$N=2$（No.9、11）
	水平二（刷新之后 2.5 秒）	$N=2$（No.2、4）	$N=2$（No.6、8）	$N=2$（No.10、12）

（四）实验被试

被试一共 15 人，其中，3 人为预实验，6 人为男性，6 人为女性（$M=24.15$，$SD=2.36$），均在出行类 APP 进行过路线查询，均为右利手，视力良好，无色盲色弱现象。

（五）实验场地与设备

1. 实验场地

实验场地为专用的人因工程实验室，面积为 50 平方米，亮度调整为均值

550 勒克斯，温度调节为 25℃。所有实验时间均为 13∶00～17∶00，消除了外部因素对实验结果的影响。

2. 实验设备

装有 E-Prime 的一台笔记本电脑、一个鼠标和一副入耳式耳机（防止噪声）。

（六）实验流程

1. 实验 d 的实验流程

（1）首先被试填写知情同意书和自信心量表。

（2）被试进入实验场景，由主试朗读指导语，被试熟悉场景一分钟。

（3）实验正式开始，被试需要从地图上的 A 地到达 B 地，其中路径有 1、2 两条。将被试分为 3 组，分别间隔 5 秒、10 秒和 20 秒，被试会从屏幕上得到最新的路况信息，即拥堵情况、事故情况和通过该路段的预估速度。每次路况更新之前屏幕会冻结，系统会呈现相关情景问题，被试需要将答案告诉主试，由主试进行记录。每次路况更新后两秒屏幕进行冻结，由被试进行判断，是否更改路径，如果不更改，则继续实验；如果更改，则按照所选路径的前一段时间乘以速度的结果更改路径。

被试到达目的地后，实验暂停，填写美国国家航空航天局任务负荷指数量表，休息一分钟。

2. 实验 e 的实验流程

（1）被试进入下一个实验场景，由主试朗读指导语，被试熟悉场景一分钟。

（2）实验正式开始，主体步骤和实验 d 相同，为路径选择问题。但不同的是，被试可以借助推荐系统的帮助来回答问题，其中系统介入时间分为两个水平，即每次路况更新前 2.5 秒和更新后 2.5 秒。每次路况更新之前屏幕会冻结，系统会呈现相关情景问题，被试需要将答案告诉主试，由主试进行记录。每次路况更新后两秒屏幕进行冻结，由被试进行判断，是否更改路径，如果不更改，则继续实验，如果更改，则按照所选路径的前一段时间乘以速度更改路径。

（3）时间到达后，实验结束，被试填写美国国家航空航天局任务负荷指数量表。

（七）实验数据分析

本实验被试要从两条路线进行选择。积分规则如下：开始从 A 地出发，记初始分值 1 分（下面简记：A1），到达 B 地记为 B2，第一次信息更新 A1、B2 的数值，如果出现更换，A 地到 B 地为 3 分，B 地到 A 地为 -1 分，第二次信息更新 A1、B2 的数值，如果出现更换，A 地到 B 地为 3 分，B 地到 A 地为 -1 分。最后，如果被试准确估计出最佳路径的选择为 B，则为 2 分，否则无分。根据以上规律进行打分。

1. 实验 d 的数据分析

信息刷新频率对被试所得分数的影响如表 2-45 所示。

表 2-45　信息刷新频率和被试所得分数的方差检验

源	Ⅲ类平方和	自由度	均方	F	显著性
修正模型	42.000	2	21.000	37.800	0.000
截距	363.000	1	363.000	653.400	0.000
信息刷新频率	42.000	2	21.000	37.800	0.000
误差	5.000	9	0.556	—	—
总计	410.000	12	—	—	—
修正后总计	47.000	11	—	—	—

通过相关因素方差分析可以看出，信息刷新频率对被试所得分数的影响非常显著（显著性=0.000＜0.05）。

信息刷新频率对态势感知的影响如表 2-46 所示。

表 2-46　信息刷新频率和态势感知的方差检验

源	Ⅲ类平方和	自由度	均方	F	显著性
修正模型	9.500	2	4.750	17.100	0.001
截距	48.000	1	48.000	172.800	0.000
信息刷新频率	9.500	2	4.750	17.100	0.001
误差	2.500	9	0.278	—	—
总计	60.000	12	—	—	—
修正后总计	12.000	11	—	—	—

通过相关因素方差分析可以看出，信息刷新频率对态势感知的影响非常显著（显著性=0.001＜0.05）。

2. 实验 e 的数据分析

介入时间与信息刷新频率及两者的交互作用对态势感知的影响如表 2-47 所示。

表 2-47　介入时间与信息刷新频率及两者的交互作用和态势感知的方差检验

源	Ⅲ类平方和	自由度	均方	F	显著性
修正模型	10.000	4	2.500	8.750	0.007
截距	42.647	1	42.647	149.265	0.000
信息刷新频率	3.579	2	1.789	6.263	0.028
介入时间	2.286	1	2.286	8.000	0.025
信息刷新频率×介入时间	0.571	1	571.286	2.000	0.200
误差	2.000	7	—	—	—
总计	60.000	12	—	—	—
修正后总计	12.000	11	—	—	—

通过相关因素方差分析可以看出，介入时间对态势感知影响显著（显著性=0.028＜0.025）、信息刷新频率对态势感知影响显著（显著性=0.025＜0.05），而两者的交互则对态势感知没有显著影响。

介入时间与信息刷新频率及两者的交互作用对系统可用性量表分数的影响如表2-48所示。

表2-48　介入时间与信息刷新频率及两者的交互作用和系统可用性量表分数的方差检验

源	Ⅲ类平方和	自由度	均方	F	显著性
修正模型	343.750	4	85.938	8.750	0.007
截距	65 038.349	1	65 038.349	6 622.086	0.000
信息刷新频率	16.118	2	8.059	0.821	0.478
介入时间	22.321	1	258.036	2.273	0.175
信息刷新频率×介入时间	258.036	1	9.821	26.273	0.001
误差	68.750	7	—	—	—
总计	82 087.500	12	—	—	—
修正后总计	412.500	11	—	—	—

通过相关因素方差分析可以看出，介入时间对系统可用性量表分数影响不显著、信息刷新频率对系统可用性量表分数影响不显著，两者的交互则对系统可用性量表分数有显著影响（显著性＝0.001＜0.05）。

介入时间、信息刷新频率及两者交互作用对被试所得分数的影响如表2-49所示。

表2-49　介入时间、信息刷新频率及两者交互作用和被试所得分数的方差检验

源	Ⅲ类平方和	自由度	均方	F	显著性
修正模型	34.000	4	8.500	4.577	0.039
截距	303.791	1	303.791	163.580	0.000
介入时间	24.211	2	12.105	6.518	0.025
信息刷新频率	0.143	1	0.143	0.077	0.790

续表

源	Ⅲ类平方和	自由度	均方	F	显著性
介入时间×信息刷新频率	3.571	1	3.571	1.923	0.208
误差	13.000	7	1.857	—	—
总计	410.000	12	—	—	—
修正后总计	47.000	11	—	—	—

通过相关因素方差分析可以看出，介入时间对被试所得分数影响显著（显著性=0.025＜0.05）、信息刷新频率对被试所得分数影响不显著，两者的交互则对被试所得分数没有显著影响。

（八）实验结果与结论

1. 实验结果

（1）通过实验 d 可以得出，信息刷新频率对态势感知和被试的分数都有显著的影响。

（2）通过实验 e 可以得出，信息刷新频率与介入时间对态势感知有显著影响，两者的交互对系统可用性分数有显著影响，系统刷新频率对被试的分数有显著影响，其余因素无显著影响。

2. 实验结论与讨论

（1）信息刷新频率对被试对情景的评估和路径的规划有很大影响，随着时间的延长，态势感知分数越高，路径规划能力也更强。

（2）系统的介入时间越早，被试越容易听取系统的意见，相应的系统可用性量表分数越高，这很有可能是当系统较晚介入时，被试意识层级已经经过了感知和理解层面（可以由态势感知全局评估技术问卷区别得到），而这时候被试已经形成了自己的初步决策，这时候的介入便形成了对抗，使被试的用户体验变差。

三、电影院座位选择场景实验和路径选择策略实验带来的启发

通过对电影院座位选择场景实验中电影座位选择的场景决策问题，以及路径选择策略实验中路径规划决策问题的讨论，可以获知，当与推荐系统交互时：①在人们理解信息之前，尽量缩短推荐系统的干预时间，不要让推荐系统的干预与人们自己的决策思维相竞争，尽量避免推荐系统的出现对人们感知渠道的干扰；②当人们有足够的时间处理信息时，可以稍微延迟推荐系统的干预，从而增强人们对系统的控制感；③在群体决策中，人们有更多的约束，更容易听取推荐系统的意见。

本章参考文献

[1] Roth S，Cohen L J. Approach，avoidance，and coping with stress[J]. The American Psychologist，1986，41（7）：813-819.

[2] 刘伟，庄达民，柳忠起. 人机界面设计[M]. 北京：北京邮电大学出版社，2011.

[3] 袁军，王敏，黄心汉，等. 智能系统多传感器信息融合研究进展[J]. 控制理论与应用，1994，11（5）：513-519.

[4] 庄达民. 界面设计与人的认知特性（第三讲）[J]. 家电科技，2004，（8）：85-87.

[5] Rogers Y. HCI theory：classical，modern，and contemporary[J]. Synthesis Lectures on Human-centered Informatics，2012，5（2）：1-129.

[6] Eysenck M W，Brysbaert M. Fundamentals of Cognition[M]. New York：Routledge，2018.

[7] 李新成. 现代认知心理学关于理解过程的研究[J]. 教育理论与实践，1997，17（2）：45-49.

[8] 刘伟，袁修干. 人机交互设计与评价[M]. 北京：科学出版社，2008.

[9] 顾锦坤. 关于朝向反射机制研究的若干进展[J]. 心理学动态，1996，（3）：16-18，63.

[10] 魏景汉，汤慈美. 注意对人体大脑听觉诱发电位晚成分的影响[J]. 心理学报，1982，（2）：246-252.

[11] 马赫. 感觉的分析[M]. 洪谦，唐钺，梁志学译. 北京：商务印书馆，1986.

[12] 周金山，晋志高，陶之理. 关元一级感觉神经元在脊神经节的节段分布[J]. 上海针灸杂志，2001，20（3）：40-41.

[13] 汤晓芙. 神经病学（第2卷）——神经系统临床电生理学（下）（肌电图学及其他）[M]. 北京：人民军医出版社，2002.

[14] 奥托森. 神经系统生理学[M]. 吕国蔚，徐群洲，梁荣照，等译. 北京：人民卫生出版社，1987.

[15] 唐竹吾. 中枢神经系统解剖学[M]. 上海：上海科学技术出版社，1986.

[16] 李大年. 现代神经内科学[M]. 济南：山东科学技术出版社，2002.

[17] 韩力群，康芊.《人工神经网络理论、设计及应用》——神经细胞、神经网络和神经系统[J]. 北京工商大学学报（自然科学版），2005，（1）：52.

[18] 冯大雄，康建平，李骏，等. 神经元细胞骨架与轴突生长的研究进展[J]. 中国修复重建外科杂志，2010，24（8）：997-1003.

[19] 沈天真，陈星荣. 中枢神经系统计算机体层摄影（CT）和磁共振成像（MRI）[M]. 上海：上海医科大学出版社，1992.

[20] 许琳，张均田. 突触长时程增强形成机制的研究进展[J]. 生理科学进展，2001，32（4）：298-301.

[21] 吴恩惠. 中华影像医学——中枢神经系统卷[M]. 北京：人民卫生出版社，2004.

[22] 韩济生, 任民峰, 汤健, 等. 中枢神经介质概论[M]. 2 版. 北京: 科学出版社, 1980.

[23] Brodmann K. Description of individual brain maps[EB/OL]. https://doi. org/10.1007/0-387-26919-3_5[2022-05-09].

[24] Penfield W, Boldrey E.Somatic motor and sensory representation in the cerebral cortex of man as studied by electrical stimulation[J]. Brain, 1937, 60 (4): 389-443.

[25] R. D. 沃尔克, H. L. 小皮克. 知觉与经验[M]. 喻柏林, 宋钧, 林国彬, 等译. 北京: 科学出版社, 1986.

[26] 施壮华. 深度知觉线索冲突及其知觉填补的机制[D]. 杭州: 浙江大学, 2002.

[27] Stone E J, Norman J E, Davis S M, et al. Design, implementation, and quality control in the pathways American-Indian multicenter trial[J]. Preventive Medicine, 2003, 37 (supp-S1): S13-S23.

[28] 廖常初. 人机界面的发展趋势[J]. 电气应用, 2006, 25 (12): 14-16.

[29] 刘颖. 人机交互界面的可用性评估及方法[J]. 人类工效学, 2002, 8 (2): 35-38.

[30] 孟祥旭, 李学庆. 人机交互技术: 原理与应用[M]. 北京: 清华大学出版社, 2004.

[31] Mezei A, Paivio A. Imagery and verbal processes by Allan Paivio (review) [J]. Leonardo, 1972, 5 (4): 359.

[32] 黄进, 韩冬奇, 陈毅能, 等. 混合现实中的人机交互综述[J]. 计算机辅助设计与图形学学报, 2016, 28 (6): 869-880.

[33] H. A. 塞蒙, 朱新明. 认知的信息加工模型[J]. 心理科学通讯, 1981 (3): 21-31.

[34] 张家华, 张剑平. 学习过程信息加工模型的演变与思考[J]. 电化教育研究, 2011 (1): 40-43.

[35] Woodworth R S. Principles of physiological psychology[J]. Science, 1905, 22 (572): 789-790.

[36] James W. The Writings of William James: A Comprehensive Edition, Including An Annotated Bibliography Updated through 1977[M]. Chicago: University of Chicago Press, 1977.

[37] Neisser U. Cognition and Reality (認知の構図) [J]. Cognition & Reality, 1976, (4):

67-69.

[38] K. M. 贝考夫，A. T. 松尼克，吴钧燮. 巴甫洛夫高级神经活动学说[J]. 科学通报，1952（5）：23-25.

[39] 董士海. 人机交互的进展及面临的挑战[J]. 计算机辅助设计与图形学学报，2004，16（1）：1-13.

[40] Kayed R, Sokolov Y, Edmonds B, et al. Permeabilization of lipid bilayers is a common conformation-dependent activity of soluble amyloid oligomers in protein misfolding diseases[J]. Journal of Biological Chemistry，2004，279（45）：46363-46366.

[41] Groves C P, Thompson R H. Habituation：a dual-process theory[J]. Psychological Review，1970，77（5）：419-450.

[42] Kleinman P K，Marks S C. A regional approach to the classic metaphyseal lesion in abused infants：the distal femur[J]. American Journal of Roentgenology，1998，170（1）：43-47.

[43] Broadbent D E. Perception and Communication[M]. Oxford：Pergamon Press，1958.

[44] Treisman A，Gormican S. Feature analysis in early vision：evidence from search asymmetries[J]. Psychological Review，1988，95（1）：15-48.

[45] Deutsch，D. Quantum theory，the Church-Turing principle and the universal quantum computer[J]. Proceedings of the Royal Society of London，1985，400（1818）：97-117.

[46] 彭聃龄. 普通心理学（修订版）[M]. 北京：北京师范大学出版社，2001.

[47] Inui I. Mathematical models of human memory[J]. Japanese Psychological Review，1982，25（4），333-358.

[48] Kahneman D. Attention and Effort[M]. Upper Saddle River：Prentice Hall，1973.

[49] Egeth H，Kahneman D. Attention and effort[J]. American Journal of Psychology，1975，88（2）：339.

[50] 刘建义. 儿童在不同运动负荷后注意力品质差异性研究[D]. 上海：上海体育学院，2013.

[51] 秦显海. 射箭运动员注意分配指向性特征与认知方式的关系[D]. 北京：北京体育

大学，2008.

[52] 王培铎. 几类基本学习认知模型[J]. 武警学院学报，1999，（6）：44-45，55.

[53] 詹姆士. 心理学原理——选译[M]. 唐钺译. 北京：商务印书馆，1963.

[54] Hull C L. The problem of primary stimulus generalization[J]. Psychological Review，1947，54（3）：120-134.

[55] 海伦·夏普，詹妮弗·普瑞斯，伊温妮·罗杰斯. 交互设计：超越人机交互[M]. 5 版. 刘伟，托娅，张霖峰，等译. 北京：机械工业出版社，2020.

[56] 徐玲，白文飞. 习惯形成机制的理论综述[J]. 北京体育大学学报，2005，28（5）：618-620.

[57] 王坚. 听觉科学概论[M]. 北京：中国科学技术出版社，2005.

[58] 桂灿昆. 汉英两个语音系统的主要特点比较[J]. 现代外语，1978，（1）：44-50.

[59] Taylor S，Todd P A. Understanding information technology usage[J]. Information Systems Research，1995，（2）：144-176.

[60] Fishburn P C，Kochenberger G A. Two-piece von neumann-morgenstern utility functions[J]. Decision Sciences，1979，10（4）：503-518.

[61] Gigerenzer G，Goldstein D G. Reasoning the fast and frugal way[J]. Adaptive Thinking，1996，62（1）：650-669.

[62] Keeney R L，Raiffa H，Rajala D W. Decisions with multiple objectives：preferences and value trade-offs[J]. IEEE Transactions on Systems，Man，and Cybernetics，1979，9（7）：403-403.

[63] 江光荣. 心理求助行为：阶段决策模型[C]//世界心理治疗学会. 第五届世界心理治疗大会论文摘要，2008：334-335.

[64] 张庆林. 元认知的发展与主体教育[M]. 重庆：西南师范大学出版社，1997.

[65] Lehnardt S. Innate immunity and neuroinflammation in the CNS：the role of microglia in toll-like receptor-mediated neuronal injury[J]. Glia，2010，58（3）：253-263.

[66] 罗志增. 机器人智能和感觉系统[J]. 机电工程，1998，15（1）：5-9.

[67] 王莉. 信息门户网站自动生成系统的研究[D]. 武汉：武汉理工大学，2004.

[68] 马俊卿. 工业无线温度控制系统设计[D]. 上海：东华大学，2017.

[69] 吴泉源，刘江宁. 人工智能与专家系统[M]. 长沙：国防科技大学出版社，1995.

[70] 周志华，陈世福. 神经网络集成[J]. 计算机学报，2002，25（1）：1-8.

[71] 林尧瑞，张钹. 专家系统原理与实践[M]. 北京：清华大学出版社，1990.

[72] 焦李成. 神经网络系统理论[M]. 西安：西安电子科技大学出版社，1990.

[73] 庄镇泉，王东生，王熙法. 神经网络与神经计算机：第三讲 神经网络的学习算法[J]. 电子技术应用，1990，（5）：38-41.

[74] 郭桂蓉，庄钊文. 信息处理中的模糊技术[M]. 长沙：国防科技大学出版社，1993.

[75] 常虹，何丕廉. 神经网络与模糊技术的结合与发展[J]. 计算机应用研究，2001，18（5）：4-6.

[76] 沈建强，李平. 神经模糊技术的研究现状与展望[J]. 控制与决策，1996，11（5）：527-532.

[77] 刘伟. 人机交互中的情境认知[EB/OL]. https://blog.csdn.net/vucndnrzk8iwx/article/details/105479604[2022-05-09].

[78] Endsley M R. Measurement of situation awareness in dynamic systems[J]. Human Factors：The Journal of the Human Factors and Ergonomics Society，1995，37（1）：65-84.

[79] Panteli M，Kirschen D S. Situation awareness in power systems：theory，challenges and applications[J]. Electric Power Systems Research，2015，122（4）：140-151.

[80] Stanton N A，Chambers P，Piggott J. Situational awareness and safety[J]. Safety Science，2001，39（3）：189-204.

[81] Endsley M R. Design and evaluation for situation awareness enhancement[J]. Proceedings of the Human Factors Society Annual Meeting，1988，32（2）：97-101.

[82] Sharma A，Nazir S，Ernstsen J. Situation awareness information requirements for maritime navigation：a goal directed task analysis[J]. Safety Science，2019，120：745-752.

[83] Stanton N A，Chambers P，Piggott J. Situational awareness and safety[J]. Safety

Science，2001，39（3）：189-204.

［84］Durso F T，Hackworth C A，Truitt T R，et al. Situation awareness as a predictor of performance in en route air traffic controllers[J]. Air Traffic Control Quarterly，1998，6（1）：1-20.

［85］Neisser U，Boodoo G，Bouchard T J，et al. Intelligence：knowns and unknowns[J]. American Psychologist，1996，51（2）：77-101.

［86］Arumugam M，Raes J，Pelletier E，et al. Enterotypes of the human gut microbiome[J]. Nature，2011，473（7346）：174-180.

［87］Beringer D B，Hancock P A. Summary of the various definitions of situation awareness[J]. Human Factors，1987，2（871803）：646-651.

［88］刘伟，袁修干，柳忠起，等. 飞行员情境认知的模糊综合评判[J]. 心理学报，2004，36（2）：168-173.

［89］Darden T，York D，Pedersen L. Particle mesh ewald：an N log（N）method for Ewald sums in large systems[J]. Journal of Chemical Physics，1993，98（12）：10089-10092.

［90］Beringer D B，Hancock P A. Summary of the various definitions of situation awareness[J]. Human Factors，1987，2：646-651.

［91］刘伟. 追问人工智能：从剑桥到北京[M]. 北京：科学出版社，2019.

［92］杨家忠，张侃. 情境意识的理论模型、测量及其应用[J]. 心理科学进展，2004，12（6）：842-850.

［93］刘双，完颜笑如，庄达民，等. 基于注意资源分配的情境意识模型[J]. 北京航空航天大学学报，2014，40（8）：1066-1072.

［94］靳慧斌，刘亚威，朱国蕾. 基于眼动和绩效分析的管制员情境意识测量[J]. 中国安全科学学报，2017，27（7）：65-70.

［95］赵路. 人机交互中情景决策模型研究[D]. 北京：北京邮电大学，2018.

第三章　人机交互中的环境因素

人-机-环境系统是指由人与其使用的机器及其所处的周围环境所构成的系统。在这个系统中，人、机、环境三个要素之间相互作用、相互依存的关系决定着系统总体的性能。在人机交互工程中，环境因素造成的影响也是重要的一部分。环境因素有两种类型，分别是现实环境因素和虚拟环境因素。本章主要对人机交互工程中的环境因素进行了研究，阐述了现实环境和虚拟环境的不足，并介绍了数字世界和现实世界的融合——元宇宙，为后续的人-机-环境系统融合智能做好了铺垫。

第一节　现实环境与虚拟环境

一、现实环境因素

智慧企业本质上是整体上具有人工智能特点的基于数据驱动的人机协同企业。在智慧企业中，人对作业环境的需求是较高的，作业环境对智慧企业中"人-机-环境"这一系统的运行效率以及操作人员的身心健康和安全保障有着直接影响，对于人因工程来说这是很重要的研究方向。在奉行"以人为本"的智慧企业中，需要在系统设计的各个阶段，尽可能地为人创造良好的作业环境以排除环境因素造成的不良影响，从而更好地保护智慧企业中工作人员的身心健康，极大地提升系统的综合性能。

（一）照明

照明是环境因素之一，其对人的作业绩效，特别是跟视觉相关的绩效会造成一定影响。以下为一些常规的结论[1]。

（1）在一定区间内，提高照明水平有利于工作效率的提升，但是如果照明水平持续提高，工作效率的改善程度会逐渐降低，如果超过一定的范围，则会呈现出负效率。随着任务的不同，呈现出负效率的点也不同。一般来说，工作任务越困难，即物体越小，对比度越低，则出现效率降低点的照明水平越高。

（2）通过改变任务特征（即放大它的尺寸或提高对比度）比通过提高照明水平在视觉上更能取得满意的效果。

（3）操作者的年龄对工作效果有很大的影响，照度对于老人来说更重要。在每平方米34～68坎德拉以上的背景亮度时，与照度相比，其他因素特别是年龄和印刷质量是工作绩效更重要的决定因素。照度提高到500勒克斯以上后，若再增加照度则对完成工作仅有一点点附加的改善。

（4）高水平的亮度可提高智力工作效率，但也要适度。过分提供高水平的照明量是不明智的，除了浪费能量外，太强的照明可能产生副作用，如耀眼的照度水平可导致认知任务绩效降低。另外，高亮度容易使人兴奋甚至过度亢奋，如在一所大学的过道里分别布置出高、低水平的照明度，测得由在教室外等待的学生所产生的噪声，在高亮度条件下，平均噪声水平是61.1分贝（C）；而在低亮度条件下，噪声仅为50.3分贝（C）。显然，在这种情况下，高亮度对教室内的学生产生了更大的干扰。北美照明工程学会（Illuminating Engineering Society of North America，IES）提出了一套常用室内作业场所/活动的建议照明水平，如表3-1所示。在实际设计和应用时可参考，并根据实际情况调整。

表 3-1 室内照明设计的照明水平建议值

类目	照度范围/勒克斯	活动类型
A	20~30~50*	黑暗环境中的公共场所
B	50~75~100*	短途临时拜访的简单定位
C	100~150~200*	偶尔有视觉任务的工作场所
D	200~300~500**	完成高对比度或大尺寸的视觉任务，例如读取印刷材料、打印原作、阅读用墨水书写的手稿以及质量较好的复印件。同时，包括对粗糙的工作台和机械加工的检查、例行检查以及粗装配等任务
E	500~750~1 000**	完成中等对比度或小尺寸的视觉任务，例如阅读中等大小的铅笔手写字、阅读印刷质量不佳的材料。同时，包括对普通长形工作台和机器工作难度较大的检查以及中间装配等任务
F	1 000~1 500~2 000**	完成低对比度或很小尺寸的视觉任务，例如阅读用硬铅笔写在质量低劣的纸上的手写字，以及阅读印刷质量不好的材料。同时，包括对高难度的检查工作的处理
G	2 000~3 000~5 000**	完成限时识别任务，例如在低对比度和非常小的尺寸下完成装配、进行困难的视觉检查，以及处理精细的工作台和机械加工
H	5 000~7 500~10 000**	完成长期和苛刻的视觉任务，包括最困难的检查、特别精密的工作台和机器工作，以及特别精密的装配
I	10 000~15 000~20 000**	完成长期和苛刻的视觉任务，包括最困难的检查、特别精密的工作台和机器工作，以及特别精密的装配

* 整个房间的总照明+任务照明度；** 采用总体照明和局部（补充）照明得到的任务照明度。

（二）噪声

根据已有的研究，噪声对人的绩效的影响一般有以下结论[2]：①除了短期记忆以外，能对绩效产生确切影响的噪声的分贝是很高的[高于95分贝（A）]；②简单的习惯性任务绩效不受噪声的影响，甚至噪声经常对其有改善作用；③连续的大噪声[95分贝（A）]对在一定次数内做出反应（如接收清晰的警告信号、响应强烈的刺激等）的绩效影响很小；④噪声对感觉性功能（如视觉敏锐性、差异辨别、暗视觉等）的影响很小；⑤除了涉及平衡动作外，运动神经绩效几乎不受噪声的影响；⑥只要被试对什么时候响应有足够的警惕，简单的反应时间也不受噪声影响；⑦严重的噪声影响通常是在连续不休息地工作，以及对感性和信息处理能力有较高要求的困难任务时发生。

解决噪声问题的办法是：找出有关引起噪声的有用、可靠的信息，用系统化的方法去解决。要取得理想的噪声控制经常要求联合采用多种噪声控制技术。

（三）温度

温度对人的健康、舒适和工作绩效的影响有以下结论[3]。

1. 高温对绩效的影响

（1）对体力工作的影响。高温引起体力劳动所用的肌肉和散热皮肤间争夺血液，因此在热环境中比在适宜环境中进行重体力劳动会让人更早地感到筋疲力尽。

（2）对脑力绩效的影响。高温对简单任务包括视觉和听觉的反应、解决算术问题、译码和短期记忆等绩效影响甚微，除非在环境条件接近生理热容忍极限时才会产生影响。实际上，短时的热环境甚至可以提高这些简单脑力任务的绩效。针对复杂的脑力任务（包括追踪、持续警戒任务和复杂的双重任务等），一般认为高温对其绩效的影响不大。

（3）对安全行为的影响。我们通过观察发现，工人的不安全行为与环境温度的关系为"U"形，当环境温度为3～17℃，工人不安全行为比例最小；当气候条件在这段适宜的范围之外时，不安全行为事件增加。因此，在安全要求较高的工作任务中，应当为人们提供舒适的工作环境。

2. 低温对绩效的影响

（1）在体力劳动方面，低温对体力工作会产生破坏性影响。身体内核温度的降低会减少身体做功能力，导致肌肉力量和忍耐度降低。身体内核温度每降低 1℃，最大作业量（持续小于 3 分钟）下降 4%～6%。对于持续 3～8 分钟的作业任务，下降水平为 8%。原因有两个：其一，身体内核温度下降减小了肌肉中新陈代谢的速率；其二，寒冷减小了神经中枢在外围运动神经中的传导速率。

（2）在触觉灵敏度方面，每个人的触觉灵敏度都有一个相对稳定的临界温度，在该温度以下，绩效明显降低。灵敏度下降使得使用物体的任务变得困难。例如，组装和修理任务就受到寒冷的不利影响。

（3）在手工任务绩效方面，以皮肤温度衡量时，慢冷却比快冷却导致更大的绩效降低，而内核温度的下降速度对绩效降低影响更大。不损害绩效的下限，以平均手部皮肤温度衡量为 13～18℃；按周围温度衡量，从约 24℃降至 13℃时，绩效有一个适度的下降；在 13℃以下，绩效急剧下降。在冷环境中进行手工工作绩效提高的水平比在温和气候中进行时要高。起初学习一项任务时，在冷环境中可能比在温和环境中较不利，但一旦掌握了技巧，在冷环境中进行可能比在温和环境中进行更有利。

（4）在跟踪任务的绩效方面，周围温度为 4～13℃时，跟踪任务受到寒冷因素的影响显著。此时工作者的激情显著消失，漠不关心的情绪增加，导致绩效降低。

二、虚拟现实

（一）虚拟现实技术的历史

虚拟现实的发展分为以下三个阶段。

1. 产生阶段

1965 年，萨瑟兰（F. Sutherland）[4]首次提出虚拟现实的基本框架，包括交互图形显示、力反馈设备以及声音提示。1966 年，美国麻省理工学院的林肯实验室正式开始了头戴式显示器（head-mounted display，HMD）的研制工作，在第一个头戴式显示器的样机完成不久，研制者又把能模拟力量和触觉的力反馈装置加入这个系统中。1970 年，出现了第一个功能较齐全的头戴式显示器系统。美国的拉尼尔（J. Lanier）在 20 世纪 80 年代初正式提出了 virtual reality 一词。

2. 发展与集成阶段

20 世纪 80 年代为虚拟现实的发展与集成阶段，出现了若干个典型的应用系统。

一是美国国家航空航天局的 View 系统，它是第一个进入实际应用的虚拟现实系统，给出了虚拟现实系统普遍采用的基本硬件体系结构，装备了数据手套、头部跟踪器，提供了语音、手势等交互手段；View 系统在虚拟现实技术发展史上的地位举足轻重。1985 年，在麦格雷维（M. McGreevy）领导下的 View 系统的雏形在美国国家航空航天局艾姆斯研究中心完成时，便以造价低廉、体验真实的效果引起有关专家的注意。

（2）1986 年美国空军基地设计的虚拟工作台系统——超级驾驶舱（Super Cockpit），为飞行员提供视觉、语言及手部控制输入等多种交互控制方式，用于全面开发飞行员的感知、认知及心理活动等各方面的能力。

（3）虚拟编程语言（virtual programming language，VPL）公司开发了用于生成虚拟现实的 PB2 软件和 Data Glove 数据手套，为虚拟现实提供了开发工具。

3. 全面应用阶段

20 世纪 90 年代至今为虚拟现实的全面应用阶段。随着传感器技术、机器视觉技术、图形图像技术的发展，世界范围内致力于人机和谐环境研究的专家、学者及工程技术人员，在虚拟现实基础理论研究、关键技术攻关以及应用系统推广方面做了大量工作，兴起了虚拟现实的研究热潮，并且广泛应用于训练、医疗、娱乐、教育、产品设计、人工智能、机器人等诸多领域。

（二）虚拟现实系统的分类

1. 桌面虚拟现实系统

桌面虚拟现实（personal computer virtual reality，PCVR）系统，基本上是一套基于普通个人计算机平台的小型桌面虚拟现实系统。其参与者是不完全沉浸的，要求参与者使用标准的显示器和立体显示设备、数据手套和六个自由度的三维空间鼠标器，戴上立体眼镜坐在监视器前，在一些专业软件的帮助下，可以通过计算机屏幕观察虚拟世界[5]。

2. 沉浸式虚拟现实系统

沉浸式虚拟现实系统提供一种完全沉浸的体验，使用户有一种置身于虚拟世界之中的感觉。它利用头戴式显示器或其他设备，把参与者的视觉、听觉和其他感觉封闭起来，并提供一个新的、虚拟的感觉空间，并利用位置跟踪器、数据手套、其他手控输入设备、声音等使得参与者产生一种身临其境、全心投入和沉浸其中的感觉[6]。

3. 增强式虚拟现实系统

增强式虚拟现实系统是把真实环境和虚拟环境组合在一起的一种系统，它既允许用户看到真实世界，同时也允许用户看到叠加在真实世界的虚拟对象，这种系统既可减少对构成复杂真实环境的计算，又可对实际物体进行操作，真正达到亦真亦幻的境界[7]。

4. 分布式虚拟现实系统

分布式虚拟现实系统是利用远程网络，将异地的不同用户联结起来，多个用户通过网络同时参加一个虚拟空间，共同体验虚拟经历，对同一虚拟世界进行观察和操作，达到协同工作的目的，从而将虚拟现实的应用提升到了一个更高的境界[8]。

（三）虚拟现实技术的应用

虚拟现实技术的应用十分广泛，如虚拟原型的设计和验证、虚拟装配与虚拟维修训练、虚拟人机交互工程学、机器人领域、工程的设计和规划、城市规划、大型工程漫游、名胜古迹虚拟旅游、数字化酒店展示系统等[9]。以下将选取六个方面简要介绍。

1. 航空航天领域

西方发达国家的虚拟现实技术在航空航天领域的应用已取得了相当丰硕的成果，应用对象主要在宇航员技能训练和工程研究方面[10]：①产品设计与人机功效，即飞机、空间站的设计，可以通过虚拟设计进行风机物性试验；②科学计算可视化；③虚拟组装；④仿真训练。

2. 医学领域

虚拟手术提升了医生的实战经验，远程医疗更是集中了各种医师力量，大大增加了患者被治愈的可能性[11]。

3. 国防军事领域

虚拟现实和视景仿真技术在武器装备的设计、生产、制作、训练、战备等方面有着非常重要的贡献，虚拟现实技术在军事领域有着广泛的应用前景。在军事训练领域，利用虚拟现实技术可以使得原本在战场环境中的实战训练放在虚拟现实环境中进行，可以进行协同工作环境的仿真[12]。

4. 娱乐领域

虚拟现实技术在娱乐方面的应用包括：虚拟乒乓球、室内高尔夫运动模拟器、虚拟主持人等[13]。

5. 艺术领域

虚拟现实技术在艺术方面的应用包括：①文化遗产保护，如北京大学、故宫博物院、浙江大学和德国合作的敦煌数字化；②虚拟博物馆和虚拟旅游，如故宫、卢浮宫；③虚拟音乐，如东京早稻田大学开发的音乐虚拟空间（musical virtual space）；④虚拟演播室，如 1991 年日本放送协会的编辑器空间；⑤虚拟演员；⑥虚拟电影[14]。

6. 教育领域

（1）弥补教学条件的不足。在教学中，往往因为实验设备、实验场地、教学经费等方面的问题，一些应该开设的教学实验无法进行，利用虚拟现实系统，可以弥补这些方面的不足[15]。

（2）避免真实实验或操作所带来的各种危险。以往对于危险的或对人体健康有危害的实验学生无法直接参与，利用虚拟现实技术进行虚拟实验，学生可以放心地去做各种危险的或危害人体健康的实验[16]，而不会对人造成任何伤害。

（3）可以虚拟人物形象。虚拟现实系统可以虚拟历史人物等各种人物形象，创设一个人性化的学习环境。

（4）探索学习。虚拟现实技术可以对学生在学习过程中所提出的各种假设模型进行虚拟，通过虚拟现实系统便可直观地观察到这一假设所产生的结果或效果。

（5）技能训练。虚拟现实的沉浸性和交互性，使学生能够在虚拟的学习环境中扮演一个角色，全身心地投入学习环境中去做各种各样的技能训练。这些虚拟的训练系统无任何危险，学生可以不厌其烦地反复练习，直至掌握操作技能为止。

第二节　现实世界中的不足

正如以上应用所描述的，虚拟现实技术在现实世界中的应用存在很多不足。

（1）操作的危险性。很多实验都是存在风险的，各种化学实验或者操作员实验，一旦出现风险，造成的损失是不可逆转的，而很多技术的研发都基于多次这样的实验，危险性极大[17]。

（2）材料的稀缺性。在科学研究的过程中，许多耗材都是非常昂贵且稀少的，有些材料只能支持几次实验，然而真正的成果非成百上千次训练而不可得，苦于材料的稀缺，很多研究被迫止步不前。

（3）环境的受限性。像飞行员、宇航员的飞行器航天器模拟训练，设备维修训练，航空医疗后送队训练，等等，都有着非常难以实现的环境要求。现实世界存在的风霜雨雪是不可控的，然而虚拟现实却可以让实验环境一直保持晴天。虚拟现实是一种基于可计算信息的沉浸式人机交互技术[18]。虚拟现实是利用计算机构造一个视景真实、动作真实、声音真实、感觉真实的虚拟环境的技术，可以弥补现实世界的不足。

第三节　数字世界与现实世界的融合：元宇宙

元宇宙是当前非常热门的概念，从 Facebook 改名为 Meta，到微软宣布旗下 Microsoft Teams 进军虚拟现实；从英伟达推出视觉运算平台 Omniverse，到谷歌和苹果启动增强现实（augment reality，AR）项目；从耐克在 Roblox 上发布虚拟运动乐园，到斯坦福大学开设第一门虚拟现实体验课，但目前元宇宙究竟长什么样谁都无法描述。从增强现实、虚拟现实、非同质化通证（non-fungible token，NFT）、边缘计算，到数字货币、区块链、数字孪生（digital twin）、计算机视觉，再到传感技术、游戏引擎、3D 建模、脑机接口，这些热门概念都和元宇宙息息相关[19]。抛开概念回归本质，元宇宙就是虚拟世界和现实世界的大融合。

元宇宙不是简单的虚拟世界，它与平行世界也不是相互割裂的，而是交汇融合的。"线上＋线下"是元宇宙未来的存在模式。元宇宙应该可以是部分现实世界的虚拟实现，然而人、机、环境及其交互的关键问题仍面临着巨大的挑战（情境感知/同情、计算/传输/呈现、虚实环境转换、切入时空错觉等）。

清华大学新闻与传播学院新媒体研究中心给元宇宙下了一个较为规整的定义：元宇宙是整合多种新技术而产生的新型虚实相融的互联网应用和社会形态，它基于扩展现实技术提供沉浸式体验，基于数字孪生技术生成现实世界的镜像，基于区块链技术搭建经济体系，将虚拟世界与现实世界在经济系统、社交系统、身份系统上密切融合，并且允许每个用户进行内容生产和世界编辑[20]。

第四节　信息融合

在人机一体化感知过程中，除了需要对人机感知的不同任务进行分工以外，为了让人和机器之间对双方所感知的信息进行充分交流，还要解决人、机感知信息的融合问题。

人、机感知信息的融合，也就是人们应该完全理解机器感知到的信息，并且使机器充分理解人感知到的信息，从而达到人帮助机器、机器帮助人的目的。为了充分形象化地理解机器感知到的信息，通常要把机器感知到的信息解读为人易于接受的形式（如视觉语言、图像等）表示出来，有时还需要将精确信息模糊化，使得人更容易理解；为了让机器能很好地理解人的感知信息，必须将人的感知输出信息进行适当量化[21]。人的感知输出信息通常以语言信息的形式表示，而人的语言信息通常是用比较模糊的术语来表示的。为了让机器感知的精确信息与人感知的模糊信息进行有效融合，这里采用模糊模拟技术将机器感知的数据信息和人的语言信息统一起来[22]。

信息融合发展可归结为三个阶段：数据融合阶段、信息融合阶段、人在感知环中的信息融合阶段[23]。

一、数据融合阶段

数据融合阶段发生在 20 世纪 70 年代末到 80 年代末。数据融合这项合作是美国在 1973 年提出的，当时由美国国防部提供资金进行对声呐信号理解的研究，该研究是在一定海域内融合多个独立连续信号来探测敌方潜艇。数据融合的主要功能是通过一级融合目标实现多传感器监测目标的融合定位与识别。识别跟踪、战斗应用等主要应用于作战任务分配和作战指挥平台等控制场景[24]。

二、信息融合阶段

信息融合阶段是从 1987 年美国国防部实验室联合理事会（Joint Directors of Laboratories，JDL）建立信息融合初级模型开始至 21 世纪初。20 世纪 80 年代末和 90 年代初，随着多军兵种联合作战和多平台协同作战，以及远程打击和精确打击武器/弹药的出现，协同和精确作战对战场感知的实时性与精确性提出了更高要求[25]。该阶段战场感知系统接入的信息源类型进一步扩展，特别是中长期、技侦/部侦和人工情报的接入，信息格式、粒度、不确定性在兼容性等方面有很大的差异，其形式也不局限于数字，如信号、数据、图像、文字、声音等多种媒介已进入信息融合阶段[26]。这个阶段的聚变功能可扩展到战场形势和威胁估计、支持作战计划和决策；扩展到多信号融合检测，支持多平台协作战斗和远程/超视距精确打击控制，实现目标定位、识别和跟踪能力在精度和实时性方面得到进一步提高。这个阶段分离出来典型的信息融合的 3 级、4 级、5 级功能结构（信号融合、目标估计、态势估计、威胁估计、融合评估和反馈控制模型），作战应用从战场预警扩展到作战决策、指挥摆动控制、精确打击领域。

由此可见，信息融合与数据融合的不同点如下。

（1）信息源种类增多，信息融合除采用多传感器探测数据外，还融入了其他信息源，如侦察情报（技侦、航侦和人工情报等），其他军/民情报、开源文档及已有资料（数据库和档案库）信息等[27]。

（2）信息融合的方法和技术比数据融合难度大，从统计学和结构化模型迈向非结构化模型，包括基于知识系统和人工智能技术等。

（3）信息融合研究领域从目标定位、识别与跟踪跨入态势/影响估计等高级感知领域。

（4）信息融合应用领域从战略和战术预警扩展到整个作战过程（作战决策、指挥控制、火力打击和作战评估等）和民用领域（医学诊断、环境监测、状态维护和机器人等）等应用范畴[28]。该阶段的典型融合模型是 JDL 于 2004 年提出的推荐版 JDL 融合模型——五级顶层模型，JDL 信息融合五级顶层模型如图 3-1 所示。

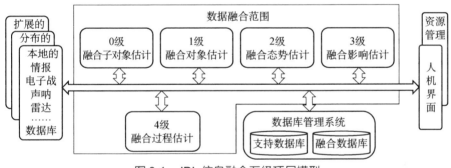

图 3-1　JDL 信息融合五级顶层模型

该版模型给出了 0~4 级融合的定义：①0 级融合为融合子对象估计，即估计信号或特征的状态；②1 级融合为融合对象估计，即对独立物理对象进行检测、识别、定位与跟踪，或称独立实体状态估计；③2 级融合为融合态势估计，即依据多类信息估计现实世界的某样式的状态及其变化；④3 级融合为融合影响估计，即估计预测态势对规划/期望行动的影响；⑤4 级融合为融合过程估计，包括对 1 级融合产品的估计。

三、人在感知环中的信息融合阶段

人在感知环中的信息融合阶段发生在 21 世纪初至今。第一阶段与第二阶段的研究和发展目标，无论是在理论上还是在技术和应用实施上，我们都力求建立起一个自成一体的主要运行产品、嵌入式应用系统或直接应用于作为系统的阶段业务活动。鉴于信息融合中的许多问题都离不开用户的参与，特别是融合系统的运行过程离不开人的操作、选择、判断、行动、管理和控制，2005 年以后，信息融合的研究者和设计者开始思考"建立融合产品/系统自动化运行的目标"，使得信息融合领域的理论和技术发展进入了第三阶段[29]。这个阶段致力于建立一个信息融合系统，以主要的用户信息融合通过与人的认知能力紧密耦合的设计、操作和应用信息进行系统融合，以满足用户需求。与此同时，信息融合应用正朝着全球和国家多领域集成的方向发展，面向重大事件预测、战略规划等高端应用。该阶段的典型融合模型是用户-融合模型——六级融合模型，如图 3-2 所示。

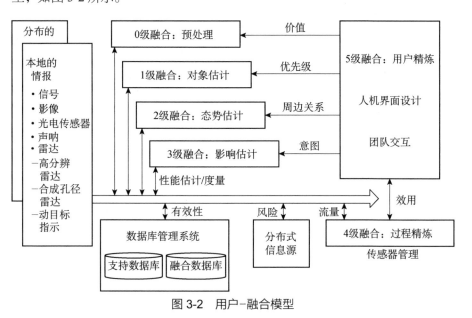

图 3-2　用户-融合模型

本章参考文献

[1] 庞蕴凡. 视觉与照明[M]. 北京：中国铁道出版社，1993.

[2] 韩厉萍，吴兴裕，李学义，等. 噪声对人思维能力的影响[J]. 航天医学与医学工程，1999，（1）：28-31.

[3] 周业梅. 室内环境因素对人体热舒适度影响的试验[J]. 武汉工程职业技术学院学报，2020，32（3）：30-32.

[4] Mihelj M，Novak D，Begu S. Virtual Reality Technology and Applications[M]. New York：Springer，2014.

[5] 刘贤梅，李从信，贾惠柱. 桌面虚拟现实系统中数据手套的应用研究[J]. 系统仿真学报，2001（13）：553-555，558.

[6] 张占龙，罗辞勇，何为. 虚拟现实技术概述[J]. 计算机仿真，2005，22（3）：1-3，7.

[7] 华宏. 虚拟现实系统浸没感增强和交互技术的研究[D]. 北京：北京理工大学，1999.

[8] 杨孟洲，潘志庚，石教英. 分布式虚拟现实系统体系结构[J]. 计算机应用研究，2000，17（7）：1-3，22.

[9] 郑彦平，贺钧. 虚拟现实技术的应用现状及发展[J]. 信息技术，2005，29（12）：94-95，98.

[10] 姜国华. 虚拟现实技术及在航空航天中的应用[M]. 北京：国防工业出版社，2007.

[11] 宋晓瑞，曹慧，张艳，等. 虚拟现实技术在医学中的应用[J]. 山东科学，2009，22（6）：79-82.

[12] 栾悉道，谢毓湘，吴玲达，等. 虚拟现实技术在军事中的新应用[J]. 系统仿真学报，2003，15（4）：604-607.

[13] 黄骏雄. 虚拟现实技术在游戏娱乐中的应用发展分析[J]. 黑龙江科技信息，2016（29）：23-24.

[14] 李勋祥. 虚拟现实技术与艺术[M]. 武汉：武汉理工大学出版社，2007.

[15] 姚念近. 虚拟现实技术在 3D 造型课程教学上的应用[J]. 中国市场，2015，（37）：196-197.

[16] 王晓芳. 虚拟现实技术在高校教学中的应用研究[J]. 大众科技，2010，（2）：158-159，140.

[17] 屈凌波，郑杰. 虚拟现实技术在化学中的应用——虚拟化学实验室[J]. 河南科学，1998，16（2）：239-244.

[18] 曹文钢，王锐，张红旗，等. 应用虚拟现实技术的人机交互仿真系统开发[J]. 工程图学学报，2010，（1）：145-149.

[19] 张有中，郑奕炫，尚祖霆，等. 对元宇宙观点的影响因素与研究热点[J]. 统计学与应用，2022，11（4）：760-777.

[20] 清华大学新闻与传播学院新媒体研究中心. 2020—2021 年元宇宙发展研究报告[EB/OL]. http://www.199it.com/archives/1315630.html[2023-06-11].

[21] 潘泉，于昕，程咏梅，等. 信息融合理论的基本方法与进展[J]. 自动化学报，2003，（4）：599-615.

[22] 陈鹰，杨灿军. 人机智能系统理论与方法[M]. 杭州：浙江大学出版社，2006.

[23] 赵宗贵，李君灵. 信息融合发展沿革与技术动态[J]. 指挥信息系统与技术，2017，8（1）：1-8.

[24] 高颖，王阿敏，姜涛，等. 基于信息融合的战场态势显示技术[J]. 弹箭与制导学报，2013，33（4）：40-44.

[25] 李伟生. 信息融合系统中态势估计技术研究[D]. 西安：西安电子科技大学，2004.

[26] 韩崇昭，等. 多源信息融合[M]. 2 版. 北京：清华大学出版社，2010.

[27] 赵宗贵，王国强，刁联旺. 战场感知资源管理与信息融合[J]. 指挥信息系统与技术，2012，3（1）：12-19.

[28] 张桃红，范素丽，郭徐徐，等. 基于数据融合的智能医疗辅助诊断方法[J]. 工程科学学报，2021，43（9）：1197-1205.

[29] 朱斌，符刚，朱爱华，等. 用户数据融合技术发展策略[C]//中国通信学会信息通信网络技术委员会 2011 年年会，2011.

下篇

人–机–环境系统智能

第四章　人工智能的起源与发展

1956 年夏，麦卡锡（J. McCarthy）、明斯基（M. Minsky）等科学家在美国达特茅斯学院开会研讨"如何用机器模拟人的智能"，首次提出人工智能的概念。人工智能发展至今已有 60 余年，而对人工智能的定义却一直颇有争议。本章将从智能的本质出发，介绍智能与意识的关系、人工智能的起源与发展，以及人工智能的演绎和主要流派。

第一节　智能的本质

一、智能源于交互

生理的交互实现了生命，心理的交互成就了自己，人物（机）环境系统的交互衍生出了社会中的"我"。交互产生了真实与虚拟。交互形成了"我"，"我"就是交互，没有交互就没有数据、信息、知识、推理、判断、决策、态势、感知。首先，交互过程具有双向性，A 给予 B，B 也给予 A；其次，交互过程具有主动性，A、B 之间存在着同等发起关系；再次，交互过程具有同理性，A 要考虑 B 的承受度，B 也要考虑 A 的承受度；最后，交互过程具有目的性，A、

B 之间存在着一致性协调关系。所以，严格意义上讲，目前的机器本身是没有交互性的，即机器没有"我"的概念抽象[1]。

换言之，智能就是源于交互——"我"而产生的存在。智能与数据、信息、知识、算法、算力的关系不大，而与形成数据、信息、知识以及怎样处理、理解的交互能力关系颇大。数据、信息、知识、算法、算力只是智能的部分表现而已，想使用它们实现智能如同"搬梯子登月"，真实的智能与非存在的有之表征、信仰与理解之融合、事实与价值的决策密切相关，智能是一种可去主体性的可变交互，它能够把不同的存在、情境和任务同构起来，实现从"刻舟求剑"到见机行事、从"盲人摸象"到融会贯通、从"曹冲称象"到"塞翁失马"的随机切换，进而达到由可信任、可解释的初级智能形式（如人工智能）逐步向可预期、可应变的人-机-环境系统融合智能领域转变[2]。

交互之所以是智能的源泉，关键在于两点：一是"交"，二是"互"。"交"更多是指事实性的回合，既有生理、心理、伦理的，也有数理、物理、管理的；"互"更多偏向价值性的回合，既有主动、意向、目的性的，也有双向、同理、同情性的。非存在的是一种或缺性问题，智能对此的作用就是在交互中实现查漏补缺；信仰与理解是一种认识性问题，智能对此的作用就是在交互中平衡先入为主与循序渐进的矛盾；事实与价值是一种实践性问题，智能对此的作用就是在交互中进行客观存在与主观意识的及时辩证、准确实施[3]。最终通过人-机-环境系统之间的"交"和"互"，达到经验与实验、先验与后验、体验与检验一致。

若"交"对应着实数，"互"对应着虚数，"交互"则就对应着复数；若"交"对应着事实，"互"对应着价值，"交互"则就对应着智能（智慧）。它不但包括事实逻辑性的计算，还涉及价值直觉（非逻辑）性的算计，就像冯·诺依曼（von Neumann）概括希尔伯特（Hilbert）定义的证明论步骤那样，"有意义的公式"并不表示为真，"1+1=1"同"1+1=2"一样有意义，因为一个公式有意义与否与其中一个为真、另一个为假无关。如此一来，"交互"所产生的智能就不仅仅是一套形式化的数学多重符号系统而已，而且包含一套意向性的人性异质非符号系统，这两套系统将建立起以否定、相等、蕴含为基础的知几、趣时、变通智能复杂体系。

简言之，机器（智能）就是人类特定（理性）智能的加速。再好的机器发挥出来的效果也和使用者有关，不同的人与机器结合，所产生的效果是不同的，人机融合可以让机器的效能倍增，也可能让机器的作用减小。人机融合的主要作用是可以解决各种的变化一致性问题。机器不应只是成为人身体的一部分，更应是人的好"伙伴"。人机融合不仅仅拓展了人类的视觉、听觉、触觉、嗅觉、味觉等感觉，还增强了理解、学习、判断、决策、顺应、同化等知觉行为，更重要的是产生了新的智能形式——一种看待世界的新的方式：认知+计算。

二、真正的智能化不是自动化

为什么现在还是有很多人期待未来人工智能？因为现在的人工智能还远远未达到大家的期望，现在的人工智能某种意义上都是自动化。那么，智能化和自动化有什么区别呢？自动化是固定的输入及可期望的输出，而智能化不是——智能化的输入可以固定也可以不固定，但是输出一定是非预期性的。什么叫作智能？孟子写过"是非之心，智之端也"，是非之心就是"智"，你可以有意识，但不一定有智慧，意识是无关乎是非的，而智慧是要知道是非、明白伦理的。智能的本质也是分类——是与非之心，古希腊就把伦理当作分类的道理，人和人之间有道德伦理的约束。按照正确的道路走，得到你想要的东西就叫作道德，如果不按照正确的路走就没有道德。东方和西方智能的共同交界处可能就是"义"——should。东西方的"智能"区别为：一个类比/隐喻多，一个归纳/演绎多。自动化既缺乏类比/隐喻，在归纳/演绎上也非常有限，不能产生真正的智能。

当前智能的形式就是人把一部分可解释性的智能先放到机器中，然后根据人物环境的变化结合不可解释的智能去实现目标的过程。未来的人机融合智能极有可能加上机器自己产生的智能。人类智能及智慧的关键在于变、通以及通、变，如变表征、变目标、变推理、变前提、变决策、变行动，相比之下，机器的变化显得比较生硬和模式化，没有把"变"和"通"的关系处理好。一些智能方法只是通过深度学习神经网络对专家知识库进行集合和收敛，代表已有的先验知识，而无法对新产生的数据和信息进行处理，既无法将后验知识升级为先验知识，也无法发现隐含知识。所以，它的作用在于集大成，而没有创新能力。

真正的智能要处理变与不变的关系，而自动化只会处理不变的关系，中国人常常称之为"易"中的"变易"和"不易"。人的变与不变是由价值驱动的，机器的变与不变常常是由事实驱动的，尽管机器也会带有制造机器者的一些观念和习惯，但机器终究还是不能实现在变化情境中进行有意义的选择和决策。自动化处理不了变化的关系，这也是它不够智能的原因，因此想要实现智能，既要处理好不变的关系，也要处理好变化的关系。

真正的智能是形式化与意向性的统一，但是自动化只能够实现形式化，很难实现意向性。目前自动化的存储依然是形式化实现的，而人的智慧往往是形象化实现的，人工智能的计算是形式化进行的实在，而人的算计往往是客观逻辑加上主观直觉融合而成的结果。计算出的预测不影响结果，算计出的期望却时常改变未来，从某种意义上说，深度态势不是计算感知出的，而是认知形成的，这个过程有利有弊，是由内而外地尝试修正，是经历的验证-经验的类比迁移[4]。实现智能，仅仅通过自动化的计算是不够的，因为从计算的本质来说，它永远无法联通意向性。因此，发展真正智能的关键在于既要充分利用机器的形式化，又要极大地发挥人的意向性。

三、智能的本质是形式化与意向性的统一

当前智能领域面临的最大挑战是人的意向性与行为差异的程度较大，行为可以客观显性化，而意向性是主观隐性化的，意向性包括思与想，即反思和设想，反思是对经验的总结即前思，设想是面向未来的假定即后想，其目标都是为了解决当前的问题。

形式化和意向性的区别是表与里的区别，也是现象和规律的区别，如日落与地球公转、腿疼与神经痛。日落是形式化的，其现象是太阳落山，实际上是地球绕太阳转动这一客观规律的具体表象，物理性的时空感及定位与意向性的相差甚远[5]。

意向性是主体对事物的感知，因此是内在的、个性化的。形式化是对客体的感知，如物理定理、数学公式，其脱离个体存在而且为多数人所接受，因此是外在的、共性化的感知[6]。休谟问题认为从事实推理不出价值，然而，这个世界却是一个事实与价值混合的世界，从价值（意义）不能推出事实吗？汉字就是智能的集中体现，有形有意，如"日""月""人"，一目了然；西方的字母常常无形无意。智能的本质就是把意向性与形式化统一起来，所以汉字从象形到会意的过程就是人类自然智能的发展简史[7]。同时，人机智能融合中的深度态势感知就是意向性与形式化的综合[8]。

第二节　智能与意识

近些年来，"智能"一词已经受到学者的普遍关注。"人工智能"更是目前非常时兴的领域。能够理解世间万物，却不能制造出有意识的机器人，这也是目前人工智能界十分尴尬的一点，也许，"金钥匙"就在于如何理解智能与意识。

一、人工智能与意识

自从诞生以来，人工智能就一直在摸索中前进，值得一提的是其中的三大学派：符号主义、行为主义和联结主义。下面就这三大学派与意识之间的关系进行研究。

（一）符号主义与意识

符号主义是人工智能的一大学派，提倡用逻辑推理的方法来模拟人的智能，因此也称逻辑主义。其中，数学演算推理是符号主义者眼中人工智能的起源。这一学派的代表人物为纽厄尔和西蒙（H. A. Simon）。1956 年，纽厄尔、西蒙和肖（J. C. Shaw）三人研发出程序"逻辑理论家"（logic theorist，LT）[9]，与常规程序不同，"逻辑理论家"由假设的数学命题出发，一步步从后向前分析，一直到找到最后的数学定理为止。逻辑理论家证明了怀特海（A. N. Whitehead）《数学原理》（*Principia Mathematica*）中的 52 条原理。西蒙曾经高兴地声称：我们制造出了可以思考的机器，这种机器不但可以思考，还可以创新。稍后，纽厄尔、西蒙和肖又研制出了更厉害的"通用问题求解器"（general problem solver，GPS），这套程序可以在适当的算子帮助下解决不同类型的问题。纽厄尔等研制的"安全编排与自动化响应"（security orchestration，automation and response，SOAR）软件直至今日还在被广泛研究。

1976 年，尼尔森和纽厄尔等提出了著名的物理符号系统假设[10]：凡是能用符号表示的事物和状态都能由计算机进行运算。在符号主义者眼中，人脑的表征、思维可以用符号来表征，所以人脑可以用计算机来模拟[11]。费根鲍姆（E. Feigenbaum）等[12]研发出专家系统，里南（D. B. Lenat）[13]开启了大百科全书项目。

可以看出，符号主义走的是数学推理—启发式算法—专家系统—知识工程的路线，符号主义者认为知识是智能的基础，知识表示、知识推理、知识运用是智能的核心。在笔者看来，知识确实在意识与智能中占比很高，但如果遇到那些无法用符号表达的知识时（如自己的经验与常识），符号主义恐怕就束手无策。中国有句古话"只可意会，不可言传"，说的正是这个道理。更加重要的是，符号主义者没有提出"意识"这个词，按照他们的符号表示法，即使真的能产生意识，也只有不到 1/2 的意识吧（左脑的一部分）。

（二）行为主义与意识

"行为主义"一词源于心理学，华生（J. B. Watson）[14]在《行为主义》（Behaviorism）一书中明确表达了意识不属于心理学研究范围，我们研究的是那些可以外在观察到的刺激。与心理学稍有不同的是，在人工智能领域，行为主义者认为，1948 年维纳提出的控制论是人工智能的起源。在《控制论（或关于在动物和机器中控制和通信的科学）》这部跨世纪的著作中，维纳用统一的观点讨论控制、通信和计算机，对比研究了动物和人类肌体的控制机理以及思维等活动，将自动控制的研究提到了一个崭新的高度。钱学森提出的工程控制论、卡尔曼（R. E. Kalman）的卡尔曼滤波器，都极大程度地刺激了行为主义的发展。布鲁克斯（R. Brooks）教授在 1990 年、1991 年相继发表论文，批评联结主义与符号主义，他的代表作是六足机器人。

行为主义者的想法很简单，可以用一个理论即 S-R 理论来表达，S 是刺激，R 是反应。只要找到刺激和反应内在的对应关系，就能预测智能体的行为。这一点，笔者认为与科赫（C. Koch）论述的头脑中的僵尸有些类似，但如果是多种行为需要进行抉择之时，恐怕 S-R 理论就难以实现。意识的功能就是处理所有需要出奇制胜、灵活反应的情形。行为主义从一开始就将意识的中心排除在外，自然无法产生真正的意识。

（三）联结主义与意识

联结主义者认为人工智能应该模仿脑的连接方式。1942 年，麦克洛克（W.

S. McCulloch）和皮茨（W. H. Pitts）[15]提出了麦卡洛克–皮茨神经模型（McCulloch-Pitts neural model，MP 神经模型），标志着联结主义的开端。1955 年，赫布（D. O. Hebb）[16]提出了重要观点，即当两个相连接的神经元同时兴奋时，它们之间的联结强度会增强，这就是著名的赫布理论（Hebbian Theory）。1957 年，罗森布拉特（F. Rosenblatt）[17]提出了感知器模型，推广了 MP 神经模型。1959 年，塞尔弗里奇（O. G. Selfridge）[18]提出鬼蜮模型。他认为人的识别模式由四个阶段组成。每个阶段由一群不同功能的"映像鬼""特征鬼""认知鬼""决策鬼"组成。1985 年，霍普菲尔德（J. J. Hopfield）[19]提出了一种具有联想记忆能力的新型神经网络，后被称为"霍普菲尔德神经网络"。2006 年，辛顿提出了深度置信网络（deep belief network，DBN），标志着深度学习的开端。

二、意识的模型

意识与产生智能在本质上还是存在差别的，类智能体不代表类意识体。实际上，不论是哲学家、神经学家还是人工智能学家，都希望有一套模型能反映出真正的意识过程。

雷丁（D. Radin）[20]在《意识宇宙》（"The Conscious Universe"）中提出意识的动态核心假说，即在任何一个给定时刻，人脑中只有神经元的一个子集直接对意识经验有所贡献。换言之，人在报告某一意识时，大脑中相当一部分神经活动和人所报告的意识没有对应关系。

杰肯道夫（R. Jackendoff）[21]在《意识中的模式》（Patterns in the Mind）一书中提出了自己的意识中层理论，即将意识分为物理脑、计算的心智与可感知到的心智三个等级。

巴尔斯（B. J. Baars）[22]于 1998 年提出意识的全局工作空间模型。他认为意识存在于一个被称为全局工作空间的模型之中，除此之外还有无意识加工的处理器以及背景。这就好比一个剧院，剧院的舞台好比工作记忆，而注意的作用好比一盏聚光灯，舞台上被聚光灯照亮的部分就是意识部分。

在全局工作空间模型的基础上，迪昂（S. Dehaene）[23]提出意识的神经全局工作模型理论，即每个时刻只有一种信息能够进入意识的全局工作空间中。

托诺尼（G. Tononi）和西雷利（C. Cirelli）[24]提出整合信息理论。在这个理论中，托诺尼和西雷利认为只要满足两个条件，即可拥有意识。第一个条件为物理系统必须具有丰富的信息，第二个条件是在系统中信息必须要高度整合。整合信息理论用字母 Φ 来表示整合信息的量。如果一个系统的 Φ 值过低，就不会存在意识。反过来，我们要制造具有意识的机器，就需要使这个机器或系统具有很高的 Φ 值。小脑神经元数量是大脑皮层的 4 倍，但小脑神经元的排列方式为简单的晶体结构式排列。因此，小脑的 Φ 值很低，没有意识。这个模型一经提出，立即被很多人引用，并得到了好评。

丹尼特（D. Dennett）[25]在《意识的解释》（*Consciousness Explained*）一书中提出了意识的多重草稿模型。在这个模型中，意识的加工方式是并行的，自我只是外在叙述的重点，而不具有内在体验者的角色。

加来道雄（M. Kaku）[26]在《心灵的未来》（*The Future of the Mind*）一书中提出了意识的时空模型，即意识是为了实现一个目标（如寻找配偶、食物、住所）创建一个世界模型的过程，在创建过程中要用到多个反馈回路和多个参数。他进一步将这个理论模型量化，将意识水平分为 4 级，具体见表 4-1。

表 4-1 意识的时空模型框架

级别	物种	参数	大脑结构
0	植物	温度、阳光	没有
I	爬行动物	空间	脑干
II	哺乳动物	社会关系	边缘系统
III	人类	时间（未来）	前额叶皮层

安德森（J. R. Anderson）等[27]提出了思维理性的适应性控制（adaptive control of thought-rational，ACT-R）模型，此模型由 4 个子模块组成，分别为目标模块、视觉模块、动作模块和描述性知识模块。每个模块各自独立工作，并且由一个中央产生系统协调。

2016 年，瑞士洛桑联邦理工学院和其他学院在《科学公共图书馆》（*Public Library of Science*）中提出了意识的两阶段模型，解释了大脑是如何处理无意识信息并将信息转为有意识的。按照这一模型，意识是每隔一段时间生成一瞬间，意识之间是长达 400 毫秒的无意识状态。

第三节　人工智能的起源

人工智能来自智能，而智能，究其最深之处就变成了一个哲学问题。早期有一批伟大的哲学家一直在讨论什么是智能，什么是知识。波兰尼（M. Polanyi）[28]曾在 20 世纪 60 年代写过一部著名的著作《默会的维度》（*The Tacit Dimension*），提出"我们知道的越多，那么我们知道的越少"。同时，他还认为我们知道的远比我们说出来的要很多（We can know more than we can tell）。波兰尼这句话体现了默会的知识、隐形的知识，在支配着我们不断地向显性的知识递进、演化。

另一个对知识进行解释的人是哈耶克（F. A. Hayek）[29]。哈耶克是诺贝尔经济学奖获得者，其在经济领域的研究在世界上具有较大的影响。在他的学术生涯中，涉及了政治、社会、经济、文化、艺术、哲学和心理学，在认知科学方面，他出版过一本著作《感觉的秩序：探寻理论心理学的基础》（*The Sensory Order: An Inquiry into the Foundation of Theoretical Psychology*）。

在这本书中，他明确地提出了一个观点"Action more than design"，即行为远比设计更重要，其大意是：人的各种感觉是通过行为来表征的，而不是故意设计出来的，后来的演化造成了设计的出现[30]。维基百科的创立人之一威尔士（J. Wales）很推崇《感觉的秩序：探寻理论心理学的基础》一书，他认为是这本书点醒他创立了维基百科。

第三个对知识进行解释的人是波普尔（K. Popper），他是一位伟大的哲学家，提出了三个世界的观点，即物理的、精神的和人工的。他有一本非常经典的著作《科学发现的逻辑》（*The Logic of Scientific Discovery*）[31]，该书提出科学不是证实而是证伪，波普尔认为科学是提出问题，进行假设，然后通过反驳、试错和排除所有可能情况来实现进步，而不是仅仅通过观察和归纳来证实。在这种方法中，归纳存在许多缺陷，因为归纳是不完的，波普尔有针对性地对归纳进行了分析。

通常认为人工智能的学科起源，是从 1956 年美国达特茅斯会议开始的。但它的科学起源，可以最早追溯到 19 世纪曾任剑桥大学卢卡斯教授的巴贝奇（C. Babbage），他是世界上做机械计算机的鼻祖，他设计了一台机械的计算机来计算正弦和余弦数值的大小，从此人类拉开了计算的帷幕。对人工智能的科学起源有研究的人是剑桥大学的罗素（B. Russell），罗素利用其哲学思想和他的数学基础，创立了一个很重要的哲学分支——分析哲学。分析哲学的制高点是维特根斯坦（L. Wittgenstein），维特根斯坦写了一部重要的著作——《逻辑哲学论》（*Tractatus Logico-Philosophicus*）[32]，他在该书中提出，语言是哲学的重要工具，也是哲学的切入点。在此之前，哲学的发展有两个里程碑，其中一个是关于世界本源的问题，即是物质的还是意识的。这个问题讨论了一千多年，后来笛卡儿（R. Descartes）开始研究用什么样的方法来认识世界是物质的还是意识的，提出了二元论。自此之后，人们找了很多方法来研究哲学，但收效甚微，直到维特根斯坦的出现，他改变了哲学的轨迹。他的前半生主要研究关于语言的人工性，人工性的语言就是标准化的语言、格式化的语言，是流程性的程序化的语言；他的后半生主要否定了自己前半生的工作，开始研究生活化的语言和自然性的语言，他认为真正的哲学是通过生活化的语言来体现出哲学的深奥和哲学的意义的。

　　针对智能的概念，权威辞书《韦氏大辞典》中的解释是"理解和各种适应性行为的能力"；《牛津词典》中的解释是"观察、学习、理解和认知的能力"；《新华字典》中的解释是"智慧和能力"。美国著名人工智能研究专家阿尔布斯（J. Albus）在答复另一位人工智能专家埃克斯穆尔（H. Hexmoor）时说道，智能包括：知识如何获取、表达和存储；智能行为如何产生和学习；动机、情感和优先权如何发展和运用；传感器信号怎样转成可用符号；如何通过符号进行一些底层的逻辑推演，如何对未来进行推理；智能如何产生人类的一些基本情感，如幻觉、信念、希望、畏惧甚至善良和爱情等。人工智能是一个典型的多交叉学科，由于目前人类智能的研究尚不成熟，所以人工智能领域的很多概念还没有明确的定义。不同科学背景的学者对人工智能做了不同的解释：符号主义学派认为人工智能基于数理逻辑，认知的过程可以表示为符号的推导过程，通过数理逻辑建立起基于知识的人工智能系统；联结主义学派认为人工智能基于仿生学，神经网络就是模拟人类神经元的典型模型，通过网络结构与算法，建立起模拟人脑的人工智能系统；行为主义学派认为智能取决于感知和行动，通过智能体与外界环境之间的交互，建立基于"感知-行为"的人工智能系统。其实这三个学派从思维、脑、身体三个方面对人工智能做了阐述，其目标都是创造出一个可以像人类一样具有智慧、能够自适应环境的智能体。

第四节　人工智能的四个发展阶段

　　总体而言，人工智能的发展可以分为四个阶段：酝酿阶段、初步发展阶段、反思阶段与蓬勃发展阶段。

一、酝酿阶段

任何事物的形成都是循序渐进的，人工智能也不例外。首先，西方的哲学家就非常喜欢讨论意识这一问题。自从笛卡儿 17 世纪提出"我思故我在"的论述之后，有关意识的组成争论就从未停止过。托马斯·霍布斯（Thomas Hobbes）、莫里斯·梅洛-庞蒂（Maurice Merleau-Ponty）等曾经明确反对身心二元论，前者认为人是纯粹理性的，后者认为身体和心理并不是独立分开的个体。可以说，这些哲学争论为早期的人工智能起到了很好的促进与推动作用。

其次，1943 年，麦卡洛克与皮茨提出了著名的 MP 神经模型[33]，他们利用神经网络表达出了 0—1 的二值关系，这为后来神经网络的发展提供了思路。1949 年，赫布提出了赫布理论，其主要思路为：同时激活突触前后的神经元可以加强突触间的连接[16]。MP 神经模型与赫布理论的确立为后期的联结主义奠定了基础。

最后，被称作"现代计算机之父"的冯·诺依曼于 1945 年提出了后来被称为冯·诺依曼结构的计算机体系结构，并被沿用至今。这为日后人工智能的飞速发展奠定了基础。1948 年，维纳将神经网络与计算机联系在了一起，这一发现将自动控制推上了一个新的高度，也对后来人工智能的发展方向产生了巨大影响。1936 年与 1950 年，图灵先后提出图灵机与图灵测试的概念，旨在弄清楚计算机能做什么、如何定义智能等关键问题。维特根斯坦也对这个问题有所思考，他在著作《哲学研究》中明确指出：机器肯定不能思考[34]。

二、初步发展阶段

人工智能早期发展的主要领域在于公理证明[35]。首先，纽厄尔[36]和西蒙[37]编写了一种名为"逻辑理论家"的智能程序，用来证明数学命题。与常见的数学推理过程不同，这种程序由结论出发，一步步从后向前分析，直到找出合适的证明问题为止。1963 年，"逻辑理论家"程序证明了怀特海与罗素《数学原理》[38]第一章中的全部定理。两年后，逻辑学家王浩和数理逻辑家鲁滨孙（A. Robinson）使用消解方法，利用机器证明了《数学原理》中的全部命题演算定理。

另外，人工智能在其他研究领域也有了初步的进展。1958 年，罗森布拉特[17]首次引入了感知机的概念，推广了联结主义的研究，同时感知机的出现使神经网络也露出了其"庐山真面目"。几年后，模仿自然生物进化机制的演化计算开始出现，该领域研究的代表人物为霍兰德（J. Holland）与福格尔（Fogel）[39]。1965 年，麻省理工学院人工智能实验室的罗伯兹（E. Roberts）编写了多面体识别程序，开创了机器视觉的领域。1956 年，在美国举办的达特茅斯会议上，数十位专家花费两个月的时间，共同深入讨论和研究了与人工智能相关的问题，人工智能的概念也正是起源于这次会议[40]。在这一阶段，人们认为如果机器能像人类一样推理，那就是有智能的。这一阶段的标志性事件是出现了能够自动证明数学定理的推理系统，如果给这个推理系统输入知识（一些数学定理），就可以自动输出结果（推导出的数学定理）。这种推理系统的知识非常有限，能解决的问题也非常有限，在面对更加复杂的实际问题时，其局限性暴露无遗[41]。

三、反思阶段

在初步发展阶段，人工智能在各个领域都取得了一定的进展。但是，这离当初关于人工智能的设想相去甚远。1969 年，被称为"人工智能之父"的明斯基与派普特（S. Papert）出版著作 *Perceptrons: An Introduction to Computational Geometry*[42]，指出单层感知器不能实现 XOR（异或问题）逻辑。这极大地打击了研究者的信心。20 世纪 70 年代初，对人工智能提供资助的机构[如美国国防高级研究计划局（Defense Advanced Research Projects Agency，DARPA）、美国核管理委员会（Nuclear Regulatory Commission，NRC）] 逐渐停止了对无方向的人工智能研究的资助。人工智能的第一次寒冬到来。

在低谷阶段，人工智能界开始反思。一派是以德雷福斯（H. L. Dreyfus）[43]为代表的，无情地对人工智能进行批判，他曾说人工智能研究终究会陷入困局；另一派则对人工智能抱有希望，代表人物为费根鲍姆[12]，他认为要摆脱困境，需要使用大量知识。于是，知识工程与专家系统在各个领域崭露头角，比如早期的反向链接专家系统 MYCIN 可以诊断一些特定类型的传染病。这个阶段（1976~1980 年）也被称为人工智能的复兴期。

进入 20 世纪 80 年代后，人工智能界重新肯定了早期人工智能研究中的神经联结方法与遗传算法。1982 年，霍普菲尔德提出了霍普菲尔德神经网络[44]，引入了"计算能量"概念，给出了网络稳定性判断。1984 年，他又提出了连续时间霍普菲尔德神经网络模型，为神经网络的研究做了开拓性的工作。1986年，辛顿（G. E. Hinton）、麦克利兰（J. L. McClelland）和卢默哈特（D. E. Rumelhart）重新提出了反向传播算法[45]，即 BP 算法。值得一提的是，联结主义不同于符号主义，其研究方法巧妙地避开了知识表示所带来的困难。

与此同时，布鲁克斯[46]于 1991 年发表论文，批评联结主义与符号主义不切实际，总将简单事情复杂化。他强调感知与行为直接联系，这也极大程度地促进了人工智能界另一学派——行为主义的发展。在这一阶段，研究人员致力于向计算机中输入更多知识，使其能够解决更加复杂的实际问题。人工智能系统开始走向专业化。这一阶段的标志性事件是出现了不同领域的专家系统。专家系统被输入了某个领域的大量专业知识，能够真正解决一些实际问题，因此在这一阶段人工智能发展迎来了一次新的高潮，各行业的专家系统不断出现。但是，随着知识量的飞速增加，将海量知识总结出来并输入专家系统的难度越来越大。同时，专家系统中的知识库出现冲突和矛盾的概率也大幅提升，可用性下降。总体来看，海量知识的获取是第二发展阶段后期人工智能技术的最大发展瓶颈[47]。

在这一阶段，人工智能的研究空前繁荣，可是好景不长，1987 年，现代计算机的出现让人工智能的寒冬再次降临。人们普遍发现人工智能领域没有实质性的突破，而所谓的专家系统使用范围依然有限。于是，人工智能研究再一次陷入停滞状态。

四、蓬勃发展阶段

1997 年"深蓝"（DeepBlue）的胜利，使得人们重拾了对人工智能的兴趣。2006 年，辛顿（G. E. Hinton）[48]提出深度置信网络，使深层神经网络的训练成为可能，这也使得深度学习迎来了春天。2011 年，国际商业机器公司（IBM）的"沃森"（Watson）参加"危险边缘"问答节目，并打败了两位人类冠军，轰动一时。2012 年，辛顿的学生克里切夫斯基（A. Krizhevsky）使用 AlexNet 以较大的优势取得了当年 ImageNet 图像分类比赛的冠军[49]，深度神经网络逐渐开始大放异彩。同年，运用了深度学习技术的谷歌大脑（Google Brain）通过观看数千段的视频后，自发找出了视频中的猫。2016 年，谷歌大脑的 AlphaGo 战胜了世界顶级围棋高手李世石，由此推动了人工智能的再一次发展，目前正处于人工智能发展的第三次高潮期。在这一阶段，得益于硬件和算法的进步，人工智能系统自己获取和学习知识的能力大幅提升。这一阶段的标志性事件是出现了基于互联网大数据的深度学习算法。利用深度学习算法，计算机视觉（computer vision，CV）、自然语言处理（natural language processing，NLP）、语音识别等技术取得了突破性进展，进而出现了能够自动发现知识、利用知识进行自我训练和学习并建立自身决策流程的人工智能系统，并且在很多领域已经有了典型应用，推动人工智能发展迎来新浪潮。目前，我们仍处于这次发展浪潮的早期，未来 10 年，人工智能技术将实现更大范围的应用。但是，需要看到的是，虽然人工智能技术发展与应用在第三发展阶段中已经有了一定突破，但是总体仍处于"弱人工智能"阶段，即并不具备真正意义上的"智能"，也不存在"自主意识"。只是能够在确定性规则下解决特定的问题，离"强人工智能"还差很远[50]。

第五节 人工智能中的逻辑演绎

现代计算机科学的发展历程实质上是一段内在逻辑的演绎历程。自从罗素与怀特海共同撰写《数学原理》之后，便兴起了对数理逻辑的研究，人们甚至期望以逻辑为基础，构建整个数学乃至科学的大厦。在这种逻辑主义的驱使下，人们不可避免地需要对"能行可计算"概念进行形式化。在"能行可计算"概念的探索中，丘奇（A. Church）、哥德尔（K. Gödel）和图灵几乎在同一时间给出了完全不同但又相互等价的定义[51]。丘奇发明了 Lambda 演算，用来刻画"能行可计算"。哥德尔提出"一般递归函数"作为对"能行可计算"的定义。图灵则通过对一种装置的描述，定义"能行可计算"的概念，这种装置被后人称作"图灵机"，这正是现代计算机的理论模型，标志现代计算机科学的诞生。

17 世纪，逻辑学发生了变化，莱布尼茨（G. W. Leibniz）提出了逻辑学应该做些什么的问题。莱布尼茨旨在为科学建立一种普遍语言，这种语言对于科学来说是理想的、合适的，以便用语句形式反映实体的性质。莱布尼茨认为，所有科学的思想，都能划归为较少的、简单的、不可分解的思想，利用它们能定义所有其他思想，通过分解和组合思想，新的发现将成为可能，如同数学中的演算过程[52]。

莱布尼茨首先发现符号的普遍意义：人类的推理总是通过符号或者文字的方式来进行的[53]。实际上，事物自身或者事物的想法总是由思想清晰地辨识是不可能的，也是不合理的。出于经济性考虑，就需要使用符号。例如，每次展示时，一位几何学家在提及一个二次曲线时，他将被迫回忆它们的定义以及构成这些定义的项的定义，这并不利于新的发现。如果一位算术家在计算过程中需要不断地思考他所写的所有的记号和密码的值，将难以完成大型计算。同样地，一位法官在回顾法律的行为、异常和利益时，如果总是彻底地对所有这些事情都做一个完全的回顾，那么这将是巨大的工作量，也不是必要的。因此，我们给几何形状赋予了名字，在算术中给数字赋予了符号，在代数中使得所有的符号都被具象化为事物，或者通过经验，或者通过推理，最终能够与这些事物的符号完全融合在一起，在这里提及的符号，既包括单词、字母、化学符号、天文学符号、汉字和象形文字，也包括乐符、速记符、算术和代数符号以及所有人们在思考过程中会用到的其他符号[54]。这里，"文字"即是书写的、可追踪的或者雕刻的文字。此外，一个符号越能表达它所指称的概念，就越有用，不但能够用于表征，而且可用于推理。

基于此，莱布尼茨洞察到：可以为一切对象指派其文字数字，这样便能够构造一种语言或者文字，它能够服务于发现和判定的艺术，犹如算术之于数、代数之于量的作用。人们必然会创造出一种人类思想的字母，通过对字母表中的字母的对比和由字母组成的词的分析，可以发现和判定万物。

莱布尼茨的洞察中，蕴含着两个非常重要的概念，即"普遍文字"和"理性演算"。所谓的"普遍文字"，不是化学或者天文学的符号，也不是汉字或者古埃及的象形文字，更不是人们的日常语言。人们的日常语言虽然能够用于推理，但是它过于模棱两可，不能用于演算，也就是说，日常语言不能通过语言中的词的形成和构造来探测推理中的错误[55]。相较而言，与"普遍文字"最为类似的是算术和代数符号，在算术和代数符号中，推理存在于文字的应用中，思想的谬误等同于计算的错误。"普遍文字"是一种人类思想的字母，通过对由它组成的联系和词的分析，可以发现和判断一切。

理性演算指的是一种推理方法，通过逻辑规则和推断来得出结论。在理性演算中，人们使用逻辑原理和推理规则，从已知的前提或信息中推导出新的结论。这种方法通常遵循形式逻辑的规则，以确保推断的准确性和合理性。理性演算在哲学、数学、计算机科学等领域都有广泛的应用。

莱布尼茨关于"普遍文字"和"理性演算"的想法是非常"理想化的、乌托邦式的"，莱布尼茨自己仅仅只是提出了这个设想，虽然他有过一些尝试，但是并没有完全实现用公式表征思想，因此，不少逻辑学家、哲学家将莱布尼茨的这种设想称为"莱布尼茨之梦"。在此之后，希尔伯特、哥德尔的工作表明，不存在如此完美的语言与演算，基于此，不少学者断言莱布尼茨之梦已经破碎。

图灵在 1947 年举办的伦敦数学学会的一次演讲中，阐述了他对符号逻辑和数学哲学的一些观点："我期望数字计算机将最终能够激发起我们对符号逻辑和数学哲学的相当大的兴趣。人类与这些机器之间的交流语言，即指令表语言，形成了一种符号逻辑。机器以相当精确的方式来解释我们所告诉它们的一切，毫无保留，也毫无幽默感可言。人类必须准确无误地向这些机器传达他们的意思，否则就会出现麻烦。事实上，人类可以与这些机器以任何精确的语言进行交流，即本质上，我们能够以任何符号逻辑与机器进行交流，只要机器装配上能够解释这种符号逻辑的指令表。这也就意味着逻辑系统比以往具有更广阔的使用范围。至于数学哲学，由于机器自身将做越来越多的数学部分，人类的兴趣重心将不断地向哲学问题转移。"[56]

图灵机有两个主要的组成：自动机和指令表语言。其中指令表语言是指描述状态转换表的语言，即描述自动机状态转换、读写以及移动的语言。图灵认为指令表语言是人类与机器之间的交流语言，其形成了一种符号逻辑。这里的指令表语言，就是人们后来所发展的各种类型的编程语言[57]。

应该说，图灵机的"自动机"和"指令表语言"是对莱布尼茨的"普遍文字"和"理性演算"的诠释。图灵比弗雷格（G. Frege）、布尔（G. Boole）和罗素更为成功地实践了莱布尼茨的梦想。在图灵的方案中，"编程语言"是"普遍文字"的一种实现,"自动机"是"理性演算"的一种实现[58]。图灵将莱布尼茨的"普遍文字"与"理性演算"有效地融合,为逻辑带来了一种"计算转向"。可以说,在作为代数的逻辑和作为语言的逻辑之外,图灵为逻辑开辟了"作为计算的逻辑"的新路径。这种对逻辑的审视,实质上是一种"主体转向","以往的逻辑"是当仁不让地以人类为主体,研究的对象是人的思维以及表征人类思维的各种自然语言,"作为计算的逻辑"则是将计算机作为信息处理的主体,研究的是计算机的处理方式以及人与计算机的互动关系。

人工智能诞生后的 20 年是逻辑推理占统治地位的时期。1963 年,纽厄尔、西蒙等编制了"逻辑理论家"数学定理证明程序[59]。在此基础上,纽厄尔和西蒙编制了"通用问题求解器"程序,引出了"问题求解"这一领域性问题[9]。经典数理逻辑只是数学化的形式逻辑,只能满足人工智能的部分需要。

人工智能之后发展了用数值表示和处理不确定的信息的方法,即给系统中每个语句或公式赋一个数值,用来表示语句的不确定性或确定性。比较具有代表性的有:1976 年杜达(A. Duda)提出的主观贝叶斯模型,1978 年理查德(E. P. Richard)提出的可能性模型,1984 年邦迪(S. H. Bondi)提出的发生率计算模型,以及假设推理、定性推理和证据空间理论等经验性模型[60]。

归纳逻辑是关于或然性推理的逻辑[61]。在人工智能中,可把归纳看成是从个别到一般的推理。借助这种归纳方法和类比的方法,计算机就可以通过新、老问题的相似性,从相应的知识库中调用有关知识来处理新问题。

常识推理是一种非单调逻辑,即人们基于不完全的信息推出某些结论,当人们掌握更多信息时,可能会自己推翻之前得出的结论;而非单调逻辑就可以很好地应对信息不充分的情况。20 世纪 80 年代,赖特(R. Reiter)的缺省逻辑、麦卡锡的限定逻辑、麦克德莫特(D. McDeMott)和多伊尔(J. Doyle)建立的自然建模语言(nature modeling language,NML)非单调逻辑推理系统、摩尔

（G. E. Moore）的自认知逻辑都是具有开创性的非单调逻辑系统[62]。因此，常识推理有时也叫作容错推理，不精确性随时都有可能出现。

此外，多值逻辑和模糊逻辑也已经被引入人工智能来处理模糊性与不完全性信息的推理。多值逻辑的三个典型系统分别是克林（S. C. Kleene）、卢卡西维兹（J. Lukasiewicz）和波克万（D. Bochvar）的三值逻辑系统[63]。模糊逻辑的研究始于 20 世纪 20 年代卢卡西维兹的研究。1972 年，扎德（L. A. Zadeh）提出了模糊推理的关系合成原则，现有的绝大多数模糊推理方法都是关系合成规则的变形或扩充[64]。

从莱布尼茨的"普遍文字"与"理性演算"到图灵的"指令化语言"与"自动机"，从归纳逻辑到常识推理、多值逻辑、模糊逻辑等，现代人工智能可以说就是"普遍文字"与"理性演算"的延续与发展。智能中的逻辑压缩也许是多种事实性逻辑被压缩成价值性逻辑的过程。这在一定程度上超越了当前数学计算验证体系的边界，而这恰恰也是人类算计的特长：能够自主调和融洽各种事实性逻辑的矛盾于某种价值性逻辑之中。从哲学上来说，客观世界完全独立于主观世界的存在，然而这是个伪命题。真正能观察到的，是客观和主观之间的结合，由于观察者和被观察的世界相互作用，我们不可能无穷精准地把客观世界了解清楚。或许当硬件能力达到一定程度后，人们就会关注软件能力的提高；当软件能力达到一定程度后，人们就会关注人的能力的提高。

衡量一个人的智能水平可以尝试从他"跨""协"不同领域能力的速度和准确性来初步判断，同理可得，衡量一台机器的智能水平也可以尝试从它"跨""协"不同领域能力的速度和准确性来初步判断，衡量一群人机的融合智能水平也可以尝试从它们"跨""协"不同领域能力的速度和准确性来初步判断。简单地说，计算机处理问题的方式是产生式的（if-then），计算计（计算-算计）则是启发式的（不求最优但求满意），而启发式往往可以处理非线性问题。或许，启发式的计算计恰恰就是逻辑压缩成功与否的关键之所在。当人机在异常复杂的环境里无能为力之时，也许就是逻辑坍塌之际……当然，可以人为增加复杂度造成对方的逻辑坍塌。

第六节　智能化的隐患

智能辅助决策系统目前仍处于起步阶段，容易出现意料之外的不确定性故障。机器学习算法虽擅长语音识别、图像识别等特定任务，但同时也会通过训练数据产生各种"偏见"和"习惯"。无论智能辅助决策系统发展的程度如何，总是容易受到人机功能难以有效分配的制约。当前面临的主要问题是缺乏用于训练辅助决策算法的真实数据，例如在设计基于现实的攻防对抗时，没有真正的战斗实例可用，因此由这些算法设计的决策支持程序永远不可能完全可信。

严格地说，现在的人工智能技术测试与评价只是部分的测试与评价，即它只是建立在已有的不完备的科学技术上的测试与评价，忽略了更重要的非科技因素，如不确定性的人文和环境因素，所以这样的测试与评价大都是乌托邦式的，单纯的军事领域的兵棋推演、红蓝对抗解决不了人工智能测试与评价的根本问题，这是一个超出了单一领域的复杂性难题。我们认为应该借鉴孔子"从心所欲不逾矩"的思想，即自主要有原则，而不能够无底线。

人工智能军事化与人工智能游戏有本质的不同，就像生死的差异，对游戏化的军事智能测试与评价需要高度警惕。由于人、机、环境诸多影响因素的可变性和可分离性，人工智能技术测试与评价在很多军事博弈任务中是普遍不重复性的不可控实验，所以"各国应确保在部署前在实际作战条件下对人工智能军事系统进行全面测试、评估、验证"会很难实现，不过"建立最低标准"应该比较现实，以确保遵守国际人道主义法和其他相关国际法规则。令人遗憾的是，当前的人工智能测试与评价往往是场景化的，陆、海、空及其之间的通信协同、指挥控制等，从技术上看，主要有机器的稳定可靠、快速准确等可计算性指标；从人机交互上看，还应有人的敏捷洞察、触类旁通、责任勇敢等非计算性指标；从更高的层次上看，还应有伦理道德、法律法规等非计算指标条件。所以真实的人工智能技术测试与评价本质上常常是非场景化的，是计算性指标与非计算性指标结合的产物，若仅仅限于科学技术方法而言，甚至真实的人工智能技术测试与评价也该是无解的，如绝不能让"希特勒"们拥有核武器一样，也要坚决制止他们拥有高级的人工智能武器。客观而言，人工智能技术中还有我们远远没有看到的东西，如同当前的核生化技术一样，除了最原始、最底层的技术性测试与评价之外，还有大量的非技术性测试与评价。例如，人-机-环境系统问题，人-机-环境系统中的人涉及许多方面，如开发者、使用者、维护者、销售者、管理者甚至包括我们这些交流探讨者等，角度不同，认识的深度和广度也会不同。一件人工智能武器本身就是一把双刃剑，既可以伤人也可能伤己，而且反转的可能性很大，比如一套便携式的智能空中武器或防空武器通过第三方一旦被对手缴获，很容易被对手利用攻击己方，核生化技术也有同样的问题。机器包括软件和硬件部分，软件程序的脆弱性、数据毒化、算法偏见、深度伪造、不可解释性、无常识性以及硬件的老化破损也存在大量的隐患和潜在的问题。环境包括各种各样的环境，如真实环境、虚拟环境、任务环境、天气环境、社会环境等，这些不同的环境会对人工智能测试与评价起到重要的作用。比如一套人工智能辅助决策系统经过计算告诉你"多数蘑菇都是有毒的"，你就采取了行动，然而事实却不是这样的，并且还是相反的，这样人工智能辅助决策系统就起到了相反的作用，因为这套人工智能辅助决策系统不了解真实的社会环境所产生的算法歧视。真实的人在回路（human-in-the-loop，HITL）测试与评价系统往往是人、机在环境的上、中、外混合进行的，而不是单纯的人在回路的上、中、外，正是这种混杂性，使得人-机-环境系统常常失配。随着人工智能新的理论和技术层出不穷，并且速度不断加快，当前过早制定的测试与评价指标会变得过时甚至是荒谬。所以，目前讨论的重点还不应是过细的指标体系，而应该是现有的技术缺陷以及这些技术与可能出现的技术对人类的影响，当然还有各种不合时宜的法律规则之前的有关伦理道德的基本框架，如此"见义（should）勇为"，才有可能真正实现对人工智能这头"怪兽"的管控与约束，进而才能保障人类本身的安全不毁于"人类聪明"之手。总之，人工智能技术的测试与评价产生于数以百万计（甚至于无穷）的"自发"（意料之外）和"设计"（意料之内）的人-机-环境系统秩序的复杂互动中。这种秩序以渐进、弥散、聚合、转化、调整的方式演化，是众多人的动机/行为、机器装置的运行、环境变化互动的综合结果，而非单纯人类设计的结果。平心而论，人机融合的智能技术同人工智能技术一样依然存在许多缺点和不足，同样很难在复杂环境下做出正确的判断和决策，那么，该如何克服这些薄弱环节达到更好的智能效果呢？人-机-环境系统智能可能是一种较好的研究途径，要确定当前、未来人工智能测试与评价的指标体系，进而为人工智能军事系统的测试和评价提出一套通用的指标与标准，建议人-机-环境系统人和机器交互下一步更加深入地探讨研究人、机、环境结合的系统智能问题。

西方与或非逻辑的缺点在于其反映的是物理、数学事实性关系，而没有抓住心理、管理价值性关系，东方思想中的是非中的逻辑有助于破解物理、数学、心理学、管理学等科学与艺术的结合问题，进而形成计算计的范畴体系。阴阳、计算计与物质意识等的逻辑是两体的与或非，多体的逻辑会是什么呢？该如何定义"是非中"呢？"是非中"是否就是价值性的"与或非"？单体、二元、三体以上的"与或非""是非中"逻辑是否一致呢？若不一致，各自的规律又会是什么呢？

价值性的尺度与参照系和事实性的尺度与参照系差别很大，它可以跨时空和情感进行比较分析判断，"是非中"的诸元同"与或非"的诸元不一样，如其中的"是"可以是价值的强弱、虚实，如塞翁失马中的祸福"是非中"。第一次数学危机称为毕达哥拉斯悖论[信奉"万物皆数"的信条，号称任何线段长度都可表示为两个自然数之比，毕达哥拉斯悖论是希帕索斯（Hippasus）发现的，他发现了直角边长为1的等腰直角三角形斜边长度不是自然数之比]；第二次数学危机称为贝克莱悖论（1734 年由爱尔兰主教贝克莱提出，在牛顿和莱布尼次求导过程中，dx 既是 0 又不是 0）；第二次数学危机称为岁素悖论（集合 R 本身既是 R 的元素，又不是 R 的元素）。这三次危机的一致性在于"是"与"不是"的悖论，与量子物理的"猫"一样，与文学的 to be or not to be 相似，与东方思想中的"是非之心"相关，与经济行为中的"A 与非 A"异曲同工。

"是"与"不是"即为一元，其相互间的转化即为变元，其衍生出的"应"即为多元。数学的第四次危机为莫拉维克悖论，即和传统假设不同，对于计算机而言，实现"与或非"逻辑推理等人类高级智慧只需要相对很少的计算能力，而实现感知、运动等低等级智慧却需要巨大的计算资源。正如机器人学者莫拉维克（H. Moravec）所说，"要让电脑如成人般地下棋是相对容易的，但是要让电脑有如 1 岁小孩般的感知和行动能力却是相当困难甚至是不可能的"。也就是说，"困难的问题是简单的，简单的问题是困难的"。用莫拉维克悖论可以解释，为什么人工智能有时特别聪明，聪明到可以打败地球上所有的围棋大师；有时又特别蠢笨，蠢笨到连完整抓取一枚鸡蛋都是一件艰巨的任务。

计算与算计之间的关系运算是乘还是加或者其他运算，这是一个值得思考的问题。

本章参考文献

[1] 刘伟. 人机融合：超越人工智能[M]. 北京：清华大学出版社，2021.

[2] 刘伟，王赛涵，辛益博，等. 深度态势感知与智能化战争[J]. 国防科技，2021，42（3）：9-17.

[3] 黄秦安. 布尔巴基结构主义与希尔伯特形式主义的比较研究[J]. 科学技术哲学研究，2016，33（5）：1-6.

[4] 刘伟. 人机融合智能时代的人心[J]. 人民论坛·学术前沿，2020，（1）：37-43.

［5］ 刘伟，库兴国，王飞. 关于人机融合智能中深度态势感知问题的思考[J]. 山东科技大学学报（社会科学版），2017，19（6）：10-17.

［6］ 刘伟. 人机融合智能的再思考[J]. 人工智能，2019，（4）：112-120.

［7］ 刘伟. 智能与深度态势感知研究[EB/OL]. https://blog.sciencenet.cn/home.php?do=blog&id=1214730&mod=space&uid=40841[2022-05-09].

［8］ 刘伟，伊同亮. 关于军事智能与深度态势感知的几点思考[J]. 军事运筹与系统工程，2019，33（4）：66-70.

［9］ Newell A，Simon H A，Shaw J C. The logic theory machine—a complex information processing system[J]. IEEE Transactions on Information Theory，1956，2（3）：61-79.

［10］ Newell A，Simon H A. Computer science as empirical inquiry：symbols and search[J]. Communications of the ACM，1976，19（3）：113-126.

［11］ 王磊. 关于人工智能的符号主义立场研究[J]. 科技尚品，2016（12）：1.

［12］ 张少平，王怀民. Edward Feigenbaum 谈专家系统——Kenneth Owen 访问记[J]. 计算机科学，1990（4）：3-7.

［13］ Lenat D B. CYC：a large-scale investment in knowledge infrastructure[J]. Communications of the ACM，1995，38（11）：33-38.

［14］ Watson J B. Behaviorism[J]. Journal of Nervous & Mental Disease，1925，74（2）：255.

［15］ McCulloch W S，Pitts W H. A logical calculus of ideas immanent in nervous activity[J]. The Bulletin of Mathematical Biophysics，1942，5：115-133.

［16］ Hebb D O. Drives and the C. N. S.（conceptual nervous system）[J]. Psychological Review，1955，62（4）：243-254.

［17］ Rosenblatt F. The perceptron：a probabilistic model for information storage and organization in the brain[J]. Psychological Review，1958，65：386-408.

［18］ Selfridge O G，Neisser U. Pattern recognition by machine[J]. Scientific American，1960，203（2）：60-68.

［19］ Hopfield J J, Tank D W. "Neural" computation of decisions in optimization problems[J].

Biological Cybernetics，1985，52（3）：141-152.

［20］ Radin D. The conscious universe[J]. Journal of the American Society for Psychical Research，2009，63（2）：167-173.

［21］ Jackendoff R. Patterns in The Mind[M]. New York：Perseus Books，1995.

［22］ Baars B J. Cognition，Brain，and Consciousness：Introduction to Cognitive Neuroscience [M]. Amsterdam：Elsevier Academic Press，2007.

［23］ Dehaene S. Stanislas dehaene award for distinguished scientific contributions[J]. The American psychologist，2015，70（8）：674-676.

［24］ Tononi G，Cirelli C. Sleep function and synaptic homeostasis[J]. Sleep Medicine Reviews，2006，10（1）：49-62.

［25］ 丹尼特. 意识的解释[M]. 苏德超，李涤非，陈虎平译. 北京：北京理工大学出版社，2008.

［26］ 加来道雄. 心灵的未来[M]. 伍义生，付满，谢琳琳译. 重庆：重庆出版社，2015.

［27］ Anderson J R，Bothell D，Byrne M D，et al. An integrated theory of the mind[J]. Psychological Review，2004，111（4）：1036-1060.

［28］ Polanyi M. The Tacit Dimension[M]. Chicago：University of Chicago Press，2009.

［29］ Hayek F A. The Sensory Order[M]. Chicago：The University of Chicago Press，1952.

［30］ 哈耶克. 感觉的秩序：探寻理论心理学的基础[M]. 朱月季，周德翼，黄忠琴译. 武汉：华中科技大学出版社，2015.

［31］ 波普尔. 科学发现的逻辑[M]. 查汝强，邱仁宗，万木春译. 杭州：中国美术学院出版社，2008.

［32］ 路德维希·维特根斯坦. 逻辑哲学论[M]. 贺绍甲译. 北京：商务印书馆，1996.

［33］ Hayman S. The McCulloch-Pitts model[C]. International Joint Conference on Neural Networks，1999，6：4438-4439.

［34］ 维特根斯坦. 哲学研究[M]. 李步楼译. 北京：商务印书馆，1996.

［35］ 继错，侯媛彬. 智能控制技术[M]. 北京：北京工业大学出版社，1999.

［36］ Newell A. A basis for action[J]. Behavioral & Brain Sciences，1981，4（4）：633-634.

[37] Newell A，Simon H A. The logic theory machine—a complex information processing system[J]. Information Theory Ire Transactions，1956，2（3）：61-79.

[38] Whitehead A N，Russell B. Principia mathematica[J]. Journal of Philosophy，1928，25（16）：438-445.

[39] Fogel D B，Fogel G B. Revisiting Bremermann's genetic algorithm：Ⅱ. Comparing discrete multiparent recombination to mutation[J]. Proceedings of SPIE-The International Society for Optical Engineering，2001，4390：53-61.

[40] O'Rorke P. LT Revisited：explanation-based learning and the logic of principia mathematica[J]. Machine Learning，1989，4：117-159.

[41] 邹慧君，顾明敏. "机构系统方案设计专家系统"初探（二）——推理系统的建立和应用[J]. 机械设计，1996，13（6）：12-14.

[42] Minsky M，Papert S. Perceptrons：An Introduction to Computational Geometry[M]. Cambridge：The MIT Press，1972：114.

[43] Dreyfus H L，Dreyfus S E. Making a mind versus modeling the brain：artificial intelligence back at a branchpoint[J]. The Artificial Intelligence Debate：False Starts，Real Foundations，1989，4（2）：15-43.

[44] Hopfield J J. Neural networks and physical systems with emergent collective computational abilities[J]. PNSA，1982，79（8）：2554-2558.

[45] Hinton G E，McClelland J L，Rumelhart D E. Distributed Representations [M]. Hoboken：John Wiley & Sons，Ltd，2006.

[46] Brooks R A. Challenges for complete creature architectures//Meyer J A，Wilson S W. From Animals to Animats：Proceedings of the First International Conference on Simulation of Adaptive Behavior. Cambridge：MIT Press，1991：434-443.

[47] Rumelhart D E，Hinton G E，Williams R J. Learning representations by back propagating errors[J]. Nature，1986，323（6088）：533-536.

[48] Hinton G E，Salakhutdinov R R. Reducing the dimensionality of data with neural networks[J]Science，2006，313（5786）：504-507.

[49] Krizhevsky A，Sutskever I，Hinton G E. ImageNet classification with deep convolutional neural networks[J]. Advances in Neural Information Processing Systems，2012，25（2）：84-90.

[50] 赵静明. 人工智能研究需要新的理论突破——强人工智能实现的理论模型[J]. 电脑知识与技术，2007（16）：3.

[51] Church A. Hanson Norwood Russell. The Gödel theorem. An informal exposition. Notre Dame journal of formal logic，vol. 2（1961），pp. 94-110[J]. Journal of Symbolic Logic，2014，27（4）：471-472.

[52] 莱布尼茨. 莱布尼茨自然哲学著作选[M]. 祖庆年译. 北京：中国社会科学出版社，1985.

[53] 张家龙. 数理逻辑发展史——从莱布尼茨到哥德尔[M]. 北京：社会科学文献出版社，1993.

[54] Maurice L. Turing A. M. Practical forms of type theory[J]. Journal of Symbolic Logic，1949，14（3）：80-68.

[55] Saygin A P，Cicekli I，Akman V. Turing test：50 years later[J]. Minds and Machines，2000，10（4）：463-518.

[56] Naeini E Z，Prindle K，汪忠德. 机器学习和向机器学习[J]. 世界地震译丛，2019，50（5）：11.

[57] Lowe R，Noseworthy M，Serban I V，et al. Towards an automatic Turing test：learning to evaluate dialogue responses[J]. Artificial Intelligence，2017，12（5）：67-90.

[58] Kolers P A，Smythe W E. Symbol manipulation：alternatives to the computational view of mind[J]. Journal of Verbal Learning and Verbal Behavior，1984，23（3）：289-314.

[59] Newell A，Simon H A. GPS，a program that simulates human thought[J]. Readings in Cognitive Science，1988：453-460.

[60] Tajfel H，Billig M G，Bundy R P，et al. Social categorization and intergroup behaviour[J]. European Journal of Social Psychology，1971，1（2）：149-178.

[61] 谭红艳，李永礼. 具有非单调推理能力的三值逻辑系统 TL[J]. 兰州大学学报（自

然科学版），1992，（S1）：65-71.

［62］Moore G E. Cramming more components onto integrated circuits[J]. Proceedings of the IEEE，1998，86（1）：82-85.

［63］李祥，李广元. "中介逻辑" 与 Woodruff 三值逻辑系统[J]. 科学通报，1989，34（5）：329-332.

［64］Zadeh L A. Fuzzy sets[J]. Information & Control，1965，8（3）：338-353.

第五章　人机智能的分界

1997 年，"深蓝"对战卡斯帕罗夫的胜利，掀起了人工智能的潮流。然而，迄今的人工智能在智能水平和能力范围上与人类相比仍存在难以企及的差距，这使得它的发展受到了阻碍。究其原因，人类智能和机器智能之间存在无法跨越的界限。依赖于符号指向对象的机器只能进行封闭环境下的形式化计算，无法像人那样实现开放环境下的意向性算计，在这种背景下，人机优势互补显得尤为重要。当前人机的关系主要是硬性的功能分配，未来数字世界中人机关系更可能是柔性的能力分工。本章将详细探讨人工智能的瓶颈、智能的第一原理等问题，并且围绕这些问题对人机问题进行了更深入的思考，提出人机融合智能才是人工智能未来的发展方向。

第一节　人工智能的瓶颈

经常有人问这样的问题：未来数字世界中，人与智能机器是何种分工模式？人与机器的边界将如何划分？

实际上，当前人机的关系主要是功能分配，人把握主要方向，机处理精细过程，而未来的人机关系可能是某种能力的分工，机也可以把握某些不关键的方向，人也可以处理某些缜密的过程。人机的边界在于 should——"应"和

change——"变"，即如何实现适时的"弥"（散）与"聚"（焦）、"跨"（域）与"协"（同）、"反"（思）与"创"（造）。人类学习的秘密在于数据信息知识的弥散与聚焦（弥聚），人类使用数据信息知识的秘密在于跨域与协同（跨协），人类智能的核心在于反思与创造（反创）。人由内外两种态势感知系统耦合而成，内外两种态势感知系统共振时最强，抵消时最弱。另外，还有一个非智能（即智慧）影响决策系统：想不想、愿不愿、敢不敢、能不能……这些因素虽在智能领域之外，但对智能的影响很大。外在的态势感知是联结客观环境的眼耳鼻舌身等客观事实通道，内在的态势感知是联结主观想象环境的知情意等主观价值通道。AlphaGo 试图完成主观价值的客观事实化，可惜只完成了封闭环境下的形式化计算，并没有完成开放环境下的意向性算计，究其原因，在于传统映射思想是确定性的同质对应，远没有不确定性异质散射、漫射、映射的跨域变尺度的对应机制出现。

真正智能领域的瓶颈和难点之一是人-机-环境系统失调问题，具体体现在跨域协同中的"跨"与"协"如何有效实现的问题，这不但关系到解决各种辅助决策系统中"有态无势"（甚至是"无态无势"）的不足，而且涉及许多辅助决策系统"低效失能"的溯源。也许需要尝试把由认知域、物理域、信息域构成的基础理论域与由陆海空电网构成的技术域有机地结合起来，为实现跨域协同中的真实"跨"与有效"协"打下基础。人工智能中的强化学习不能够实现人类强化学习后的意图隐藏（比如小孩被强制学习后表面上顺从但实际上是隐藏玩耍的意图；另外，那些因为做了一项任务而得到奖励的人，可能没有那些因为做同样的任务而未得到奖励的人愉快，这是因为他们把他们的参与仅仅归因于奖励而不是情感与体验），机器深度学习容易实现局部优化却很难实现全局优化和泛化等。

电子计算机先驱凯伊（A. Kay）说："预测未来的最好办法就是创造未来。"判断力和洞察力，是广域生存的核心竞争优势。判断力和洞察力，常基于"直觉"。正是这样的直觉，使"企业家"完全不同于"管理者"，使"军事家"完全不同于"指挥员"。

　　研究复杂性问题是困难的，但把它分解成人–机–环境系统问题就相对简单一些，至少可以从人、机、环境角度去思考与理解；研究智能——这个复杂问题也是困难的，但同样也可以把它分解成人–机–环境系统问题来分析处理，人所要解决的是"做正确的事（杂）"，机所要解决的是"正确地做事（复）"，环境所要解决的是"提供做事平台（复杂）"。

第二节　智能的第一原理

一、计算与算计

　　休谟认为："一切科学都与人性有关，对人性的研究应是一切科学的基础。"任何科学都或多或少与人性有些关系，无论学科看似与人性相隔多远，它们最终都会以某种途径再次回归到人性中。科学尚且如此，包含科学的复杂分析过程更不用说。其中真实的智能有着双重含义：一个是事实形式上的含义，即通常说的理性行动和决策的逻辑，在资源稀缺的情况下，如何理智选择决策方式，使效用最大化；另一个是价值实质性含义，既不以理性的决策为前提，也不以稀缺条件为前提，仅指人类如何从其社会和自然环境中谋划，这个过程并不一定与效用最大化相关，更大程度上属于感性范畴。理性的力量有限，是因为在真实世界中，人的行为不仅受理性的影响，也有非理性的一面。对于人工智能而言，合乎伦理的设计应该是科幻成分多于科学成分、想象成分多于真实成分。

　　当前的人工智能及未来的智能科学研究具有两个致命的缺点：一是把数学等同于逻辑；二是把符号与对象的指代混淆。所以，人机融合深度态势感知的难点和瓶颈在于：一是（符号）表征的非符号性（可变性）；二是（逻辑）推理的非逻辑性（非真实性）；三是（客观）决策的非客观性（主观性）。

智能是一个复杂的系统，既包括计算也包括算计，一般而言，人工智能（机器）擅长客观事实（真理性）计算，人类智能优于主观价值（道理性）算计。当计算大于算计时，可以侧重人工智能；当算计大于计算时，应该偏向人类智能；当计算等于算计时，最好使用人机智能。费曼（R. P. Feynman）说："物理学家们只是力图解释那些不依赖于偶然的事件，但在现实世界中，我们试图去理解的事情大都取决于偶然。"但是人、机两者智能的核心都在于变，因时而变、因境而变、因法而变、因势而变……

如何实现人的算计（经验）与机的计算（模型）混合后的计算计系统呢？太极八卦图就是一个典型的计算计系统，有算有计，有性有量，有显有隐，计算交融，情理相依。其中的"与或非"逻辑既有人经验的，也有物（机）数据的，即人的价值性的"与或非"+机的事实性的"与或非"，人机融合智能及深度态势感知的任务之一就是要打开与、或、非门的狭隘，比如大与、小与，大或、小或，大非、小非，大是、小是，大应、小应。人的经验性概率与机器的事实性概率不同，它是一种价值性概率，可以穿透非家族相似性的壁垒，用其他领域的成败得失影响当前领域的态势感知，比如同情、共感、同理心、信任等。

人类智能的核心是意向指向的对象，机器智能的核心是符号指向的对象，人机智能的核心是意向指向对象与符号指向对象的结合问题。它们都是对存在的关涉，存在分为事实性的存在和价值性的存在，还有责任性的存在。

一般而言，数学解决的是等价与相容（包含）问题，然而这个世界的等价与相容（包含）又是非常复杂的，客观事实上的等价与主观价值上的等价常常不是一回事，客观事实上的相容（包含）与主观价值上的相容（包含）往往也不是一回事。于是世界应该是由事实与价值共同组成的，也即除了数学部分之外，还有非数之学部分构成。科学技术是建立在数学逻辑（公理逻辑）与实验验证基础上的相对理性部分，人文艺术、哲学宗教则是基于非数之学逻辑与想象揣测之上的相对感性部分。二者的结合使人类在自然界中得以不息地存在着。

某种意义上，数学就是解决哲学上 being（是、存在）的学问（如 1/2、2/4、4/8……等价、包含问题），但它远远没有甚至也不可能解决 should（应、义）的问题。例如，当自然哲学家试图在变动不居的自然中寻求永恒不变的本原时，巴门尼德（Parmenides of Elea）却发现没有哪种自然事物是永恒不变的，真正不变的只能是"存在"。在一个判断中（"S 是 P"），主词与宾词都是变动不居的，不变的唯有"是"（being）。换言之，一切事物都"是"、都"存在"，不过其中的事物总有一天将"不是""不存在"，然而"是"或"存在"却不会因为事物的生灭变化而发生变化，它是永恒不变的，这个"是"或"存在"就是使事物"是"或"存在"的根据，因而与探寻时间上在先的本原的宇宙论不同，巴门尼德所追问的主要是逻辑上在先的存在，它相当于我们所说的"本质"。这个"是"的一部分也许就是数学。

人、机、环境之间的关系既存在有向闭环也存在无向开环，既存在有向开环也存在无向闭环，自主系统大多是一种有向闭环行为。人-机-环境系统融合的计算计系统也许就是解决休谟问题的一个秘密通道，即通过人的算计结合机器的计算实现从"事实"向"价值"的"质的飞跃"。

有人认为："全场景智慧是一个技术的大融合。"实际上，这是指工程应用的一个方面，如果深究起来，其还是一个科学技术、人文艺术、哲学思想、伦理道德、习俗信仰等方面的人机环境系统大融合。较好的人机交互关系如同阴阳图一样，你中有我，我中有你，相互依存，相互平衡。

每个事物、每个人、每个字、每个字母……都可以看成一个事实+价值+责任的弥聚子，心理性反馈与生理性反馈、物理性反馈不同。感觉的逻辑与知觉的逻辑不同。对于知而言，概念就是图形；对于感而言，概念就是符号。从智能领域来看，没有所谓的不变的元，只有一直变化的元，元可以是一个很大的事物，比如太阳系、银河系都可以看成一个元单位，我们称之为智能弥聚子。

科学家们常常只是力图解释那些不依赖于偶然的事件，但在现实世界中，人-机-环境系统工程往往试图去理解的事情大都取决于一些偶然因素。维特根斯坦就此曾有过著名的评论："在整个现代世界观的根基之下存在一种幻觉，即所谓的自然法则就是对自然现象的解释。"基切尔（P. Kitcher）也一直试图复活用原因解释单个事件的观点，可是，无穷多的事物都可能影响一个事件，究竟哪个才应该被视作它的原因呢？更进一步讲，科学永远都不可能解释任何道德原则。在"是"与"应该"的问题之间似乎存在一道不可逾越的鸿沟。或许我们能够解释为什么人们认为有些事情应该做，或者说解释为什么人类进化到认定某些事情应该做，而其他事情却不能做，但是对于我们而言，超越这些基于生物学的道德法则依然是一个开放的问题。牛津大学教授彭罗斯（R. Penrose）也认为："在宇宙中根本听不到同一个节奏的'滴答滴答'声响。一些你认为将在未来发生的事情也许早在我的过去就已经发生了。两位观察者眼中的两个无关事件的发生顺序并不是固定不变的；也就是说，亚当可能会说事件 P 发生在事件 Q 之前，而夏娃也许会反驳说事件 P 发生在事件 Q 之后。在这种情形下，我们熟悉的那种清晰明朗的先后关系——过去引发现在，而现在又引发未来——彻底瓦解了。没错，事实上所谓的因果关系（causality）在此也彻底瓦解了。"[1]也许有一种东西，并且只有这种东西恒久不变，它先于这个世界而存在，而且也将存在于这个世界自身的组织结构之中，它就是——"变"。

从某种意义上讲，智能是文化的产物，人类的每个概念和知识都是动态的，而且只有在实践的活动中才可能产生多个与其他概念和知识的关联虫洞，进而实现其"活"的状态及"生"的趋势。同时，这些概念和知识又会保持一定的稳定性与继承性，以便在不断演化中保持类基因的不变性。时间和空间是一切作为知识概念的可能条件，同时也是许多原理的限制，即它们不能与存在的自然本身完全一致。可能性的关键在于前提和条件，一般人们常常关注可能性，而忽略关注其约束和范围。我们通常把自己局限在那些只与范畴相关的原理之上，很多与范畴无关的原理得不到注意。实际上，人-机-环境系统中的态、势、感、知都有弹性，而关于心灵的纯粹物理概念的一个问题是，它似乎没有给自由意志留多少空间：如果心灵完全由物理法则支配，那么它的自由意志就像一块"决定"落向地心的石头一样。所有的智能都与人-机-环境系统有关，人工智能的优点在于缝合，而人工智能的缺点在于割裂，不考虑人、环境的单纯的人工智能软件、硬件就是刻舟求剑、盲人摸象……简单地说，就是自动化。

人的学习由初期的灌输及更重要的后期环境触发的交互学、习构成，机器缺乏后期的能力。人的学习不仅是事实与价值的混合性学习，而且是权重调整性动态学习。人的记忆也是自适应性，随人-机-环境系统而变化，不时会找到以前没注意到的特征。通过学习，人可以把态转为势，把感化成知，机器好像也可以，只不过大都是脱离环境变化的"死"势"僵"知。聪明反被聪明误有时是人的因素，有时是环境变化的因素。我们生活在一个复杂系统中，在这种系统中有许多互相作用的变主体（agent）和变客体。人机融合中有多个环节，有些适合人做，有些适合机做，有些适合人机共做，有些适合等待任务发生波动后再做。如何确定这些分工及匹配很重要，例如，如何在态势中感知？或在一串感知中生成态势？从时间维度上如何进行态、势、感、知？从空间维度上如何进行态、势、感、知？从价值维度上如何进行态、势、感、知？

那么，如何实现有向的人机融合与深度的态势感知呢？一是"泛事实"的有向性，如国际象棋、围棋中的规则规定、统计概率、约束条件等用到的量的有向性，人类学习、机器学习中用到的运算法则、理性推导的有向性等，这些都是有向性的例子。尽管这里的问题大有不同，但是它们都只有正、负两个方向，而且之间的夹角并不大，因此称为"泛事实"的有向性。这种在数学与物理中广泛使用的有向性便于计算。二是"泛价值"的有向性，亦即我们在主观意向性分析、判断中常用到的但不便测量的有向性。这里的向量有无穷多个方向，而且两个方向不同的向量相加通常得到一个方向上不同的向量。因此，我们称之为"泛价值"的有向性。这种"泛向"的有向数学模型，对于我们来说方向太多，不便应用。然而，正是由于"泛价值"具有向量的可加性与"泛物"有向性的二值性，启示我们研究一种既有二值有向性又有可加性的认知量。一维空间的有向距离、二维空间的有向面积、三维空间乃至一般的 N 维空间的有向体积等都是这种几何量的例子。一般地，我们把带有方向的度量称为有向度量。态势感知中的态是"泛事实"的有向性，势是"泛价值"的有向性，感是"泛事实"的有向性，知是"泛价值"的有向性。人机关系有点像量子纠缠，常常不是"有或无"的问题，而是"有与无"的问题。有无相生，"有"可以计算，"无"可以算计，"有与无"可以计算计。所以，未来的军事人机融合指控系统中，一定要有人类参谋和机器参谋，一个负责"有"的计算，一个处理"无"的算计，形成指控"计算计"系统，既能从直观上把握事物，还能从间接中理解规律。

西方发展起来的科学侧重于对真理的探求，常常被分为两大类：理论的科学和实践的科学。前者的目的是探寻知识及真理，后者则寻求通过人的行动控制对象。这两者具体表现在这样一个对真理的证明体系的探求上：形式意义上的真理（工具论——逻辑）、实证意义上的真理（物理——经验世界）、批判意义上的真理（后物理学——形而上学）。俞吾金认为，迄今的西方形而上学发展史是由以下三次翻转构成的：首先是以笛卡儿、康德、黑格尔为代表的"主体性形而上学"对柏拉图主义的"在场形而上学"的翻转；其次是在"主体性形而上学"的内部，以叔本华、尼采为代表的"意志形而上学"对以笛卡儿、康德、黑格尔为代表的"主体性形而上学"的翻转；最后是后期海德格尔的"世界之四重整体（天地神人）的形而上学"对其前期的"此在形而上学"的翻转。通过这三次翻转，我们可以引申出这样的结论：智能是一种人-机-环境系统的交互，不但涉及理性及逻辑的研究，还包括感性和非逻辑的浸入，当前的人工智能仅仅是统计概率性混合了人类认知机理的自动化体系，还远远没有进入真正智能领域的探索。若要达到真正的智能研究，就必须超越现有的人工智能框架，形成事实与价值、人智与机智、叙述与证明、计算与算计混合的计算计系统。

自此，真正的智能将不仅能在叙述的框架中讲道理，而且应能在证明的体系中讲真理；不仅能在对世界的感性体验中言说散文性的诗性智慧以满足情感的需要，而且能在对世界的理智把握中表达逻辑性的分析智慧以满足科学精神的要求，那时智能才能真正克服危机——人性的危机。

在真实的人-机-环境系统交互领域，人的态势感知、机器的物理态势感知、环境的地理态势感知等往往同构于统一时空中（人的五种感知也应是并行的），人注意的切换使人的态势感知在不同的主题与背景下具有不同的感受或体验。在人的行为环境与机的物理环境、地理环境相互作用的过程中，人的态势感知被视为一个开放的系统，是一个整体，其行为特征并非由人的元素单独决定，而是取决于人-机-环境系统整体的内在特征，人的态势感知及其行为只不过是这个整体中的一部分罢了。另外，人机环境中许多个闭环系统常常是并行或嵌套的，并且在特定情境下这些闭环系统的不同反馈环节信息又往往交叉混合在一起，起着或兴奋或抑制的作用，不但有类似宗教情感类的柔性反馈，不妨称之为软调节反馈，人常常会延迟控制不同情感的释放；也存在类似法律强制类的刚性反馈，不妨称之为硬调节反馈，常规意义上的自动控制反馈大都属于这类反馈。如何快速化繁为简、化虚为实是衡量一个人机系统稳定性、有效性、可靠性的主要标志，是用数学方法的快速搜索比对还是运筹学的优化修剪计算，这是一个值得人工智能领域探究的问题。

在充满变数的人-机-环境系统中，存在的逻辑不是主客观的必然性和确定性，而是与各种可能性保持互动的同步性，是一种得"意"忘"形"的见招拆招和随机应变能力。这种思维和能力可能更适合人类的各种复杂艺术过程。凡此种种，恰恰是人工智能所欠缺的地方。

2021 年 5 月 28 日，习近平总书记出席中国科学院第二十次院士大会、中国工程院第十五次院士大会、中国科协第十次全国代表大会并发表重要讲话，他指出，"科技创新速度显著加快，以信息技术、人工智能为代表的新兴科技快速发展，大大拓展了时间、空间和人们认知范围，人类正在进入一个'人机物'三元融合的万物智能互联时代"[2]。人机智能是人-机-环境系统相互作用而产生的新型智能系统，其与人的智慧、人工智能的差异具体表现在三个方面：首先，在融合智能输入端，它把设备传感器客观采集的数据与人主观感知到的信息结合起来，形成一种新的输入方式；其次，在智能的数据／信息中间处理过程，机器数据计算与人的信息认知相融合，构建起一种独特的理解途径；最后，在智能输出端，它将结果与人的价值决策相匹配，形成概率化与规则化有机协调的优化判断。人机融合智能是一种广义上的"群体"智能形式，这里的人不仅包括个人，还包括众人，机不但包括机器装备，还涉及机制机理。此外，还关联自然/社会环境、真实/虚拟环境、网络/电磁环境等。

二、有关人机几个问题的思考

（1）人-机-环境系统中是不是要先考虑任务目标？任务的模型该考虑哪些关键要素？

从多维度到变维度，从多尺度到变尺度，从多关系到变关系，从多推理到变推理，从多决策到变决策，从多边界条件到变边界条件，都是任务模型需要考虑的关键因素。神经中的序可以装任何东西，并可进行泛化成为新的序。任务需求是智能的目的，一切行为都是任务和目标驱动的。任务模型的基础是 5W2H（who、where、when、what、why、how、how much），并结合各服务领域的关键要素展开，进行事实性与价值性混合观察、判断、分析、执行[3]。

（2）人机融合是不是要对人、机建模？若是，人和机的模型，要考虑哪些关键因素？

人和机的融合肯定是基于场景和任务（事件）的，要考虑输入、处理、输出、反馈、系统及其影响因素等，具体如下：①客观数据与主观信息、知识的弹性输入——灵活的表征；②公理与非公理推理的有机融合——有效的处理；③责任性判断与无风险性决策的无缝衔接——虚实互补的输出；④人类反思与机器反馈之间的相互协同调整；⑤深度态势感知与其逆向资源管理过程的双向平衡；⑥人机之间的透明信任机制生成；⑦机器常识与人类常识的差异；⑧人机之间可解释性的阈值；⑨机器终身学习的范围/内容与人类学习的不同。

（3）衡量人机融合（人机高效协作）的关键指标是什么？

粗略地说，可分别从人、机和任务三个方面研讨：人-机-环境系统高效协同的关键指标在于三者运行绩效中的反应时、准确率，具体体现在计划协同、动作协同，特别是跨组织实现步调上的协同，当然还有资源、成本的协同等方面。比如人的主动、辩证、平衡能力，机的精确、逻辑、快速功能，任务的弹性、变化、整体要求[4]。如何有机地把人、机、任务的这些特点融入系统协同的反应时、准确率两大指标之中呢？这又是一个关键问题。

（4）从认知工程的智能系统框架以及中西方的基础理论来看，哪些是未来认知功能具备可工程化的能力框架？哪些是尚不具备工程化的认知功能？

简单地说，就是计算部分与算计部分之分。未来认知功能具备可工程化的能力框架在于软硬件计算功能的快速、精确、大存储量的进一步提高，尚不具备工程化的认知功能的提高在于反映规划、组织、协同算计谋划能力的知几、趣时、变通得到明显改善。智，常常在可判定性领域里存在；能，往往存在于可计算性领域。认知工程的瓶颈和矛盾在于：总想用逻辑的手段解决非逻辑问题，例如试图用形式化的手段解决意向性的问题。计算是算计的产物，计算常是算计的简化版，不能体现出算计中主动、辩证、矛盾的价值。计算可以处理关键场景的特征函数，但较难解决基本场景的对应规则，更难对付任意场景的统计概率，可惜特征函数针对的还仅仅只是场景，尚远未涉及情境和意识。计算常常是针对状态参数和属性的（客观数据和事实），算计则是一种趋势和关系之间的谋划（根据主观价值的出谋划策），所以在态势感知中，态与感侧重计算推理，势和知偏向算计谋划。计算计最大的特点就是异、易的事实价值并行不悖。人类的符号主义、联结主义、行为主义、机制主义是多层次多角度甚至是变层次变角度的，相比之下，机器的符号主义、联结主义、行为主义、机制主义是单层次单角度以及是固定层次固定角度的。人类思维的本质是随机应变的程序，也是可实时创造的程序，其能够解释符号主义、联结主义、行为主义、机制主义之间的联系并能够打通这些联系，实现综合处理。达文波特（T. H. Davenport）认为，人类的某种智能行为一旦被拆解成明确的步骤、规则和算法，它就不再专属于人类了。这在根本上就涉及一个基本问题，即科学发现如何成为一个可以被研究的问题[5]。

第三节　人机融合智能是人工智能未来的发展方向

人机融合智能有两大难点：理解与反思。人是弱态强势，机是强态弱势，人是弱感强知，机是强感弱知。人机之间目前还未达到如相声界可以一逗一捧的配合程度，因为还没有单向理解机制出现，具有幽默感的机器的出现的时间还遥遥无期。乒乓球比赛中运动员的算到做到、心理不影响技术（想赢不怕输）、如何调度自己的心理进入最佳状态、关键时刻心理的坚强与信念的坚定等，这都是机器难以产生出来的生命特征。此外，人机之间配合必须有组合预期策略，尤其是合适的第二、第三预期策略。自信心是匹配训练出来的，人机之间信任链的产生过程常常是：陌生—不信任—弱信任—较信任—信任—较强信任—强信任。没有信任就不会产生期望，没有期望就会人机失调，而单纯的一次期望匹配很难达成融合，所以第二、第三预期的符合程度很可能是人机融合一致性的关键问题[6]。人机信任链形成的前提是人要自信（这种自信心也是训练出来的），其次才能产生他信和信他机制，信他与他信涉及多阶预期问题。若 being

是语法，should 就是语义，二者中和相加就是语用，人机融合是语法与语义、离散与连续、明晰与粗略、自组织与他组织、自学习与他学习、自适应与他适应、自主化与智能化相结合的无身认知+具身认知共同体、算+法混合体、形式系统+非形式系统的化合物。反应时与准确率是人机融合智能好坏的重要指标。人机融合就是机-机融合，机器的机理+人脑的机制；人机融合也是人人融合，人情义+人理智。

　　人工智能相对是硬智，人的智能相对是软智，人机智能的融合则是软硬智。通用的、强的、超级的智能都是软硬智，所以人机融合智能是未来，但融合机理机制还远未搞清楚，更令人恍惚的是一不留神，不但人进化了不少，机也变化得太快。个体与群体行为的异质性，不仅体现在经济学、心理学领域，而且还是智能领域最为重要的问题之一。现在主流的智能科学在犯一个以前经济学犯过的错误，即把人看成是理性人，殊不知，人是活的人，智是活的智，人有欲望、动机、信念、情感、意识，而数学性的人工智能目前对此还无能为力。如何融合这些元素，使之从冰冻的生硬的状态转化为温暖的柔性的情形，应该是衡量智能是否智能的主要标准和尺度，同时也是目前人工智能很难跳出人工的瓶颈和痛点，只有钢筋没有混凝土。经济学融入心理学后即可使理性经济学家变为感性经济学家，而当前的智能科学仅仅融入心理学是不够的，还需要融入社会学、哲学、人文学、艺术等方能做到"通情达理"，进而实现由当前理性智能人的状态演进成自然智能人的形势。智能中的意向性是由事实和价值共同产生出来的，内隐时为意识，外显时叫关系。从这个意义上说，数学的形式化也许会有损于智能，维特根斯坦认为，形式是结构的可能性。对象是稳定的东西，持续存在的东西；配置则是变动的东西，非持久的东西。维特根斯坦还认为，我们不能从当前的事情推导出将来的事情。迷信恰恰相信因果关系，也就是说，基本的事态或事实之间不存在因果关系。只有不具有任何结构的东西才可以永远稳定不灭、持续存在，而任何有结构的东西都必然是不稳定的、可以毁灭的。因为当它们的组成成分不再依原有的方式组合在一起的时候，它们也就不复存在了。事实上，在每个传统的选择（匹配）背后都隐藏着两个假设：程序不变性和描述不变性。这两者也是造成期望效用描述不够深刻的原因之一。程序不变性表明对前景和行为的偏好并不依赖于推导出这些偏好的方式（如偏好反转），而描述不变性规定对被选事物的偏好并不依赖于对这些被选事物的描述。

人机融合智能难题，即机器的自主程度越高，人类对态势的感知程度越低，人机之间接管任务顺畅的难度也越大，不妨称之为"生理负荷下降、心理认知负荷增加"现象。如何破解这个难题呢？有经验的人常常会抓住主任务中的关键薄弱环节，在危险情境中提高警觉性和注意力，以防意外，随时准备接管机器自动化操作，也可以此训练新手，进而形成真实敏锐地把握事故的兆头、恰当地把握处理时机、准确地随机应变能力，并在实践中不断磨砺训练增强[7]。即便如此，如何在非典型、非意外情境中解决人机交互难题仍需要进一步探讨。

算计需要的是发散思维，计算需要的是缜密思维，这是两种截然不同的思维方式，这两种方式同时发生在某个复杂过程中是小概率的事件，由此带来的直接后果就是，复杂领域的突破也只能是小概率的事件[8]。对待场景中的变化，机器智能可以处理重复性相同的"变"，人类智能能够理解杂乱相似性（甚至不相似）的"变"，更重要的是还能够适时地进行"化"，其中"随动"效应是人类计算计的一个突出特点，除了计算计，人类还有一个更厉害的"武器"——"主动"。

有人说："自动化的最大悖论在于，使人类免于劳动的愿望总是给人类带来新的任务。"解决三体以上的科学问题是非常困难的，概念就是一个超三体的问题：变尺度、变时空、变表征、变推理、变反馈、变规则、变概率、变决策、变态势、变感知、变关系……犹如速度与加速度之间的关系映射一般，反映着智能的边界。有效概念的认知是怎样产生的，这是一个值得思考的问题。多，意味着差异的存在；变，意味着非存在的有；复杂，意味着反直观特性；

自组织/自相似/自适应/自学习/自演进/自评估，意味着系统的智能……人机环境网络中重要/不重要节点的隐匿与恢复是造成全局态势有无的关键，好的语言学家与好的数学家相似：少计算多算计，知道怎么做时计算，不知道怎么做时算计，算计是从战略到策略的多逻辑组合。人机融合的计算计机制犹如树藤相绕的多螺旋结构，始于技术，成于管理。如果说计算是科学的，算计是艺术的，那么计算计就是科学与艺术的。

价值不同于事实之处在于，其可以站在时间的另一端看待发生的各种条件维度及其变化。仅仅是机器智能就永远无法理解现实，因为它们只操纵不包含语义的语法符号[9]。系统论的核心词是突显（整体大于部分），偏向价值性 should 关系；控制论的核心词是反馈（结果影响原因），侧重事实性 being 作用。耗散结构论的核心词是开放性自组织（从非平衡到平衡），强调从 being 到 should 的过程。控制论中的反馈是极简单的结果影响（下一个）原因的问题，距离人类的反思这种复杂的"因果"（超时空情境）问题很遥远。算计是关于人-机-环境系统功能力（功能+能力）价值性结构的谋划，而不是单事实逻辑连续的计算，计算-算计正是关于正在结构中事实-价值-责任-情感多逻辑组合连续处理过程，人机融合智能难题的实质也就是计算-算计的平衡。

人机融合智能是人工智能发展的必经之路，其中既需要新的理论方法，也需要对人、机、环境之间的关系进行新的探索。人工智能的热度不断增加，越来越多的产品走进人们的生活之中。但是，强人工智能依然没有实现，如何将人的算计智能迁移到机器中，这是一个必然要解决的问题。我们已经从认知角度构建了认知模型或者从意识的角度构建了计算-算计模型，这都是对人的认知思维的尝试性理解和模拟，以期望实现人的算计能力[9]。计算-算计模型的研究不仅需要考虑机器技术的飞速发展，还要考虑交互主体（即人的思维和认知方式），让机器与人各司其职，互相融合促进，这才是人机融合智能的前景和趋势[10]。

本章参考文献

[1] 罗杰·彭罗斯. 宇宙的轮回[M]. 李泳译. 长沙：湖南科学技术出版社，2014.

[2] 习近平. 在中国科学院第二十次院士大会、中国工程院第十五次院士大会、中国科协第十次全国代表大会上的讲话[M]. 北京：人民出版社，2021.

[3] 刘伟. 人机融合：超越人工智能[M]. 北京：清华大学出版社，2021.

[4] 刘伟. 追问人工智能：从剑桥到北京[M]. 北京：科学出版社，2019.

[5] 刘伟. 关于人工智能若干重要问题的思考[J]. 人民论坛·学术前沿，2016，（7）：6-11.

[6] 刘伟，王目宣. 浅谈人工智能与游戏思维[J]. 科学与社会，2016，（3）：86-103.

[7] 刘伟. 关于指挥与控制系统的再思考[J]. 指挥与控制学报，2015，（2）：238-240.

[8] 刘伟. 军事智能化的瓶颈与关键问题研究[J]. 人民论坛·学术前沿，2021，（10）：30-34.

[9] 刘伟. 人机混合智能是未来智能领域的发展方向[J]. 科学新闻，2021，（6）：40-43.

[10] 刘伟，赵路. 对人工智能若干伦理问题的思考[J]. 科学与社会，2018，（1）：40-48.

第六章　人机融合决策实例分析

第一节　机器决策过程

一、马尔可夫链

马尔可夫链（Markov chain）（图 6-1）或马尔可夫过程是描述一系列可能事件的随机模型，其中每个事件的概率仅取决于前一个事件所达到的状态[1-3]。通俗地说，这可以被认为是"接下来会发生什么只取决于现在的事态"。马尔可夫链以离散时间步长移动状态的可数无限序列给出离散时间马尔可夫链（discrete-time Markov chain，DTMC）。连续时间过程称为连续时间马尔可夫链（continuous-time Markov chain，CTMC）。马尔可夫链以俄罗斯数学家安德烈·马尔可夫（A. Markov）的名字命名。马尔可夫链作为现实世界过程的统计模型有许多应用[4-6]，如研究机动车辆中的巡航控制系统、到达机场的客户队列或行李队列、货币汇率和动物种群动态[7]，马尔可夫过程是称为马尔可夫链蒙特卡罗的一般随机模拟方法的基础，用于模拟复杂概率分布的采样，并已应用于贝叶斯统计、热力学、统计力学、物理学、化学、经济学、金融、信号处理、信息论和语音处理领域。

马尔可夫奖励过程（Markov reward process）（图 6-2）是一个随机过程，

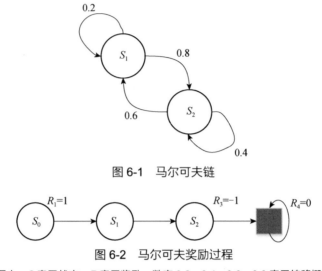

图 6-1　马尔可夫链

图 6-2　马尔可夫奖励过程

图中，S 表示状态，R 表示奖励，数字 0.2、0.4、0.6、0.8 表示转移概率

它通过向每个状态添加奖励率来扩展马尔可夫链或连续时间马尔可夫链[8]。一个额外的变量记录了截至当前时间累积的奖励。模型中感兴趣的特征包括给定时间的预期奖励和累积给定奖励的预期时间[9]。这些模型通常在马尔可夫决策过程（Markov decision process，MDP）的背景下进行研究，其中决策策略会影响收到的奖励。

二、马尔可夫决策过程

在数学中，马尔可夫决策过程是一种离散时间随机控制过程。它提供了一个数学框架，用于在结果部分随机且部分受决策者控制的情况下对决策进行建模。马尔可夫决策过程对于研究通过动态规划解决的优化问题很有用。马尔可夫决策过程的核心研究成果源自霍华德（R. A. Howard）1960 年出版的著作《动态规划和马尔可夫过程》（*Dynamic Programming and Markov Processes*）[10]。它被用于许多学科（包括机器人学、自动控制、经济学）和制造业。

在每个时间步，过程处于某个状态 S，决策者可以选择任何在状态 S 可用的动作 A。该过程在下一个时间步通过随机进入新状态 S' 做出响应，并给予决策者相应的奖励。

进程进入新状态 S' 的概率受所选动作的影响。具体来说，它由状态转换函数给出。因此，下一个状态 S' 取决于当前状态 S 和决策者的行动 A。但是给定 S 和 A，它有条件地独立于所有先前的状态和动作；换句话说，马尔可夫决策过程的状态转移满足马尔可夫性质。

马尔可夫决策过程是马尔可夫链的延伸，不同之处在于增加了决策和奖励。相反，如果每个状态只存在一个动作，并且所有奖励都相同（如奖励都为 0），则马尔可夫决策过程会简化为马尔可夫链。

一个马尔可夫决策过程（图 6-3）被定义为一个五元组（S, A, R, P, γ），S 是一组可能的状态，A 是一组待执行的动作，R 是奖励函数，P 是概率转移函数，γ 指代折扣率（人在长期和短期的目标中更偏向于执行短期的目标，所以离当前时间越近的奖励将得到越大的权重；相应地，离当前时间越远的奖励，在折扣率的作用下对当前的影响会很小）。

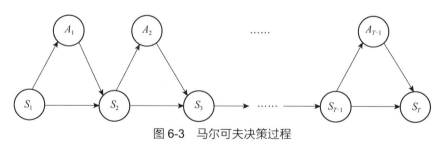

图 6-3　马尔可夫决策过程

三、求解马尔可夫决策问题

动态规划允许通过分解为更简单的子问题来解决复杂问题，解决这些子问题可以提供主要复杂问题的解决方案。动态规划的子问题有两个属性：①分治意味着将一个更大、更复杂的问题分成更小、更简单的子问题，如将 4 分解为 2+2；②信息重用（在编程领域会被称作空间换时间）意味着使用已经可用的信息来解决重复出现的子问题。

落实到公式上即为贝尔曼方程，我们需要找到满足贝尔曼方程的价值函数。一旦找到了最优值函数，那么我们就可以通过简单地做出最大化奖励的动作来找到最优策略。

强化学习是机器学习的一个领域，它是关于在特定情况下采取适当的行动来最大化奖励。很多时候它被用来寻找在特定情况下应该采取的最佳策略或路径。强化学习与监督学习的不同之处在于：在监督学习中，训练数据具有标签，因此模型本身使用正确标签进行训练；而在强化学习中，没有人为给定的标签，智能体需要在没有训练数据集的情况下从经验中学习。

强化学习的过程常常可以被建模为马尔可夫决策过程，可以基于贝尔曼方程求解，而求解强化学习问题的方法又会被细分为几类：在线学习（on-policy）、离线学习（off-policy）、基于价值（value-based）求解、基于策略（policy-based）求解。以上方法可以互相组合，以得到较优解。

在基于策略的方法中，我们显式地构建策略的表示（映射），并在学习期间将其保存在内存中。在基于价值的方法中，我们不存储任何显式策略，只存储一个值函数。基于价值的策略在这里是隐式的，可以直接从价值函数中导出（选择具有最大价值的动作）。

要了解在线学习和离线学习之间的区别，就需要了解强化学习算法的两个阶段：训练阶段和执行阶段。在线学习和离线学习算法之间的区别仅涉及训练阶段。在训练阶段，强化学习代理需要学习最优值（或策略）函数的估计。鉴于智能体仍然不知道最优策略，它通常表现得不是最优的。在训练期间，智能体面临探索或利用先前经验的两难选择。在强化学习场景中，探索和利用先前经验是不同的概念：探索是选择和执行可能不是最优的动作，而利用先前经验是选择执行根据智能体的经验采取的最佳行动（即根据智能体当前对最优策略的最佳估计）。在训练阶段，智能体需要探索和利用先前经验：需要探索来发现更多关于最优策略的信息，但也需要利用先前经验来更多地了解已经访问过的和部分已知的环境状态。因此，在学习阶段，智能体不能只利用已经访问过的状态，还需要探索可能未访问过的状态。为了探索可能未访问过的状态，智能体通常需要执行次优操作。离线学习的算法在训练期间使用的策略不同于最终需要估计的最优策略；而在线学习的算法在训练期间直接使用当前最新策略做出决策，如 Q 学习（离线策略）[Q-learning（off-policy）][11]算法和状态-操作-奖励-状态-操作（在线策略）[state-action-reward-state-action，SARSA（on-policy）][12]，可以在图 6-4 中看出 SARSA 算法得到的路径比 Q-learning 得到的更为保守，而只有 Q-learning 得到了最短路径。

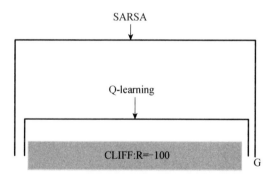

图 6-4　SARSA 算法和 Q-learning 算法因训练方法差异在 Cliff 环境下得到不同结果
图中，CLIFF 全称为 command，line interface formulation framework，中文释义为命令行接口制定框架

四、深度强化学习

深度 Q 网络（deep Q network，DQN）是在 Q-learning 的基础上通过神经

网络来进行价值函数的预测，借助深层网络的拟合作用，可以适应更多复杂环境的输入，如智能视频游戏的模拟[13]。深度 Q 网络不是特定神经网络构建的特定名称，它可能由卷积神经网络和其他使用特定方法学习各种过程的结构组成。

深度学习的最新进展使得从原始感官数据中提取高级特征成为可能，从而导致计算机视觉和语音识别的突破，人们会想类似的技术是否也对强化学习有益。然而，从深度学习的角度来看，强化学习提出了一些挑战。一方面，迄今大多数成功的深度学习应用都需要大量手工标记的训练数据；另一方面，强化学习算法必须能够从稀疏、嘈杂和延迟的标量奖励信号中学习。与监督学习中发现的输入和目标之间的直接关联相比，行动和结果奖励之间的延迟可能长达数千个时间步长。另一个问题是大多数深度学习算法都假设数据样本是独立的，而在强化学习（图 6-5）中，人们通常会遇到高度相关的状态序列。此外，在强化学习中，数据分布会随着算法学习新行为而变化，这对于假定固定基础分布的深度学习方法来说可能会有问题。

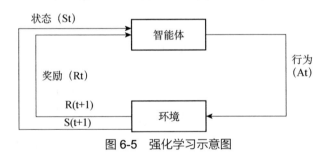

图 6-5　强化学习示意图

深度 Q 网络被证明能够基于卷积神经网络克服上述提到的挑战，在复杂的强化学习环境下从原始视频数据中学习成功的控制策略。该网络使用 Q-learning 算法的变体进行训练，使用随机梯度下降来更新权重。为了缓解相关数据和非平稳分布的问题，使用了一种经验重放机制[14]，Q-learning 对非数据的转换采用随机采样，从而对过去行为的训练分布进行平滑处理。

五、策略梯度方法

强化学习智能体的目标是在遵循策略 π 时最大化预期奖励。与任何机器学习设置一样，我们定义了一组参数 θ 来参数化策略（为简洁起见，也写为 π）。如果我们将给定轨迹 τ 的总奖励表示为 $r(\tau)$，可以得到以下定义。

所有有限的马尔可夫决策过程都有至少一个最优策略（可以提供最大奖励），并且在所有最优策略中至少有一个是固定的和确定性的。像任何其他机器学习问题一样，如果我们能找到使目标函数最大化的参数 θ^*，我们就解决了这个问题。在机器学习文献中解决这个最大化问题的标准方法是使用梯度上升（或下降）。在无模型强化学习或模型不可微分的场景中，常常使用蒙特卡罗方法得到一个价值的期望来进行梯度上升或下降，尽可能找到近似的梯度进行训练。

在深度 Q 网络论文[13]中将此方法应用于 Atari2600 游戏，网络没有提供任何特定于游戏的信息或手工设计的视觉特征，也不知道模拟器的内部状态；智能体就像人类玩家一样只从视频输入、奖励和终端信号以及一组可能的动作中学习。此外，网络架构和用于训练的所有超参数在游戏中保持不变。深度 Q 网络在作者尝试过的七场比赛中有六场的表现优于所有以前的强化学习算法，并且在其中三场比赛中超过了专业的人类玩家。

六、AlphaGo

围棋因其复杂性被誉为最具挑战性的人工智能经典游戏。尽管经过数十年的努力，最强大的围棋计算机程序也只能达到人类业余爱好者的水平。传统方法使用搜索树测试所有可能的走法，无法处理大量可能的围棋走法或评估每个可能的棋盘位置的强度。

DeepMind 创建了 AlphaGo[15]，这是一种将高级搜索树与深度神经网络相结合的计算机程序。这些神经网络将围棋棋盘的描述作为输入，并通过包含数百万个神经元连接的多个不同网络层对其进行处理。一个神经网络，即"策略网络"，选择下一步行动。另一个神经网络，即"价值网络"，预测游戏的获胜者。价值网络将 AlphaGo 引入众多业余游戏中，以帮助它培养对人类游戏的理解。然后让它与自己的不同版本对战数千次，每次都从错误中吸取教训。随着时间的推移，AlphaGo 不断进步，在学习和决策方面变得越来越强大。一年后，DeepMind 在 AlphaGo 的基础上改进，去除了模仿学习的预训练过程，使 AlphaGo Zero[16]在不使用人类先验知识的情况下完全掌握了围棋并击败了 AlphaGo。之后的 Alpha 系列又通过改进实现了不同棋类游戏上的成功，并迁移到《星际争霸》这类复杂的决策游戏。

第二节　人类学习过程对机器决策的指导作用

一、基于人类认知模型构建机器学习算法

深度学习的先驱之一本吉奥（Y. Bengio）在 2019 年神经信息处理系统大会（Neural Information Processing Systems 2019，NeurIPS 2019）的开场白中说："有些人认为，只需要增加数据集的大小、模型的大小、计算机的速度，就足以让我们拥有更强的大脑。"这代表了当前人工智能研究的主要问题之一。人工神经网络已被证明在检测大型数据集中的模式方面非常有效，它们可以以可扩展的方式做到这一点。大多数情况下，增加神经网络的规模并在更大的注释数据集上进行训练将提高它们的准确性（尽管是以对数方式）。这种特性造成了一种"越大越好"的心态，促使一些人工智能研究人员通过创建越来越大

的人工智能模型和数据集来寻求改进与突破。虽然可以说大小是一个因素，而且我们仍然没有任何神经网络可以与人脑的 1000 亿个神经元结构相匹配，但当前的人工智能系统存在缺陷，这些缺陷无法通过扩大它们来解决。我们以非常有限的方式训练的机器，它们需要示例比人类智能更多的数据来学习任务。例如，经过训练可以玩棋盘游戏或视频游戏的人工智能系统将无法做任何其他事情，甚至无法玩其他略有不同的游戏。此外，在大多数情况下，深度学习算法需要数百万个示例来学习任务。一个例子是 OpenAI 的 Dota 神经网络，它需要 45 000 年的游戏时间才能击败世界冠军，这比任何一个人（或 10 个人、100个人）一生中玩游戏的时间都要多。Aristo 是艾伦人工智能研究所（Allen Institute for AI）开发的系统，需要 300 吉字节的科学文章和知识图谱才能回答 8 年级水平的多项选择科学问题。当前的深度学习系统会犯愚蠢的错误且对分布的变化不是很稳健，这是当前人工智能系统的主要关注点之一。神经网络容易受到对抗性示例的影响，数据扰动会导致人工智能系统以不稳定的方式运行。对抗性漏洞很难修复，在敏感领域尤其具有破坏性，错误可能会造成致命后果。

尽管存在局限性，但当前的深度学习技术复制了自然智能的一个基本组成部分，本吉奥将其称为"系统 1"认知。"系统 1"是我们凭直觉、无意识地做的事情，无法用语言解释，就行为而言，是习惯性的事情。这就是当前的深度学习所擅长的。Coursera 联合创始人、百度人工智能和谷歌前负责人吴恩达表示，如果一个普通人可以用不到一秒钟的思考来完成一项脑力工作，那么我们现在或不久的将来就可以使用人工智能将其自动化。深度学习已经创造了许多有用的"系统 1"应用程序，尤其是在计算机视觉领域。人工智能算法现在执行图像分类、对象检测和面部识别等任务的准确度通常超过人类。语音识别和语音转文本是当前深度学习系统表现出色的其他领域。但是，即使在深度学习取得实质性进展的领域，"系统 1"的运作情况也存在局限性。本吉奥是这样解释"系统 1"和"系统 2"的区别的，想象一下在一个熟悉的街区开车，通常，你可以使用已经见过数百次的视觉线索，下意识地在该区域中导航，你无须遵循指示，甚至可以与其他乘客交谈，而不必过多关注你的驾驶。但是当你搬到一个新的区域，面对不熟悉的街道、新的景点时，你必须更多地关注路牌，使用地图并借助其他指标来找到你的目的地。后一种情况是"系统2"认知发挥作用的地方。它帮助人类将以前获得的知识和经验推广到新的环境中。我们用"系统2"做的事情包括编程。所以我们想出了算法，我们可以计划、推理、使用逻辑，通常情况下，如果和计算机处理问题的速度对比，人类处理问题的速度相对慢很多。人工智能能够实现自动化也是我们希望未来的深度学习能够做到的事情。

深度学习的局限性和挑战是有据可查的。在过去的几年里，有很多关于这方面的讨论，并且有各种努力来解决个别问题，例如创建可解释且数据需求较少的人工智能系统。该领域的一些举措涉及符号人工智能元素的使用，这是在深度学习兴起之前主导人工智能领域的基于规则的方法。一个例子是神经-符号概念学习器（neuro-symbolic concept learner，NSCL），这是一种由麻省理工学院和IBM的研究人员开发的混合人工智能系统。我们现在有一种方法可以延伸深度学习的能力，来解决认知"系统2"的这类高级问题，且不会回到基于规则的人工智能。事实上，符号人工智能系统需要人类工程师手动指定其行为规则，这已成为该领域的严重瓶颈。符号人工智能还应该能够处理世界的不确定性和混乱，这是机器学习优于符号人工智能的领域。当前的机器学习系统基于独立同分布（independent and identically distributed，IID）数据的假设。基本上，机器学习算法在训练和测试数据均匀分布时表现最佳。这是一个可以在抛硬币和掷骰子等简单框架中运作良好的假设。但现实世界是混乱的，分布几乎从不均匀。这就是为什么机器学习工程师通常会收集尽可能多的数据，将它们打乱以确保它们的平衡分布，然后将它们分配给训练集和测试集。当我们这样做时，我们会破坏有关我们收集的数据中固有的分布变化的重要信息。我们不应该销毁这些信息，而应该利用它来了解世界是如何变化的。智能系统应该能够概括出不同的数据分布,就像儿童随着身体和周围环境的变化学会适应一样。我们需要能够处理这些变化并进行持续学习、终身学习等的系统。

人工智能系统与人类表现一致的概念之一是人工智能系统如何分解数据并找到重要的部分。该领域已经完成了一些工作,其中一项关键工作是"注意力机制",这是一种使神经网络能够专注于相关信息位的技术。注意力机制在自然语言处理中变得非常重要,自然语言处理是处理机器翻译和问答等任务的人工智能分支。但是目前的神经网络结构大多基于向量计算来执行注意力。数据以定义其特征的数值数组的形式表示。下一步的工作是使得神经网络能够基于名称-值对表示注意力,类似于基于规则的程序中使用的变量。但它应该以深度学习友好的方式完成。迁移学习领域已经取得了很大进展,迁移学习是将一个神经网络的参数映射到另一个神经网络的学科。但是更好的组合性可以导致深度学习系统提取和操作其问题域中的高级特征,并动态地使它们适应新环境,而无须额外调整和大量数据。高效组合是迈向无序分布的重要一步。

目前有很多研究建立在"系统 1"和"系统 2"的基础上,希望能够找到更为深层次的目标表示。自然语言句子的长期依赖性很难通过简单的递归网络学习[17],因为在大多数情况下,梯度往往会随着时间的反向传播而消失[18, 19]。这使得大多数基于梯度的递归神经网络学习方法很难形成长期效果。为了解决这个问题,最早的尝试是长短期记忆(long short-term memory,LSTM)[20],它由各种简单的逐元素操作控制的门函数组成。自设计以来,它在竞赛以及对话系统、情感分析和机器翻译等任务中取得了令人满意的结果。门控循环单元(gated recurrent unit,GRU)模型[21]作为比长短期记忆更高效的版本,2014 年以来,被广泛用于语言处理,它们还能够以更少的计算要求获得最先进的结果因为门控循环单元的控制门少于长短期记忆单元的。

人在其一生中能够获得许多熟练的行为。复杂行为的学习是通过不断重复相同的动作来实现的,其中某些组件被分割成可重复使用的元素,称为动作基元。然后,这些动作基元被灵活地重用并动态集成到新的动作序列中[22, 23]。例如，举起一个物体的动作可以分解为多个运动原语的组合。一些运动原语负责到达物体，一些负责抓住它，一些负责举起它。这些原语以通用方式表示，因此应该适用于具有不同属性的对象。山下（Y. Yamashita）和谷（J. Tani）受到大脑最新生物学观察的启发，开发了一种全新的动作序列学习模型，称为多时间尺度递归神经网络（multi-temporal recurrent neural networks，MTRNN），其试图克服以前基于显式结构化功能层次结构[如马赛克（MOSAIC）[24]或多个循环神经网络专家系统[25]的混合]的动作学习模型的泛化-分割问题。其实现受到生物学发现的启发，这是通过功能层次结构的实现，功能层次结构基于神经活动的多个时间尺度。

二、人在回路机器学习

人在回路被定义为需要人类交互的模型。HITL 与实时、虚拟和构造分类中的建模及仿真相关联。HITL 模型可能符合人为因素的要求。在这种类型的模拟中，人始终是模拟的一部分，因此影响结果的方式很难被重现，使用 HITL 还可以轻松识别其他模拟方法可能无法轻松识别的问题和需求。

人在回路机器学习允许用户更改事件或过程的结果（图 6-6）。HITL 对于培训目的非常有效，因为它允许受训者沉浸在事件或过程中。沉浸有助于将获得的技能积极转移到现实世界中。准备成为飞行员的受训人员可以利用飞行模

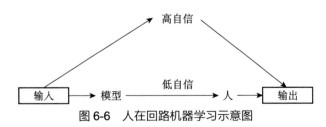

图 6-6　人在回路机器学习示意图

拟器证明这一点。HITL 还允许获取有关新过程如何影响特定事件的知识。利用 HITL，参与者可以与现实模型进行交互，并尝试像在实际场景中那样进行操作。HITL 模型使问题浮出水面，这些问题在部署新流程之前不会很明显。HITL 模型作为评估工具的一个真实示例是美国联邦航空管理局（Federal Aviation Administration，FAA）使用它来允许空中交通管制员通过指导模拟空中交通的活动来测试新的自动化程序，同时监控新实施程序的效果[26]。与大多数过程一样，其始终存在人为错误的可能性，只能使用 HITL 模型来重现。尽管可以做很多事情来实现系统自动化，但人类通常仍需要获取系统提供的信息，以根据他们的判断和经验来确定下一步行动方案。智能系统只能在某些情况下实现流程自动化。只有模拟中的人类才能准确判断最终设计。桌面模拟在项目开发的早期阶段可能很有用，目的是收集数据以设置广泛的参数，但重要的决策需要人在回路中的模拟[27]。下面将列出人在回路机器学习的几个用途。

1. 避免数据偏见

机器学习模型很容易变得有偏见，因为它们是在本身有偏见的数据上训练的。正如苏德实验室（Suade Labs）的首席执行官帕雷德斯（D. Paredes）2022年在世界经济论坛上所说的那样，有人参与可以及早发现数据偏见。

2. 增强不易获得的数据

大多数流行的机器学习算法需要大量标记数据才能产生准确的结果。然而在很多情况下，甚至没有大量未标记的数据可供提取。例如，如果你正在寻找一种只有几千人使用的语言的假新闻示例，那么该语言可能还没有任何假新闻示例。因此，该算法将没有什么可学习的。在这种情况下，即使对于稀有类型的数据，让人类参与循环也可以确保相同级别的准确性。

3. 保持人类水平的决策精度

在许多应用程序中，人永远不希望人工智能的任务低于人类水平。例如，如果正在为飞机制造关键设备，那么可以通过使用机器学习进行检查来提高安全性，但不想为了自动化而牺牲安全性，因此，仍然需要一个可以由人类监控的系统，以确保始终获得人类水平的精度。

4. 确保一致性和准确性

机器学习模型在某些类型的数据上通常比其他类型的数据更准确。这可能导致应用程序的一致性远低于人类，在某些领域表现出色而在其他领域表现不佳。对于审计等关键任务，这可能对该审计的目标不公平。

5. 提供可追溯且透明的决策

解释机器学习模型的决策可能非常困难。如果模型有数千甚至数百万个参数，那么对该模型的任何"解释"都必须是近似值，因为人类无法真正理解如此大的模型的复杂性。

第三节　人机融合决策如何建模

在共享自治系统中，人类和代理合作完成任务。强化学习使智能体在不知道环境动态模型的情况下通过反复试验获得好的策略，这在共享自治系统中得到了很好的应用。事实上，许多问题仅靠人类或智能代理是难以解决的[28]。例如，人类很难实现多臂机器人、四旋翼飞行器等高自由度物体的运动和姿态控制，但对于机器来说却很简单。相反，选择目标的问题对于机器来说十分困难。

共享自治系统旨在结合人类行为和代理的策略来完成相关任务或提高策略效果。共享自治，即在人与人交互后执行动作，已被证明比单个人或单个智能体具有更好的性能，并且在真实场景的应用中更实用[29]。由于强化学习的优势，训练的共享自治系统可以在没有环境模型的情况下解决顺序决策问题。

然而，尽管强化学习帮助共享自治系统解决了一些顺序决策问题，并在该领域取得了重大突破，但仅依靠强化学习算法来完成许多现实的复杂任务是不可行的[30]。需要注意的是，在强化学习算法中，由于动作空间和状态空间的高维特性，智能体需要大量交互数据才能获得好的策略。然而，在真实环境中进行大量探索会带来巨大的成本和安全威胁，会阻碍强化学习在现实世界中的发展。例如，自动驾驶汽车在下雨过程中容易发生交通事故和车辆损坏。此外，对于强化学习智能体来说，它会容易发生过拟合，这意味着一旦实际环境发生巨大变化，原有的策略就会失效。为了解决这些问题，一些研究人员提出利用人类先验知识来加速训练过程，例如在探索过程中引入专家策略来避免危险动作[31]，设置特定的约束函数[32]，并让智能体通过人类示范来学习不妙策略。悉达多（R. Siddharth）提出了人在回路 RL，它将 RL 在处理无模型顺序决策问题方面的优势与人类的先验知识相结合。以上仅帮助智能体学习策略，这些策略不一定是最优的。事实上，由于人类先验知识的偏差，这些方法将获得次优解。

人机融合决策过程常常可以建模为一个部分可观测的马尔可夫决策过程（partially observable Markov decision process，POMDP），用智能体观测到的数据来预测人类的潜在规划目标。Buchli 等[33]通过深度 Q 网络求解人机共享自治的问题，在月球登陆的模拟环境和真实的四旋翼环境中都获得了目标结果。其训练过程如下：首先进行单独智能体的预训练，即如何控制一个月球飞行器平稳落地，随后设计了三种不同的飞行员用于模拟人类飞行员会产生的问题。

迟钝的飞行员：这个模拟飞行员可以做出准确的最优决策，但是会有一定延迟，用于模拟人类在快速变化的环境中的一些迟疑。

控制中有噪声存在的飞行员：这个模拟飞行员可能会在一些步骤中出错，用于模拟人类在执行任务的过程中可能有一定的错误决策。

只控制部分目标的飞行员：在月球登陆的模拟环境中，会要求登陆器落在指定的区域内，这个模拟飞行员用于模拟只会操作左右方向，而不会操作向上推进的人类飞行员，在没有机器辅助控制的情况下，登陆器会坠落在指定的区域内。

经过训练后得到的模型结果能够较为准确地适应不同飞行员的飞行水平和决策目标。

2022 年以来，一些研究中，元强化学习（meta-RL）也起到一定的启发作用。元强化学习的目标是构建可以通过利用相关任务的先前经验来快速学习新任务的代理。学习一项新任务通常需要探索以收集与任务相关的信息，并利用这些信息来解决任务。原则上，可以通过简单的最大化任务性能来端到端地学习最佳探索和开发。然而，由于"先有鸡还是先有蛋"的问题，这种元强化学习方法难以达到局部最优：学习探索需要良好的利用来衡量探索的效用，但学习利用需要通过探索收集信息。优化探索和利用的单独目标可以避免这个问题[34]。在人机融合决策的过程中，人类的决策和规划是会动态变化的，机器的探索过程可以考虑是人机融合的第一步，即机器与人类交互以尽可能快地捕捉到人类的潜在目标，在之后的利用经验执行的过程中就可以以尽可能少的步数达到人机同步的目的，而这也是小样本学习（few shot learning）和元学习（图6-7）希望能够达到的目标[35]。

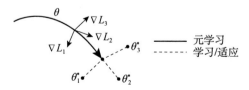

图 6-7 元学习效果图[36]

图中，L 表示损失，θ 表示参数

本章参考文献

［1］ Gagniuc P A. Markov Chains：From Theory to Implementation and Experimentation[M] New York：John Wiley & Sons，2017.

［2］ Burke C J，Rosenblatt M. A Markovian function of a Markov chain[J]. The Annals of Mathematical Statistics，1958，29（4）：1112-1122.

［3］ Brilliant. Andy Hayes，Worranat Pakornrat，Jimin Khim[EB/OL]. https://brilliant. org/wiki/linear-programming/[2019-05-12].

［4］ Karlin S，Taylor H M. A first course in stochastic processes[J]. A First Course in Stochastic Processes，2007，86（10）：1153-1176.

［5］ Hajek B. Random Processes for Engineers[M]. Cambridge：Cambridge University Press，2015.

［6］ Kulkarni V G. Introduction to Matrix analytic methods in stochastic modeling，by G. Latouche and V. Ramaswamy[J]. Journal of Applied Mathematics and Stochastic Analysis，1999，12（4）. DOI：10.1155/S1048953399000362.

［7］ Meyn S P，Tweedie R L. Markov chains and stochastic stability[J]. Journal of the American Statistical Association，1993，92（438）：792-793.

［8］ Begain K，Bolch G，Herold H. Practical Performance Modeling[M]. Berlin：Springer International，2001：588.

［9］ Li Q L. Constructive Computation in Stochastic Models with Application [M]. Beijing：Tsinghua University Press，2010：216-287.

［10］ Howard R A. Dynamic Programming and Markov Processes[J]. Mathematical Gazette，1960，3（358）：120.

［11］ Watkins C J C H，Dayan P. Technical note：Q-learning[J]. Machine Learning，1992，8（3-4）：279-292.

［12］ Rummery G A, Niranjan M. On-line Q-learning using connectionist systems[J]. Technical Report, 1994.

［13］ Mnih V, Kavukcuoglu K, Silver D, et al. Playing Atari with deep reinforcement learning[J]. Computer Science, 2013, 26（4）: 1-7.

［14］ Lin L J. Reinforcement Learning for Robots Using Neural Networks[M]. Pittsburgh: Carnegie Mellon University, 1993: 160.

［15］ Silver D, Huang A, Maddison C J, et al. Mastering the game of Go with deep neural networks and tree search[J]. Nature, 2016, 529（7587）: 484-489.

［16］ Silver D, Schrittwieser J, Simonyan K, et al. Mastering the game of Go without human knowledge[J]. Nature, 2017, 550（7676）: 354-359.

［17］ Mesnil G, He X, Deng L, et al. Investigation of recurrent-neural-network architectures and learning methods for spoken language understanding[C]//INTERSPEECH, 2013: 3771-3775.

［18］ Bengio Y S, Simard P, Frasconi P. Learning long-term dependencies with gradient descent is difficult[J]. Neural Networks IEEE Transactions, 1994, 5（2）: 157-166.

［19］ Tino P, Stancik M, Benuskova L. Building predictive models on complex symbolic sequences with a second-order recurrent BCM network with lateral inhibition[C]//IEEE-INNS-ENNS International Joint Conference on Neural Networks. IJCNN 2000. Neural Computing: New Challenges and Perspectives for the New Millennium, 2000, 2: 265-270.

［20］ Hochreiter S, Schmidhuber J. Long short-term memory[J]. Neural Computation, 1997, 9（8）: 1735-1780.

［21］ Graves A, Liwicki M, Fernández S, et al. A novel connectionist system for unconstrained handwriting recognition[J]. IEEE Transactions on Pattern Analysis and Machine Intelligence, 2009, 31（5）: 855-868.

［22］ Cho K, Van Merrienboer B, Bahdanau D, et al. On the properties of neural machine translation: encoder-decoder approaches[J]. Computer Science, 2014, 1409（1259）:

103-111.

[23] Thoroughman K A, Shadmehr R. Learning of action through adaptive combination of motor primitives[J]. Nature, 2000, 407 (6806): 742-747.

[24] D'Avella A, Portone A, Fernandez L, et al. Control of fast-reaching movements by muscle synergy combinations[J]. Journal of Neuroscience, 2006, 26 (30): 7791-7810.

[25] Wolpert D M, Kawato M. Multiple paired forward and inverse models for motor control[J]. Neural Networks, 1998, 11 (7-8): 1317-1329.

[26] Tani J, Nolfi S. Learning to perceive the world as articulated: an approach for hierarchical learning in sensory-motor systems[J]. Neural Networks: The Official Journal of the International Neural Network Society, 1999, 12 (7-8): 1131-1141.

[27] Sollenberger R L, Willems B, Rocco P D, et al. Human-in-the-Loop Simulation Evaluating the Collocation of the User Request Evaluation Tool, Traffic Management Advisor, and Controller Pilot Data Link Communications: Experiment I-Tool Combinations[M]. Washington: Federal Aviation Administration, 2005: 223.

[28] Bronaugh W F J. Human-in-the-loop' simulation: the right tool for port design[J]. Port Technology International, 2007, 32: 48-50.

[29] Goertz R C. Manipulators used for handling radioactive materials[J]. Human Factors in Technology, 1962, 7: 425-443.

[30] Javdani S, Srinivasa S S, Bagnell J A. Shared autonomy via hindsight optimization[J]. arXiv E-Prints, 2015, 1: 1-5.

[31] Henderson P, Islam R, Bachman P, et al. Deep reinforcement learning that matters[J]. arXiv E-Prints, 2017, 1: 1-5.

[32] Peng Z, Li Q, Liu C, et al. Safe driving via expert guided policy Optimization[J]. arXiv E-Prints, 2021, 1: 1554-1563.

[33] Buchli J, Stulp F, Theodorou E, et al. Learning variable impedance control[J]. The International Journal of Robotics Research, 2011, 30 (7): 820-833.

[34] Reddy S, Levine S, Dragan A. Shared autonomy via deep reinforcement learning[J].

arXiv E-Prints，2018，2：1802.

［35］Liu E Z，Raghunathan A，Liang P，et al. Decoupling exploration and exploitation for meta-reinforcement learning without sacrifices[C]//International Conference on Machine Learning，PMLR，2021.

［36］Finn C，Abbeel P，Levine S. Model-agnostic meta-learning for fast adaptation of deep networks[J]. 2017. DOI:10.48550/arXiv.1703.03400.

第七章　人-机-环境系统智能

人、机、环境之间的相互作用产生了智能，这不仅是一项科学研究，也包含非科学部分的研究（如人文艺术、哲学宗教）。其中，人是复杂系统，机是相对简单的系统，环境的态势变化非常大，所以我们研究的人-机-环境系统既有"确定性"，又有"随机性"，是"复杂的巨系统"。本章主要介绍机器智能的实现方法、人-机-环境融合智能的自主性理解，以及人-机-环境融合智能的发展方向与关键问题，阐述人-机-环境融合智能未来发展的可能性。

第一节　智能是人、机、环境相互作用的产物

当前机器人科技的发展水平受到人工智能的制约，人工智能研究的难点在于如何对认知进行解释与建构，而认知研究的关键问题则是自主和情感等意识现象的破解。生命认知中没有任何问题比探究何为意识的本质更具挑战性。这个领域属于科学、哲学、人文艺术等领域的交集。尽管意识问题处于关键地位，但令人啼笑皆非的是：无论过去还是现在，一旦涉及意识问题，人们不是缄默不言，就是敬而远之，唯恐避之不及。究其原因，不外乎意识的变化莫测与主观随意等特点，与科学技术的逻辑实证和感觉经验的验证判断背道而驰，既然与科学技术体系相去甚远，自然就得不到相应的认同和支持了。人-机-环境交

互系统通常由具备意志、目的和学习能力的人的行为活动构成，所涉及的变量众多、关系复杂，人的主观因素和自觉目的贯穿其中，因此主客体界限经常是模糊不清的，具有个别性、人为性、异质性、不确定性、价值与事实的统一性、主客相关性等特点，其中由于复杂的随机因素的作用，系统没有重复性[1]。另外，人机环境交互系统有关机（装备），环境（自然）研究活动中的主客体则界限分明，具有较强的实证性、自在性、同质性、确定性、价值中立性、客观性等特点。无论是在古代、中世纪还是在现代，哲学宗教的影响不断渗透到社会生活的各个领域。总之，以上诸多主客观元素的影响，导致了人机环境交互系统的异常复杂和非常的不确定[2]。

第二节　人的智能和机器智能

一、机器智能

机器智能的实现方法形形色色，主要的思想包括：图灵认为智能可以通过基于离散量的递归函数来模拟，布鲁克斯则提出了基于行为的智能方法[3]，明斯基等提出了实现智能的微世界理论[4]。对机器智能领域影响最大的莫过于纽厄尔的"用规则表示知识"、杰那塞雷斯和尼尔森的"启发式搜索"和布莱茨、费根鲍姆的"知识工程"[5-7]，这三种理论构成"人工智能"的完美体系，指导了一代人对机器智能技术的实现与追求。认知科学领域中罗森布拉特的神经网络思想以及里南的"人机系统"（man-machine system）思想，都给机器智能理论与实践带来了新的生机。模糊理论等其他方法，都扩大了机器智能实现的"方法库"。

机器智能的实现是技术上的一种操作。然而对机器智能的不同认识，决定了这种技术操作的不同原理与方法。人们对"机器智能是人工智能的一种简化"不存在异议，但智能的实质是"计算"吗？或者说机器智能来源于并行的、带有一类启发函数的搜索？几条规则、数个定理或推理加上计算机，就可以模拟人类智能在机器智能化的发展道路。但我们从技术的角度，确实看到了人工智能系统的智能化水平越来越高，越来越多的人类智能活动逐渐被机器所替代，尽管机器智能化的步伐比我们所期望的要慢得多，但机器智能化水平比人们想象的要低得多。

综观机器智能的研究方法，我们可以这样归纳，一切机器智能的研究方法可分为两大类：一类是对人类的大脑或对自然智能进行研究，探索自然智能的规律，并建立自然智力模型（即使是部分的、不完备的、只反映某个方面的），然后采用数字计算机来实现（模拟）自然智能，从而达到机器智能的实现目标。这种方法采用的是联结机制，有人也称之为联结主义[8]。由于该方法主要是由认知科学界的人们开展研究的，因此我们通常称之为"认知科学方法"。我们熟知的神经网络方法，就是立足于我们对人类大脑神经细胞的粗浅认识而建立起来的一种理论。

另一类是避免人类大脑的复杂性，专注于问题世界，对世界问题进行建模。通过列出所有解决方案，并建立问题的"解决方案库"，对世界问题进行建模。同时设计满足不同要求的高效率的搜索方法，基于计算机并适当地从"解决方案库"中查找问题答案的方法，以便实现机器的智能化活动[9]。这种方法是基于物理符号机制通过符号运算实现的，因此有人也称之为符号主义。由于该方法主要是由计算机科学界人工智能领域的人开展研究的，因此我们通常称之为"人工智能方法"。例如，对于弈棋机器，人们可以穷举一步棋的所有不同着法，对每种着法进行评判处理，将正确的着法路线存入"解决方案库"，根据对手的不同着法，在"解决方案库"中找到最佳着法，就实现了机器对人类弈棋智能的模拟。"深蓝"计算机能够击败世界冠军，归功于两个方面：第一，"深蓝"计算机具有足够的空间，能够存储世界象棋的各种着法（具有足够的"知识"）；

第二，设计者设计了合理的"着法库"搜索算法，该算法能够基于"深蓝"快速的处理速度，在合适的时间中找到最佳着法（具有较高的"算力"）。这类方法是人工智能的体现。

然而基于自然智力可以被建模的机器智能方法仅限于人类大脑的自然智能，认知只能模拟某些部分的自然智力，因此，智力水平是有限的。

在神经网络方法方面，我们遇到的问题有这样几个方面：第一，我们对神经细胞的信号传递的认识是表面的；第二，对神经细胞如何进行信息的处理尚不得知；第三，对以亿为单位的数量级神经细胞处理结果的综合机理了解不够；第四，10^{11} 数量级对于计算机来讲，并行处理还远远不能够胜任[10-12]。由此可见，人工神经网络对人类大脑的模拟是极其简化的。

至于基于对问题世界进行建模的智能模拟方法，由于问题世界过于庞大而很难建立其基本的模型。让我们试想下让一个机器人完成从二楼的卧室穿过走廊、走下楼梯、经过客厅、打开大门、走出大楼这样一件工作。要完成这样一件工作，对人来讲很简单，对机器来讲，却会因为无法在计算机中建立起问题的所有解空间而无法完成。人工智能技术，尽管在知识表达与处理方面已建立起一套精美的体系，但由于无法用这套精美的体系来构造大楼的结构，来穷举机器人在行走中可能遇到的各种各样的情况，如楼梯台阶的高度、一只小猫经过、F1 光圈下的阴影等，人工智能技术可能很难完成这项工作。究其原因：第一，现有的体系还无法切切地或者说有效地描述各种知识，特别是常识性的知识；第二，问题世界的建模会引起信息处理的"组合·爆炸"；第三，目前计算机的"深思"或"深蓝"的资源还远远不够对问题世界进行包容（内存、速度等）。并且这三条原因是有关联的。

无奈之下，人们把问题世界局限化，针对某一领域的某一问题来实现机器智能，于是我们就有了"专家系统"[13]。如对于机器人系统，我们先建立只走楼梯的智能机器人，而先不考虑开大门走客厅之类的事情。专家系统作为人工智能的重要组成部分，在局限的领域中，利用现有计算机资源，确实成功地解决了一些智能的问题，如用于肠胃系统治疗的中医专家系统、上海某钢铁公司的五台机械液压故障诊断专家系统等[14, 15]。

无论是对人的大脑建模还是对问题世界进行建模，都是人类在机器智能实现研究中的有效方法。尽管出发点不同，采用的方法不同，但目标是一致的，那就是模拟人的智能，并在机器上进行实现。这两种方法各有特点、相辅相成，两种方法的结合，是符号机制与联结机制的结合，我们称之为"混合智能"方法。

根据唯物主义哲学的观点，人的思维活动是一种物质运动，随着科学的发展和时间的推移，人的思维活动终将会被认识。因此，机器智能一定具有光明的发展前途，随着时间的推移，机器的智能模拟定将能实现。

但就目前的技术发展状况而言，这些方法所构建的智能系统都有不同程度的局限性，国内外都有很多科学家和学者意识到了这一点，所以他们从不同的角度看待它，从人机融合程度出发，提出了构建新型人机智能系统的构想，思考与寻求研究现实、合理、可靠地构建智能系统的新方法。

二、人类-人工智能团队

美国国家人工智能安全委员会（National Security Commission on Artificial Intelligence，NSCAI）发现，将人类和人工智能作为一个团队来考虑具有重要的价值。这种团队结构促使人类认识到，人类和人工智能的团队合作需要考虑每个团队成员相互关联的角色，并强调团队互动的价值，包括沟通和协调，以提高他们的综合绩效。在这样的团队安排中，该委员会认为，一般来说，出于伦理和实践的原因，人类应该对人工智能系统拥有绝对控制权。该团队需要改进人类-人工智能团队的计算模型，考虑相互关联的、动态发展的、分布式的和自适应的协作任务和条件，这些任务和条件也是多领域作战（multi-domain operations，MDO）的网络化指挥和控制系统所需要的，并且在设计交易空间内是可预测的[16]。另外，团队结构需要改进人类-人工智能团队的度量标准，考虑团队管理相互依赖和动态角色分配的能力，减少不确定性。虽然假设人类-人工智能团队将比人类或人工智能系统单独运行更有效，但该委员会的判断是，除非人类能够：①理解和预测人工智能系统的行为，否则情况不会如此；②与人工智能系统建立适当的信任关系；③根据人工智能系统的输入做出准确的决策；④以及时和适当的方式对系统施加控制[17]。

（一）人类-人工智能团队合作流程

支持人类和人工智能系统成为队友依赖于一个精心设计的系统，该系统具有任务工作和团队合作的能力。沿着这条路线，人类-人工智能团队合作需要通过改进团队组合、目标一致、沟通、协调、社会智能和开发新的人工智能语言来研究提高长期、分布式和敏捷的人工智能团队的团队效率[18]。这项研究可以利用现有的大量关于人类-人工智能团队的工作，但人类-人工智能团队模型委员会认识到，需要新的研究来更好地理解和支持人类与人工智能系统之间的有效团队流程。此外，该委员会认为，研究应该考察人工智能系统通过充当团队协调员、指挥者或人力资源经理来提高团队绩效的潜力。人们普遍认为，指挥人员态势感知对于有效的多领域作战性能至关重要，包括对人工智能系统的监督。在指挥和控制作战中支持个人与团队态势感知的方法需要扩展到多领域作战，并且需要使用人工智能来支持信息集成、优先排序等，以及提高态势感知对敌对攻击的弹性。需要开发用于改善人工智能系统的人类态势感知的方法，这些方法考虑不同类型的应用、操作的时间尺度以及与基于机器学习的人工智能系统相关的不断变化的能力。此外，旨在人工智能团队中创建共享态势感知的研究值得关注。人工智能系统需要在多大程度上既有自我意识又有对人类队友的意识，这需要探索，以确定整体团队表现的好处[19]。最后，未来的人工智能系统将需要拥有综合的情境模型，以恰当地理解当前的情境，并为决策制定预测未来的情境。动态任务环境的人工智能模型将是必要的，它可以与人类一起调整或消除目标冲突，并同步情景模型、决策、功能分配、任务优先级和计划，以实现协调和批准的行动[20]。

（二）人工智能的透明性和可解释性

改进的人工智能系统透明性和可解释性是实现改进的人类态势感知与信任的关键。实时透明对于理解和预测支持人工智能系统的行为至关重要。研究表明，实时透明可以显著弥补系统性能方面的缺陷。很多国家正在进行人类与人工智能团队合作的研究，例如美国国家科学院[21]正在进行的最新研究，旨在更好地定义信息需求和方法，以提高基于机器学习的人工智能系统的透明性。同时，这些研究也在探讨何时应该提供透明信息，以满足态势感知需求，而不会给人带来信息过载。基于机器学习的人工智能系统的解释的改进可视化需要进一步的探索，以及对机器人物角色的价值的研究。此外，人工智能可解释性和信任之间的关系将受益于进一步的研究，以告知改进的多因素模型，解释如何促进信任和信任影响的决策。需要开发有效的机制来使解释适应接受者的需求、先验知识和假设以及认知和情绪状态[22]。人类–人工智能团队模型委员会还建议，研究应致力于确定对人类推理的解释是否同样可以改善人工智能系统和人类–人工智能团队的表现。

（三）人类–人工智能团队互动

人类–人工智能团队中的交互机制和策略对团队效率至关重要，包括随着时间的推移支持跨职能灵活分配自动化级别（levels of automation，LoA）的能力。需要进行研究来确定改进的方法，以支持人类和人工智能系统在共享功能方面的合作，支持人类操作员在多个 LoA 下与人工智能系统一起工作，并确定在高 LoA 下与人工智能系统一起工作时保持或恢复态势感知的方法（即在环控制）[23]。还需要研究来确定新的要求，以支持人类−人工智能团队之间的动态功能分配，并确定随着时间的推移支持 LoA 中动态过渡的最佳方法，包括这种过渡应该何时发生，谁应该激活它们，以及它们应该如何发生，以保持最佳的人类−人工智能团队绩效。人类−人工智能团队模型委员会建议对剧本控制方法进行研究，将其扩展到多领域作战任务和人类−人工智能团队应用[24]。最后，旨在更好地理解和预测紧急人机交互的研究，以及更好地理解交互设计决策对技能保留、培训要求、工作满意度和整体人机团队弹性的影响的研究将是有益的[25]。对人工智能的信任被认为是使用人工智能系统的一个基本因素。这将有利于未来的研究，以更好地记录团队环境中涉及的决策背景和目标，促进技术在社会中的广泛应用。

（四）人类−人工智能团队中的信任的理解

超越监督控制安排的交互结构也将受益于进一步的研究，特别是理解人工智能可指导性对信任关系的影响。团队镜头在识别与人工智能队友的新型互动结构时非常有用。需要改进信任措施，利用合作的重要性，将不信任的概念与信任分开[26]。最后，需要信任的动态模型来捕捉信任如何在各种人类−人工智能团队环境中演变和影响绩效结果。这项研究将很好地检验在二元团队互动中出现的信任使能的结果，并将这项工作扩展到信任如何在更大的团队和多层级网络中演变[27]。

（五）偏差

人工智能系统中的潜在偏差，通常是隐藏的，可以通过算法的开发以及训练集中的系统偏差等因素引入[28]。此外，人类可能会遇到几个众所周知的决策偏差。特别重要的是，人工智能系统的准确性会直接影响人类的决策，从而产生人类−人工智能团队偏差，因此，人类不能被视为人工智能建议的独立裁决者。需要进行研究，以更好地理解人类和人工智能决策偏差之间的相互依赖性，这些偏差如何随着时间的推移而演变，以及用基于机器学习的人工智能检测和预防偏差的方法[29]。还需要进行研究，以发现和防止可能试图利用这些偏见的潜在敌对攻击。

（六）人类−人工智能团队培养

需要对人类−人工智能团队进行培训，以开发有效执行所需的适当团队结构和技能。考虑到各种团队组成和规模，需要有针对性地研究来确定什么时候、为什么以及如何最好地训练人类−人工智能团队。可以探索现有的训练方法，看看它们是否可以适用于人类−人工智能团队。此外，可能需要训练来更好地校准人类对人工智能队友的期望，并培养适当的信任水平[30]。开发和测试人类−人工智能团队工作程序需要特定的平台。

（七）硬件/软件接口流程和措施

最后，要成功开发一个能像好队友一样工作的人工智能系统，需要硬件/软件接口方法的进步。良好的硬件/软件接口实践将是新人工智能系统的设计、开发和测试的关键，特别是基于敏捷或 DevOps 实践的系统开发[31]。有效的人工智能团队也需要新的硬件/软件接口设计和测试方法，包括提高确定人工智能团队要求的能力，特别是那些涉及人工智能的团队。需要开发用于测试和验证进化的人工智能系统的方法，以检测人工智能系统的盲点和边缘情况，并考虑脆性。支持这些新团队研发活动的新人工智能试验台也很重要。最后，可能需要改进人机合作的度量标准，特别是关于信任、心智模型和解释质量的问题[32]。

第三节　自主性与人–机–环境系统智能

一、自主的概念及理论起源

（一）自主的概念

"自主"（autonomy）一词源自古希腊语，原意为"赋予自己法律的人"，是道德、政治和生物伦理哲学中的一个概念。理性的个人有能力做出一个知情的、非强迫性的决定[33]。

在社会学领域，关于自主边界的争论一直停留在相对自主的概念上，直到在科学技术研究中创造和发展了自主的分类。认为当代科学存在的自主形式是反身自主：科学领域内的行动者和结构能够翻译或反映社会和政治领域提出的不同主题，并影响研究项目的主题选择。

哲学家金（L. King）在如何做出正确的决定和始终保持正确的态度方面，提出了一个"自主原则"，他将其定义为："让人们自己选择，除非我们比他们更了解他们的利益。"

瑞士哲学家皮亚杰（J. Piaget）通过分析儿童在游戏过程中的认知发展，并通过访谈确定（除其他原则外）儿童的道德成熟过程分为两个阶段：第一阶段为他律性阶段；第二阶段为自主性阶段[34]。

他律推理：规则是客观和不变的。它们必须是文字的，根据权威排序，并且不适合异常或讨论。这一规则的基础是上级（父母、成年人、国家）的权威，在任何情况下都不应给出实施或履行规则的理由。

自主推理：规则是协议的产物，因此可以修改。它们可以被解释，适合例外和反对。这一规则的基础是其本身的接受，其含义必须加以解释。制裁必须与缺席相称。

在医学领域，尊重患者的个人自主权被认为是医学中的许多基本伦理原则之一。自主性可以定义为一个人做出自己决定的能力。这种对自主的信念是知情同意和共同决策概念的核心前提。知情同意的七个要素包括阈值要素（能力和自愿）、信息要素（披露、建议以及理解）和同意要素（决定和授权）[35]。

自主有许多不同的定义，其中许多定义将个人置于社会环境中，如关系自主意味着一个人是通过与他人的关系来定义的；支持自主意味着在特定情况下，可能有必要在短期内暂时损害该人的自主性，以便在长期内保持其自主性。

在机器人领域，自主或自主行为是一个有争议的术语，指的是无人系统（如无人驾驶汽车），因为人们对没有外部命令而行动的事物是通过其自身的决策能力还是通过预先编程的决策方法来进行决策缺乏了解。这是一种难以衡量的抽象品质。从某种意义上讲，机器的自主只是一种类比，并且该类比不包括人类社会的伦理道德，而自动则意味着系统将完全按照程序运行，它别无选择。自主是指一个系统可以选择不受外界影响，即一个自主系统具有自由意志[36]。真正的自主性系统能够在没有人类内部指导的情况下完成复杂的任务。这样一个系统可以说进一步自动化了整个过程的其他部分，使整个"系统"变得更大，包括更多的设备，这些设备可以相互通信，而不涉及人员及其通信。

在数学分析中，如果一个常微分方程与时间无关，则称其为自主方程；在语言学中，自主语言是一种独立于其他语言的语言，如标准、语法、词典或文献等；在机器人学中，自主意味着控制的独立性。这个特性意味着自主性是两个智能体之间关系的一个属性，在机器人技术中，是设计者和自主机器人之间关系的一个属性。根据普菲弗（R. Pfeifer）的说法，自给自足、位置性、学习或发展以及进化增加了智能体的自主程度[37]；在空间飞行任务中，自主也可以指在没有地面控制器控制的情况下执行的载人飞行任务；在社会心理学中，自主性是一种人格特质，其特点是注重个人成就的独立性和对独处的偏好，常被贴上与社会取向相反的标签。

自主可以被定义为：一种由内而外的，不待外力推动而行动，能够造成有利局面，使事情按照自己的意图进行。有人更简单地定义自主为：自以为是、自作主张。

传统意义上的自动化定义是设备或系统在没有或较少人工参与的情况下，完成特定操作达到预期目标的过程。广义的自动化概念包含用于执行逻辑步骤和实际操作的软件及其他应用过程。

自主系统是指可应对非程序化或非预设态势，具有一定自我管理和自我引导能力的系统。相较于自动化设备与系统，自主性设备和自主系统能够更好地适应复杂多样的环境，实现更广泛的操作和控制，其应用前景更加广阔[38]。通常，自主化是通过使用传感器和复杂实现设备或系统在很长一段时间内不需通信或只需有限通信，对处于未知环境下的系统自动进行调节，而不需其他外界干预就能够独立完成任务，并保持性能优良的过程[39]。自主化可以被视为自动化的延伸，是智能化和具有更高能力的自动化。

目前，无人机、无人车、无人艇等远程控制设备大多采用人工控制，现阶段的自主化程度不高。未来，可能会大力开发这些装备的自主性功能，可通过人工遥控进行远程操作，甚至可能实现半自主化或全自主化（实际上是某种程度上的半自主化）。未来，自主化将成为控制领域的终极目标。但长期来看，随着自主系统发展，包括指挥控制与协调行动在内的绝大多数任务仍需要与人员协作完成。人机融合智能是相对性与绝对性的统一。

（二）自主性的理论起源

自主性来源于将决策委派给获准实体，由该实体在规定的界限内采取行动。自主性和自动化之间的显著区别之一在于：不许出现任何偏差的法定规则管理的系统属于自动化系统，而不是自主系统；自主系统必须能够基于对现实世界、系统本身和态势的知识与理解，独立地制订和选择不同的行动方针，以实现既定目标[40]。

自主系统主要来源于人工智能，人工智能是指在人类智能参与的情况下，计算机系统完成其任务的一种能力。随着人工智能技术的不断进步，人们可以把以前机器无法执行的任务委托给机器完成。

智能系统旨在将人工智能用于特定的领域或者解决特定的问题。具体而言，系统经过编程和培训后，在其确定的知识基础范围之内运行。自主功能是从系统层面而非结构层面来研究的[41]。我们主要考虑两种类型的智能系统：一种是应用静态自主性的系统，另一种是应用动态自主性的系统。从广义上讲，使用静态自主性的系统实际上是由软件运作的，其中包括规划和专业咨询系统；采用动态自主性的系统将进入物质世界，包括机器人和自主平台。

在提高智能系统移动性的同时，机器人技术也推动了新型传感器和制动器的发展[42]。早期机器人通常是自动化的，随着人工智能技术的不断进步，其自主能力也在不断提高。

二、自主性的理论表述与模型

（一）自主性的含义

"自主"是由信息甚至是知识来驱动的，无人系统根据任务需求，自主执行"感知—判断—决策—行动"的动态过程，并能处理突发事件和任务，具有一定程度的容错性[43]。

自主性通过数据搜集、数据分析、网络搜索、建议引擎、预测等应用逐渐改变了整个世界。鉴于人类对海量数据的快速处理能力的限制，可以通过自主系统发现数据趋势和分析数据模型[44]。

在更复杂的条件、环境因素和更为多样的任务或行动中，采用更多的传感器和更为复杂的软件，以实现更高层次的自主性。自主性的特征往往体现于系统独立完成任务的程度[45]。换言之，自主系统能够在极其不确定的环境下排除外界干扰，即使没有通信或通信不畅，仍能处理系统故障引发的问题，并维持系统长期稳定地工作。

（二）自主系统参考框架的构建

在对自主系统进行设计时，需要付出大量精力来决定最终是由计算机还是人类发挥具体的认知功能，这些决策反映了不同性能因素在系统侧面上的权衡。比如当面临期望时，在计算层次上获得有效的最优解，然而当期望改变或情况有变时，该方案可能失效，增加人力资源也具有高度敏感性。很多情形下，如果遵循上述绝对性的设计决策，就没有必要检查对系统终端用户或整体传播、维护或人力成本所产生的影响[46]。

项目实践发现，划分自主等级的方式对自主设计并无显著的帮助作用，这些项目没有将注意力集中在协调计算机与操作员或监督员的配合关系上，反而在计算机层面浪费过多精力，因此没有达到最佳的性能和效益，未取得预期成果。

无论是在认知科学层面还是依据对实际练习的观察结果，这些分类系统都具有误导性。在认知层面，大部分功能由计算机实现，只有高级监视或监督交由操作员执行，实际上，所有决策都受到人的控制，这与系统的自主性是一致的[47]。在某些情况下，为证明系统具备某一特定的能力，可能需要同时执行多项功能，这些功能中的一部分需要人在系统回路中来完成，而另一部分可以同时委派给计算机。因此，在一项任务的任意阶段内，系统都有可能同时处于两个或两个以上不相关的水平。在实际操作中，有一部分人由于将"自主等级"当作开发路线，所以他们关注的重点不是人机系统整体，而仅仅是机器层次。

自主系统模型的核心内容包括：侧重于为实现特定能力所需的人机认知功能与重分配决策；不同任务阶段和不同认知层次下，分配方式存在差异；在设计可视自主能力时，必须要和高级系统进行权衡[48]。自主性系统设计与评估框架如图 7-1 所示。

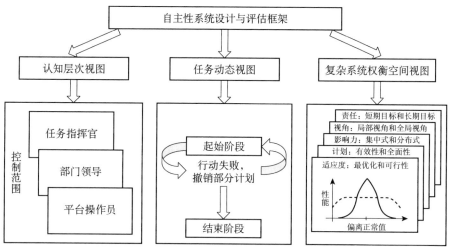

图 7-1　自主性系统设计与评估框架

1. 认知层次视图

随着组件智能体的自主等级不断提高及功能不断增强，展开联合行动对各层次、各功能进行协调也变得越来越重要。

为达到提升适应力的目的，认知层次视图主要考虑自主技术支持规范"用户"的控制范围，并扩展到其他空间[49]。平台动作、传感器操作、通信和状态监控由平台或传感器操作员控制，而部门或编队领导则负责任务规划、任务重规划以及多智能体平台的协作。任务指挥官或执行官的控制范围包括制定评估与理解、制定规划与决策以及处理突发事件。此外，操作员之间的通信和协调必不可少，各项认知功能既可以在计算机与操作员或监督员中间进行分配，也可以由计算机和操作员或监督员共同承担。认知层次功能范围如图 7-2 所示。

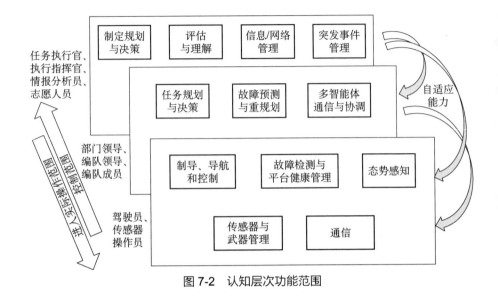

图 7-2　认知层次功能范围

2. 任务动态视图

不同阶段下，任务采用不同的方法来实现自主技术。该视图还反映了在新的事件、新的争议或机遇出现时，不同智能体在各个任务阶段、各个功能以及各层次之间实现行动同步化的方式[50]。

从任务动态视图来看，在完成一个基于环境复杂度与必要响应时间的任务过程中，认知功能的分配可能会有所改变。提高自主等级有利于根据任务需要进行相应的计划调整，比如新目标出现、任务目标改变、额外信息增加、天气条件恶化或平台性能等级下降等。初始和末期阶段还为通过使用自主技术降低劳动力与提高效率提供了可能。

3. 复杂系统权衡空间视图

和自主技术应用的位置与方式相关的设计选择可能会影响到大型系统如何对多项性能进行权衡[51]。这存在一定的风险，因为如果自主技术只在一个领域内改进，那么有可能对整体系统性能中的其他领域产生不利影响。

复杂系统权衡空间视图按照以下五个方面进行恰当的权衡：①适应度，在系统对新任务或突发事件的自适应能力和最优化性能之间进行权衡；②计划，跟踪现行的某个计划过程中，在因已失效而需要改变的需求之间进行权衡；③影响力，在集中式与分布式之间进行权衡，使远程或本地获取的信息可视化而不受潜在因素或不明因素的干扰；④视角，在局部性和全局性之间进行权衡，把握整体态势，使处于同一个单元内的集中行动与多个单元间的干扰和协调之间相适应，来实现更优性能；⑤责任，在长期目标与短期目标之间进行权衡，在表 7-1 的多重约束下达成一致目标。复杂系统权衡空间视图如表 7-1 所示。

表 7-1 复杂系统权衡空间视图

权衡空间	权衡对象	效益	不良后果
适应度	最优性和可行性	看清形势的情况下 可以得到更优结果	漏洞增多
计划	有效性和全面性	实现计算资源平衡使用	导致计划出错或修订 计划困难
影响力	集中式和分布式	使分工与适当层次相适应	协调成本上升
视角	局部视角和全局视角	使行动的规模、范围 与分辨率相适应	数据过载、决策速度 减慢
责任	短期目标和长期目标	建立信任，使分线管理与任务 目标、优先级别与背景相符	导致协作或协调失败

三、自主性与人机环境智能

（一）自主性人机环境智能的感知问题

随着自主能力的增强，人机环境智能的智能程度也在不断提升，能够处理更多样的态势和功能，这就要求操作人员加强对当前工作内容的理解，从而确保恰当地与系统进行交互。对于未来的自主系统，必须通过提升接口性能来支持操作人员与自主性之间的共享态势感知的需求[52]。支持跨多方（目标相同，并且功能相互关联）协同行动的关键在于共享态势感知。

共享态势感知是指"基于共享态势感知需求，操作员拥有相同的态势感知程度"，即双方决策所需的共同态势信息[53]。如果操作员都是人，即便在显示器上获得的输入相同且环境也相同的情况下，在获取共享态势感知的问题上仍十分具有挑战性，这是由于目标存在差异，所形成的系统与环境心智模型不同，因此会采取不同的方式来解读信息，对未来产生不同的预测判断。

自主系统利用计算机模型对从传感器和输入源获取的信息进行解释。因此，自主性和机组人员很有可能对影响其决策的现实环境有各自不同的评估。为解决这种问题，需要在机组人员与自主性之间建立可行的态势模型进行双向通信。这就意味着，双方不仅要共享各自的底层数据，还要共享数据解读的方式以及对未来的预测，如图7-3所示。

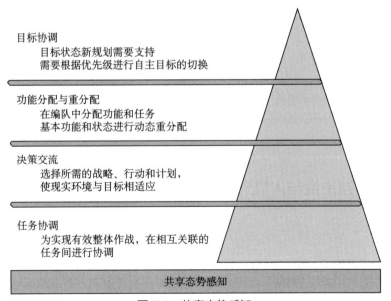

图 7-3　共享态势感知

群体自主要求实现高级的共享态势感知，以支持此概念涉及的多样化基本操作需求，如下[54]。

（1）目标协调。机组人员和自主性应支持同一个目标的动态变化。当飞行员和自主性的目标不一致时，比如飞行员的目标是复飞，而自主性的目标是在机场着陆，那么问题就产生了。鉴于有限级别和目标会发生变化，共享态势感知确保了自主性和机组人员目标的协调一致性。

（2）功能分配与重分配。柔性自主需要将功能持续地在机组人员和自主系统之间进行分配，理解操作的主体和客体，并理解机组人员与自主性执行不同功能时的相应能力和状态。

（3）决策交流。在对执行不同功能做出决策时，机组人员和自主性必须保持对这些决策（包括战略、计划和行动）的注意，并实现双方共享，确保采取新方案来协调相关功能。

（4）任务协调。自主性和机组人员执行的任务有很大的关系，并且往往是相互依赖的。各方都需要一直维持对对方所采取的行动和这些行动目标共享程度的理解。

在共享态势感知的海量信息处理过程中，依照某一原则将信息汇总，可能会产生如 a>b、b>c、c>a 的错误现象，很明显，根据大量信息计算得出的结果可能会违背个人态势感知中 c 不可能大于 a 的逻辑。所以，需要合理利用群体共享态势感知和个体态势感知相结合，最大限度地利用共享信息，降低绝对依赖。

（二）自主性人机环境智能的决策问题

越来越多的问题决策正被交给计算机处理，但不得不思考：机器的决策是否一定比人的决策更加正确呢？用计算机提供决策的本意肯定是好的，如提高工作效率，使决策能快速获取数据，并确保流程一目了然，而在为众多自主性决策系统算法惊叹时，人们往往会容易忽视一个重要事情，即由于存在数据偏差、系统内置缺陷等问题，自主性决策系统可能带来一些负面影响。

自主性通常用来支持人的决策。专家系统或决策支持系统提供决策指导，如行动过程置后评估、目标提示或者识别目标进行分类等。事实上，其很难提供有效的决策支持。尽管我们通常假定这样的系统可以改进人类的决策，特别是在处理艰难的工作时，但事实并非如此。有证据表明，人们通常会首先采纳系统的评估和建议，再将其与自身的知识以及对态势的理解相结合。不正确的辅助会导致决策的偏差，从而增加人们的失误概率。再者，由于考虑的信息源有所增加，做出决策的时间也会随之延长[55]。因此，辅助决策系统如果存在缺陷，可能并不一定能够体现人或机器系统决策的精确度和实时性。虽然好的建议能起到一定作用，但是不恰当的建议会让决策者犯错误，从而大大降低任务的执行效率。

与此形成鲜明对比的是那些对人所做的决策进行评判的决策支持系统，因为人类做出的决策是系统的输入，所以这种决策支持系统能够提出由人到计算机解决问题的方案偏差。同时，该系统还充分利用了计算机的强大优点，即可以迅速模拟人类的态势解决方案，并从环境态势的多样性以及对抗行动中找出可能存在的不足之处，从而改善整个系统的工作性能。

（三）如何构建人机信任度

信任是一种复杂且多维度的关系。在为特定任务指定系统部署决策时，人类必须给予系统足够的信任；对其他许多决策过程有影响的所有利益相关方也应如此[56]。在设计时将可信度纳入考虑，提供适当的指示能力，以保证对基于情景的作战可信度和无法避免的变化进行评估，并在运行时予以处理，这对于操作员、指挥官、设计人员、测试人员、政策或法律制定者乃至公众来说，都是一项基本要求[57]。

　　合理的设计和执行系统，可以确保系统的功能性、可靠性和完整性等关键属性，是保证可信度的重要手段[58]。当然，设计者应该将这些关键特性嵌入自主武器的研制中。但是，这些属性可能受到多方人机融合编队特征的影响，具体包括以下内容。

1. 机器缺乏类人的感知与思考

　　相较于人类，自主系统具有多种传感器和数据来源。因此，在不同的作战场景假设情况下，可能会有必要采用。另外，对于具体算法的选择（如图像处理的模式识别、决策优化算法、学习的深度学习网络等），机器"推理"的方式与决策人员的方式可能大相径庭[59]。

2. 机器缺乏自我感知和环境感知

　　简单的自我感知可能仅需了解一个系统本身的健康状态（如电池电量），而复杂的自我感知还需感知何时在原始设计界限或假设条件以外使用感知能力。简单的自我感知包含传统的环境感知。举例来说，在机翼结冰或有干扰的条件下通信，以及通用问题求解器欺骗等复杂效应属于传统的环境感知。在环境发生变化时，机器仅仅自我感知和感知环境的改变是远远不够的，还需要灵活有效地适应这些变化。

3. 可观察性、可预测性、可指示性、可审性

　　自主系统既要能够在动态变化的复杂作战情境下保证能力范围内可靠地运行，还必须能够将可观测的有关信息传递给人和其他机器队友。此外，即使机器能够保证目前状况和效应的可观察性，也有可能没有充足的预期指示器，

使人和其他机器队友不能确保可预测性。另外，在发生故障时，自主系统必须保证其他机器或人能够及时采取恰当的措施来干预、纠正或者终止错误，以确保其可指示性。最后，机器还应具备可审性[60]。换句话说，机器必须能够在事实的基础上保存、提供一份不可更改且可理解的记录，该记录反映了决策和行动背后的逻辑推理。

4. 人和系统对共同目标的理解不够

为了确保所有自主系统都可以高效地合作，人和系统双方必须设定并充分理解共同的目标。

5. 无效接口

传统计算机接口（如鼠标单击）实现人机交互通信的速度较慢，这样不利于时间敏感或高风险态势下所需的协同与协作。为了解决这些问题，需要对计算机接口进行改进。

6. 具备学习能力的系统

目前开发的机器，通常可以适应自身的用途和环境，并调整其能力和限制条件。具备学习能力的系统将超出最初的验证和确认，需要使用更为动态的方式来确保相关工作在整个生命周期中得到高效实施。

操作者必须能够判断自主执行任务的可信任度。这种信任度不仅与整个系统的可靠性有关，还与特殊态势下的根据态势对系统执行特定任务的性能评估有关。为此，机组人员必须建立知情信任，即准确地评估运用自主能力的时机、程度和干预时间，以及对信任度进行校准，按信任程度分为过度信任、信任、信任不足等。

第四节　未来是人−机−环境智能的融合

一、人−机−环境融合智能的概念

人−机−环境融合智能理论着重描述一种由人、机、环境系统相互作用而产生的新型智能形式，它与人类智能和人工智能都不尽相同，是一种物理性与生物性相结合的新一代智能科学体系。人机交互技术重点研究人颈部以下的生理、心理的工效学问题，而人−机−环境融合智能主要侧重人颈部以上的大脑与机器的"电脑"相结合的智能问题[61]。人机融合智能在以下三个方面区别于人的智能与人工智能：首先在智能输入端，人机融合智能的思想不是单一依靠硬件传感器采集到的客观数据或人五官感知到的主观信息，而是将二者有效地结合在一起，并关联人的先验知识，形成一种新的输入模式；其次在智能生成的关键阶段，也是信息的处理阶段，将人类的认知模式与计算机强大的计算能力相融合，构建一种新的理解途径；最后在智能的输出端，将人在决策中体现的价值效应与计算机逐渐迭代的算法相互匹配，形成有机化与概率化相互协调的优化判断。在人机融合的适应过程中，人类将会有意识地思考惯性常识行为，而机器也会根据人类在各种情况下的决策来认识其价值取向的差异[62]。人与机器之间的理解将会从单向性转变为双向性，人的主动性将与机器的被动性混合起来。

人机融合智能采用分层的体系结构（图7-4）。人类通过后天完善的认知能力对外界环境进行感知分析，其认知过程可分为记忆层、意图层、决策层、感知与行为层，形成意向性的思维；机器通过探测数据对外界环境进行感知分析，其认知过程分为目标层、知识库、任务规划层、感知与执行层，形成形式化的思维[63]。相同的体系结构表明人类与机器能够在同一层次上进行融合，并且在不同层次之间也能够存在因果关系。

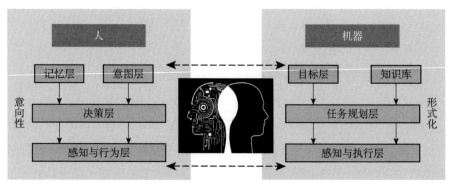

图 7-4　人机融合智能分层体系结构

人机融合智能，简单地说，就是充分利用人与机器的优势形成一种新的智能形式。

任何新的事物都有其产生的源泉，人机融合智能也不例外，人机融合智能主要起源于人机交互和人机交互智能科学，而这两个领域的起源都与英国剑桥大学有着十分密切的关系：1940 年夏天，德国轰炸机飞向伦敦，以伦敦为契机，人机交互和人机交互智能科学的研究序幕慢慢拉开。英国针对德军的进攻，开始雷达、飞机、密码破译方面的技术应用工作，建立了全国第一个飞机驾驶舱，解决一些飞行员执行飞行任务时已经发生的错误和失误。此外，在剑桥大学国王学院的毕业生图灵的领导下，英国成功破译了德国的"恩尼格码"密码。事实上，早在 19 世纪，剑桥大学的巴贝奇（C. Babbage）和奥古斯塔（A. K. Augusta）（诗人拜伦的女儿，毕业于剑桥大学，是世界上第一个程序员）就开始合作开发机械计算机的软件和硬件。20 世纪以后，数学家罗素和逻辑学家维特根斯坦为智能科学的起源与发展做出了重大贡献。备受关注的"深度学习之父"辛顿毕业于剑桥大学心理学系，"AlphaGo 之父"哈萨比斯（D. Hassabis）毕业于剑桥大学计算机系。

一个人足以理解机器如何看待世界，并在机器的作用范围内有效地处理问题，这件事在人机智能融合领域是至关重要的。相反，机器也应该更"熟悉"与其合作的人，就像在一些体育运动中双打的队友，如果彼此之间没有默契想要产生适当的融合和精确的协同作用如产生化学变化一样，这简直是天方夜谭。有效的人机智能融合通常意味着将人类的思维带到机器上的装置，这也意味着：人类将开始有意识地思考，而机器通常是无意识地执行本地任务；机器将开始处理合作者的个性化习惯、偏好；随着环境的变化，两者都必须随时随地地改变。人与机器交流，充分发挥两者的优势[64]。比如人类可以打破逻辑，用直觉思维来做决定，机器有可以探测到人类感官无法探测到的信号的能力，等等。

人机融合、智能机制和机制破解将成为赢得未来战争的关键。任何分工都会受到规模和范围的限制。其中功能配置是分工的一部分，能力配置是分工的另一部分。功能配置是被动的，由外部需求引起；能力分配处于活动状态，由内部驱动器产生。在复杂、异构、非结构化、非线性数据中，在信息/知识领域，人或类人的定向预处理是很重要的，当问题领域最初缩小时，机器的有界的、快速的、准确的优势可以发挥。此外，当获得大量的数据/信息/知识后，机器还可以初步将它们映射到几个领域，再映射到人类，对分析进行进一步处理。这两个过程的同化、顺应和交叉平衡，大致是人与机器有机结合的过程。

二、人-机-环境融合智能的本质

根据过去的数据计算现在和未来是数学常用的手段，根据未来期望算计现在和过去才是人智的方法。我们知道的远比我们说出来的要多得多，我们不知道的远比我们知道的要多得多……

人的感官刺激和信息是动态地分类与聚类的，而不是一次性的。它已经形成，但是经过了多次混合和改变。大道的无形是破碎的、流动的……所以是碎片化的规则、概率、知识、数据、行为构成了人类的智能，即在日常各种陌生的异质活动情境中产生和演化人类的智慧，从一开始，智慧就不是形式化的、逻辑性的，人类的逻辑序列是为非逻辑服务定制的，机器从一开始就相反，它是物化的、程序化的，也是为人类的不合逻辑服务的。

如果说机器的存储是实构化，那么人的记忆就是虚+实构化，并且随着时间的推移，虚越来越多，实越来越少，不仅能有中生无，甚至还可以无中生有。更有意思的是，人的记忆可以衍生出情感——这对于机器而言是匪夷所思的[65]。

人类学习的大部分过程不仅仅是得到一个明确的答案，更重要的是找到各种可能的方式来理解和发现世界。机器的"学习能力"（如果有的话）和"目的"不是发展现在的联系，而是要寻求结果。

目前的人工智能缺乏的是对人类感知水平的模仿。机器不是完美的，所以它们不能完全理解人们决策的生理和心理机制。这意味着，只有人工智能才能像人类一样感知外部世界，并用处理器进行人一样的理性思考，从内至外地模拟和学习人类，这样的人工智能才是完善的。

博弈论家鲁宾斯坦（A. Rubinstein）出版了一本文集《经济学与语言》（*Economics and Language*），在其中一篇论文中，鲁宾斯坦使用完全信息动态博弈的方法，对基本的、无限期的完全信息讨价还价过程进行了模拟[66]。不参加博弈的观众有很大的好处，因为辩论使获胜方必须向观察员披露"私人"信息。数学这种方法可能会模糊人的深刻洞察力，模糊人的直观感知，而这种感知的载体是有机体的感觉器官已经包含了有机体对关系的理解。只是为了修复这种理解，形成一种"记忆"，人类需要另一种能力的帮助，那就是"理性"能力。合理的理性能力形成的初始阶段是"观念"的形成。记忆是一个概念限制、约束条件，在不同的情况下，这些限制、约束情况会发生许多变化，甚至走向相反的方向。这也是智力很难定义，而且会有各种各样的意想不到的原因。叔本华曾指出："计算从何处开始，理解便在何处终结。"因为，计算器只关心固定的概念符号之间的关系，而不是现实世界中发生的不断变化的因果关系的过程。

从这个意义上说，以前所有的计算机智能，只要它还不是以"感觉"为基础的智能，在可预见的未来，我们将永远无法获得像我们这样的创造物力。在这里，"感觉"是指直接感知"世界"的器官。钱学森说："人体作为一个系统，不是一般系统的概念。首先，它是一个开放的系统，也就是说，这个系统与外界是有交往的。比如，通过呼吸、饮食、排泄等进行物质交往；通过视觉、听觉、味觉、嗅觉、触觉等进行信息交往。此外，人体是由亿万个分子组成的，所以它不是一个小系统，也不是一个大系统，而是比大系统还要大的巨系统。这个巨系统的组成部分又是各不相同的，它们之间的相互作用也是异常复杂的……"[67]事实上，目前的人工智能只使用了可编程的人类理性中的一小部分，距离人类理性还很远，更不用说它最初接近人类更神奇的部分——感性。

当前主流人工智能理论失去优势，是因为其所基于的理性选择假设意味着决策的个体或群体具有行为同质性。这种假设忽视了现实世界中普遍存在的事物之间的差异，以及人们在不同条件下对世界的理解差异，大大降低了主流理论的适用性。为了解决这一根本问题，经过多年的发展，许多思想家逐渐明确了解构和重组主流情报科学的基本方向，即将个体行为的异质性纳入情报科学的分析框架，作为异质行为的一个特例，个体行为的同质性增强了其解释和预测新问题和现象的能力，同时又不失主流智能科学的基本分析范式。也就是说，行为的异质性被浓缩为两个基本假设：个体是有限理性的；个体并非完全以自我为中心，也具有一定的利他性。心理学、经济学、神经科学、社会生态学、哲学等为智能科学实现其异质性行为分析提供了理论跳板和基础。未来的智能应该在新一代集成了许多学科的数字（信息）的基础上成长，而不是仅仅基于当前存在许多缺陷的数学基础。

在人机融合智能中有两个主要的难点：理解和反思。此外，人与机器之间的合作必须有组合的预期策略，特别是适合的第二和第三预期策略。信任是通过匹配来培养的。人与机器之间信任链的生成过程通常为：陌生→不信任→弱信任→多信任→信任→较强信任→强信任。没有信任就没有期望，没有期望就会失去人与机器之间的平衡，单纯的匹配一个期望很难实现融合。因此，第二、第三期望的整合程度可能是人机融合一致性的关键问题。人与机器之间信任链生成的前提是人必须有自信（这种自信也是通过匹配训练出来的），那么就可以生成他信和信任机制。信任他和他信需要多层次的期望。"存在"是语法，"应该"是语义学，两者之和是语用学。人机融合是一个语法和语义、离散和连续、清晰和粗糙、自组织和其他组织、自学习和其他学习、自适应和被动适应、实体认知+具身认知、算法+算法混合、结合适应的正式系统+非正式系统、自治和被动治理的过程。在响应时，准确率是衡量人机融合智能质量的一个重要指标。

第五节　人机环境系统智能的发展方向与关键问题

一、人机环境融合智能的未来发展方向

（一）信息融合与人机融合智能

数据融合是信息融合的起源，也是信息融合的第一阶段[68]。数据融合利用多个传感器检测并获取数据和结果，形成单一传感器无法获得的更准确、更可靠的结论和质量。最早的数据融合仅限于硬件差异，必须手工分类。然而，由于材料问题，传感器总是会导致速度和精度问题，这将持续影响监测工作，逐渐改变熔化方法的研究[69]。在信息融合发展的第二阶段，除了使用多传感器检测数据外，还集成了其他信息源。同时，与传感器数据融合相比，多信息源信

息融合的方法和技术较为困难。这需要从统计和结构化模型转向非结构化模型，以及人工智能技术和知识型系统。此外，信息融合不断地被添加到高级感知领域，如情景和影响估计[70]。目前的信息融合模型仍然只采用大数据尺度、快速动态的数据系统、多种数据类型和低数据值密度。

信息融合是人-机-环境融合智能的关键组成部分。在现有的两个阶段，即理论和应用技术阶段，信息融合只是试图创造一种自动运行的产品，综合应用于系统中或直接作为生产系统应用于商业活动。在传统的数学模型和方法中不能解决的各种目标识别、态势估计、影响估计等高级融合问题通常求助于不确定性处理和人工智能技术。然而，目前这两种技术的发展，特别是人工智能技术，还远远不足以处理高级信息（如人类需求）。当涉及不确定的问题时，将"是"（being）问题转化为"应该"（should）问题对于人类来说是擅长的。将个人的选择和判断添加在信息融合系统运行过程中，是取得高级感知领域质变的关键，如在观察、判断、分析和决策等高级感知领域中添加人类判断。

（二）态势感知与人-机-环境融合智能

态势感知概念最早出现在航空心理学中，其描述了战斗机飞行员在作战任务中对当前态势的理解、分析和处理方式。其经典模型为安德斯雷提出的三层态势感知模型，其定义为人在一定的空间和时间内对环境中各要素的感知（perception）、综合理解（comprehension）以及预测（projection）的能力[71]。

态势感知的概念经常出现在人机协同的工作中。在三层态势感知模型中，感知是信息的获取，在高负荷认知条件下，信息的获取主要依赖于机器的传感器，然后通过计算机处理将其呈现给操作员。在三层态势感知模型中，机器在感知阶段起着重要的作用。在预测之后的决策阶段，还需要机器和人之间的协同判断与分析。该模型的一个缺陷是，三个阶段的人机分离是相互关联的。促进人与机器在态势感知中的融合是获得良好态势感知性能的关键。由人、机器和环境组成的特定情境的组成部分往往会迅速变化。在这种快速变化的情境中，需要足够的时间和足够的信息来形成对情境的整体感知与理解[72]。同样，在不充分的情况下，集成的人机智能提供了一个解决方案，通过分析和处理大数据的先验知识，具有强大的态势感知能力，以帮助操作人员做出决策。

二、人–机–环境融合智能的关键问题和难点

（一）人–机–环境融合智能的关键问题

目前，人–机–环境融合智能的发展仍处于起步阶段。人–机–环境融合智能的第一个也是最重要的问题是如何将机器的计算能力与人的认知能力结合起来。人与机器之间的劳动分工在目前没有有效地组合。人类在获得的学习中不断扩展他们的认知能力，以便人类能够更准确地理解复杂环境中情况的发展。通过联想能力，人们可以产生跨领域的综合能力，而这种认知联想能力正是机器缺乏的。如何让机器产生这种能力是实现真正智能的突破。朱利奥·托诺尼的整体信息论（integrated information theory，IIT）指出，一个意识系统必须是高度的信息集成体。与此同时，为了发展具有模仿认知能力的机器，必须确保人类和机器之间存在共同的意识[73]。因此，必须在人与机器之间建立一种高速、高效的双向信息交换关系。认知的基础是抽象，而对于机器来说，抽象能力决定了问题的限制环境。思维表征越抽象，就越能适应不同的情况。同时，较高的抽象能力也会带来更普遍的迁移能力，从而打破思维的界限。图灵奖得主麦卡锡说："就像所有专业理论一样，任何科学都需要尝试。当你试图证明这些理论时，你再次尝试推理，因为常识会引导你。常识是多模态非结构化信息和支持的复杂性。认知中的常识是人类的先验知识，而计算机输入的信息完全忽略了常识。"[74]因此，对知识本身、知识类型和知识原理的研究也是突破

认知与计算机科学结合的关键。

人-机-环境融合问题的另一个关键问题是如何形成公理和非公理的混合推理，以及如何形成结合直觉和理性的决策。公理是数学发展的理论基础，逻辑推导是科学研究过程中的基本方法。同样，计算机的操作过程总是按照严格的算法语言运行。但人类的决策不同于这个过程，人类的联想能力也依赖于类比推理。类比推理是非公理推理的一部分。非公理推理决定了弱态势下的强感知问题。这种学习方法基于先前的知识，并通过使用大数据和概率的方法进行。实现机器的非公理推理是人与机器的区别之一。它也是在机器上实现人类情感的重要手段。人类通过先前的知识产生直觉，理性分析是直觉的对立面。机器总是理性地处理数据，而如何让机器产生直觉是无缝衔接人与机器的关键[75]。公理和非公理推理、直觉和理性决策将是人机融合智能输出的重要研究方向。

人-机-环境融合智能问题的关键还包括反映人-机-环境融合的时间和方法的干预问题。当人与机器之间的感知信息不对称，以及人与机器在决策方面产生冲突时，就会出现这个问题。同时，人机整合的干预问题反映在团队的态势感知上，团队任务的比例逐渐向团队的态势感知倾斜。团队成员之间的互动，团队意识中的局势的理解、宽容、信任、接受、匹配、规划和说服，这些变化使得团队之间产生的合作能力比个人能力的简单加和更大[76]。人-机-环境融合中的干预问题与人机交互问题具有同样的复杂性。从技术角度来看，人-机-环境融合智能不仅是一个数学仿真建模问题，而且是一个心理工效学问题。这也应该是一个调整实验统计经验的问题。

人-机-环境融合智能的最后一个关键问题是伦理问题。人类的价值观起源于人类伦理。从不同个体对团队态势感知的不一致，不难看出人类有许多伦理和道德困境。此外，人工智能的出现也引发了人类对人工智能伦理问题的思考。同时，人-机-环境融合智能范畴是人-机-环境融合智能伦理问题的关键。人-机-环境融合智能不仅包括道德在内的人工智能伦理思想的影响和人工智能法律问题，而且包括人-机-环境融合的定义和概念是否引起人类和机器的

冲突 [77]。在人-机-环境融合智能中，设备作为人的一部分所产生的行为除了反映外，还面临着具体的法律责任，这也是人-机-环境融合智能未来发展最重要的问题。

（二）人-机-环境融合智能的难点

"智力"的概念暗示了个体和整体、有限和无限之间的关系。针对智能时代的到来，一些人认为"有必要从其他角度看待自古以来就存在的时间和空间中的行为原则"，比如人、事物和环境之间的传统关系。当人们进行一段时间的智能活动时，他们通常会根据外部环境的变化来纠正或调整关键点[78]。通过短期、中期和长期的局部与全局优化预期，将实时权重分配给不同的数据信息处理知识，但由于环境变化大多是程序+非程序过程，机器智能很难实现这种随机混合变形能力，确定性编程的足迹更大。在相对开放的环境中，游戏或对抗不如在封闭的环境中好，甚至非常糟糕。真正的智能不仅是适应性，还有创造新可能性的不相容。智力可能不仅仅是适应，更重要的是不适应，这反过来创造了一系列新的可能性，如自由、同化、充实、改变、独立。图灵机的缺点是只有一个没有选择的刺激反应，而没有同化机制，只有顺应机制。

1. 人机认知不一致性问题

人机智能难以混合的主要原因是时间、空间和认知的不一致。人类处理的信息和知识可以变异，其表征的一个事物、事实既是事物本身，又是其他事物、事实，而且其一直具有相对性，而机器识别处理的数据相对缺乏这样的变化性[79]。最重要的是，人对时间和空间的认知是有意的与主观的，而机器对时间和空间的认知则更加形式化与客观存在。两者在不同的维度上，有很大的不一致性。人的认知集中在心理层面，是主观的，机器的认知则倾向于物理层面，是客观的[80]。人的学习、推理和判断能做到"随机应变"，而机器学习机制、推理和判断配方是由设计师或选定的特定任务的具体时空和任务中的当前用户的意图。这种不一致不仅包括人的主观期望与机器数据的客观反馈之间的不一致，也包括人的主观期望与客观事实之间的不一致。

许多事情表面上似乎是非逻辑问题，就像军事中许多以弱胜强的战役情况一样，但实际上它们本质上是逻辑问题。弱者战胜强者的情况偶尔出现，但强者往往战胜弱者。在非逻辑中有许多逻辑关系。同样，在许多逻辑问题中也存在非逻辑问题，如"顺理不成章"的一些案例。表面上，它们是合乎逻辑的，但事实上，这些理论是变化的和不完整的，它们受到前提的约束，当这些众多前提和边界条件有一些小的变化时，这自然不会成"章"。我们可以看到，事物中逻辑和非逻辑性的共存也是秩序与无序的根源。交互和组织是人-机-环境融合智能研究的核心。

2. 意向性与形式化问题

英国计算机科学家、人工智能哲学家博登（M. Boden）在很早以前认为，人工智能的核心和瓶颈在于意向性和形式化的有机结合[81]。到目前为止，这个瓶颈还没有任何突破。事实上，人与机器的融合也是智能的困难所在。在目前使用的人机集成产品中，人与机器之间的劳动分工是明确的，但它们并不是有机结合的。在缺乏环境信息和资源的情况下，人类可以更好地预测情况的演变，因为人类可以在获得的学习中不断提高他们的认知能力。机器没有相互关联的能力，但人类可以通过关联产生跨领域的组合。因此，如何让机器产生关联是真正智能的关键。

意向性是对内部感知（心理过程、目标、期望）的描述，形式化是对外部感知（物理机制、反馈）的描述[82]。融合的人机智能和深刻的态势感知是意向性与形式化的综合。形式化倾向于使人们对事物有一种直观的空间认知，而将这种空间认知扩展到时间描述就是意向性。形式化是一种态，意向性是一种势。人机融合包括对内部和外部、主观和客观、认知和行为感知的全面描述，以及能够描述心理过程、目标、期望、物理机制和机器反馈的模型的形成。

目前人工智能领域的困难在于人类的意图和行为之间的差异程度。行为可以客观地形式化，而意图可以主观地隐含。如果一个智能系统形成和存在，其内部的构件在本性或运行规律上就必须拥有既相互吸引又相互排斥、既靠拢又闪避、既结合又分离、既统合又脱节的能力。人-机-环境融合智能中的意向性是连接事实和价值的桥梁，形式化可以在一定程度上实现这种意向性。

3. 休谟问题的伦理问题

人-机-环境融合智能的最后一个关键问题是伦理问题。人类本身面临许多伦理和道德困境，人工智能的出现也促使人们思考人工智能的伦理问题。同时，人机集成智能伦理的关键问题之一是人-机-环境融合智能的范畴。人-机-环境融合的伦理问题包括人工智能的伦理和人-机-环境融合后的责任分配，这也是人-机-环境融合智能未来发展的重要问题。

人工智能通常是逻辑关系（家庭相似性），而人类智能通常是非逻辑的（家庭非相似性）。未来智能是人的智能和机器的智能在特定环境中的融合，即人-机-环境融合智能。人-机-环境融合智能不是人工智能，也不是机器学习算法。人-机-环境融合智能是人机环境的相互集成，能够适应周围环境（适应性强）。集成的人机智能是一个套件，而不是一个数据。"认识自己，认识敌人"中的"认识"不是简单的情境"意识"，而是情境"认知"。认知是从潜能到状态的过程，知觉是从状态到潜能的过程。认知侧重于识别、信息输入和输出的处理过程；知觉关注的是数据信息输入的过滤过程，认知涉及过去的知觉，如前因后果和经验，所以情境认知包括以前的态势感知。人工智能是一把双刃剑。计算越精确，危险就越大。因为坏人可以隐藏真相和欺骗，所以人与机器有机融合的智慧更为重要。客观地说，当前的人工智能本质上是自动化+统计概率。简单地说，归纳和演绎的缺点是它使用不完整性来解释完整性。

值得注意的是，休谟问题（即能否从事实推出价值）还没有真正解决。仅仅因为"价值"是相对的，而且因人而异，这个问题永远无法真正解决。虽然唯物主义者想要在精神领域实现唯物主义，但这是不可能的。因为精神和物质是根本不同的东西，一个是主观的，另一个是客观的。就如同怀疑论者经常使用的"桶中脑实验"[由英国哲学家普特南（H. Putnam）提出，有的版本也翻译为"缸中之脑"]描述的那样，人们对世界的理解其实不仅仅是一种主观的判断，这种判断是否符合真实的"客观世界"，人们永远无法知道。

第六节　人-机-环境系统智能的未来可能性

一、公理与非公理融合的人工智能

人机之间的沟通交流需要对信息、知识有共同的理解。为了能够完整地表达所有的含义，机器语言与人的语言之间的转换需要进行度量。如何度量转换效率，如何不失真地互相表达或表征，这是我们需要思考的重点。

概念在很多时候可能没有内涵、外延之分，只有意向一致性的达成。如何保证意向的一致性？保证人机之间能够互相理解对方的意图？要从不同的阶段，即输入、处理、输出阶段来理解融合。在输入阶段的融合，不仅是机的各种传感器获取的精准数据和人对周围信息的感知，还有人的经验、猜测等先决条件，对所有的信息进行融合处理后作为输入。在人-机-环境系统的融合处理过程中，人的感性信息会向理性化方向偏移，甚至变为结构化数据，便于机器的理解；机的理性信息也会被柔性处理，以更加直观明了的方式呈现给人来理解。这样，人机之间的沟通就会变得更加平滑，在融合层面的表现更好。到了输出阶段，融合处理后或者说人机系统分析后的数据将会以更加适宜的方式分别展现给人和机器。人需要的是直观的概括性的理解与把控，机器需要的是具体的执行指令。概而括之，人机之间的融合是公理与非公理的融合。

人-机-环境系统智能会使得人与机之间在认知、推理、计算等方面的区别不再明显，逐渐互相包容对方，形成"你中有我、我中有你"的共同体，最终达成"人×机">"人+机"的效果，这才是我们想要达到的效果。

人对外界的感知形成的感觉是复合的，不仅仅是某一个感官形成的单一感受。甚至可以说，不同的感官之间形成的感受是相互影响的。例如我们都知道盲人的听力比一般人要好；捂住耳朵，嗅觉也会下降。正是这些复合的感受，使得我们大脑中对某一种刺激的感受的联想迁移能力更强，这或许就是直觉、灵感、顿悟等非理性思维作用的机理。机的感受更加灵敏准确，虽无法将这些感受复合，但其对某种刺激或者环境信息的感知是人所不能及的。机的计算能力与人的"算计"表现结合起来，可以让人看到的信息更多更准确。机器看到海面漂浮的冰山便只会测量其水面之上的部分，而人可以看到海面冰山之下的那些更大的未知区域。

更深一步，人对信息的处理也应该是复合的处理。不仅有逻辑清晰的推导过程，也有基于感情的意向表达。既有基于公理性的外向性表达，即表达清晰的话语或者是文字信息；又有基于非公理性的内向性意指，即话语之外想要表达的意思（话外之音）。外显性信息和隐含性信息的共存与互相演化，为接下来的规划或者决策做出部署。外显性信息符合逻辑，基于数据驱动，是与外界沟通的桥梁。隐含性信息是不符合逻辑的，基于价值驱动，是所有行为的意向性解释。价值目标驱动下，意向性行为逐渐退化为理性的决策。现有的人工智能研究中已经有三大方向：联结主义、行为主义和符号主义。联结主义的代表形式是人工神经网络，主要处理数据；行为主义的代表形式是强化学习方法，主要处理信息（奖惩后有价值的数据）；符号主义的代表形式是知识图谱和专家系统，主要处理知识和推理（有限的知识及推理）。这三个方向正是从三个不同的方面来尝试实现人工智能。但这三大方向依然属于弱人工智能，与我们想要的对知识、概念的理解的强人工智能相去甚远，更别说在直觉推理、非公理推理等方面。机器的智能依然有很长的路要走。

对于人而言，学习学的不是知识，而是能力。在学习的过程中，我们会选择性地忽略掉一些无用的信息，会忘掉一些非关键性的数据。在诸多学习对象中寻找其潜在的联系，寻求特征，把握共性与特性，阐述因果关系。然而目前的机器学习不懂得去过滤掉一些无用的信息，不知道忽略和忘记。人的选择性忽略，是因为人的价值取向。机器不存在这种价值取向，所以就无法过滤。价值取向来源于意向性。在机器中，如果想实现价值取向，就必须要优先实现意向性形式化。

为什么人类倾向于用概念、关系和属性来解释认知的事物？事实上，任何解释都是在认知（常识）的基本框架内进行的。人类理解世界和理解事物的过程，实际上是利用概念、属性和关系来认识世界的过程。概念、属性和关系是认知的要素。通过对具体事物的抽象表征，即人类可能将符号作为一种交流和推理的手段。事物的抽象概念，或事物属性的分类和对不同事物之间关系的探索，使我们更好地把握整个物质世界的关系，更好地理解和提高认知能力。如果我们在人与机器之间建立一种相互理解的模式，我们可以从建立人与机器能够理解和接受的概念、属性和关系开始。

二、柔性的人–机–环境系统融合智能

人–机–环境系统智能需要解决的一个关键问题是干预问题，即人机环境融合的时间和方法。人–机–环境系统工作过程中，如果人类突然介入或感知信息处理过程，则人与机器之间的冲突是不可避免的，这就导致人类和机器之间在决策时，该系统无法做出决定的问题。可能是人对周围信息感知不足，而无法理解机器所做出的决策；也可能在某种特殊情况下，人做出的某些特殊指令违背了机器的常识性指令。在这种特殊情况下还会有可解释性的问题，人与机

之间该如何就其所做出的指令或者是决策来说服另一方。另外，还会有信任的问题。在人-机-环境系统中，如果机器对周围环境信息获取不足，那么将会导致一些决策失误。在某些特定场景中，如军事行动，人对机器决策错误的容忍度非常低[83]。在一个错误之后，人们不再相信机器做出的决定。在一般场景下，如果机器的决策正确率过高也可能会导致人对机器的依赖性过高，容易造成人性中的自信、果敢、勇气等优良特性的缺失。

我们对事物的抽象程度越高，也就更容易理解，更好地把握其本质。例如，手机的本质是什么？手机就是一个便携的移动运算处理器。目前的所有事物对象，其本质是计算的问题，我们就能够用计算机也就是机器来解决，否则就解决不了。人体的各种感官与大脑之间的信息传递都是双向的，而机器内从传感器到控制器之间的信息传递都是单向的。这也是为什么机器无法理解知识。如果你问"猫是什么？"机器会给你提供很多猫的照片，却无法理解猫的意思。形式化人的智能用于机器的理解或许是行不通的，因为人的智能的本质无法把握，目前所有的关于智能或者认知的建模都只是对其的一种粗浅的理解、拙劣的模仿[84]。

人-机-环境系统智能科学要研究的是一个物理与生物融合的复杂系统。智能一直存在于个体、环境与社会群体之间的相互作用中[85]。人与不同机器的集成所显示的智能是不同的，与手机互动时的智能远大于与自行车互动时的智能。也许，像物理学一样，这些行为和现象是由统一的力、相互作用和基本元素描述的。仅仅基于概率和统计（先天智能）的方法无法解决看图片和说话的问题，有必要根据当前图像建立个性反馈（后天智能），人们可以随时随地"标记"。

在所有情况下，标签都以符号结尾，而不是真实世界中的对象。它应该是能够应对环境问题的东西。标记是物体本身，可以将物体的图像、声音、触觉和气味映射到物体上。并不是说符号没有用途，符号本身就是物体，但我们需要训练来理解它们[86]。符号和它们所代表的对象之间的映射（或指向）关系也是通过学习形成的。

人们处理信息的速度不是一成不变的。有时潜意识支配人们去采取行动，有时需要仔细地考虑。这个过程不仅是信息表达的传递，也是在知识向量空间中构建和组织相应语法状态的方式，以及重建各种语义和语用系统的方式。

三、具有认知能力的人–机–环境融合智能

目前的计算机仍然是以计算为中心，无法实现人的认知能力。20 世纪中期便开始有一些研究人员尝试构建人的认知模型。现有的认知模型能够在一定程度上实现记忆、推理、决策、问题求解等能力。如何构建更高级的认知模型，以及如何将这些认知模型迁移到机器中应用仍然是一个研究的热点和难点。

认知的核心是智能，是对事物的洞察和价值观的理解。一台简单的机器，不管如何学习，都不会有情感。人在表面上类似于一台机器，对周围信息进行感知，以大脑作为处理器进行处理，并通过电信号控制肌肉来执行动作。但从深层次上来说，人的理性是建立在情感意志等底层逻辑之上的。

人是在人、物等周围环境的相互作用中形成自我的。从纸笔、语言到手机，还有从古至今我们所制造过的所有工具，这些不仅是我们身体上的外延，更是思维的扩展[87]。我们周围所遭遇的一切，都将或多或少地影响我们的认知。我们的认知边界从意识领域拓展到现实，并与周围的世界产生交织。或许是我们与周围环境的交互作用即生活体验，形成了我们的认知观念与价值观[88]。

从表面上看，人工智能在搜索、计算、存储和优化领域比人类更高效，但实际并非如此。例如，当一个或多个目标出现时，机器很难立即形成正确或有效的态势感知。只有当情境演化进入适当的时间、空间和程度时，才能形成良好的情境认知状态。态势感知的认知行为一般包括两部分：第一部分是无机部

分，即符号的形式化加工；第二部分是有机部分，涉及理解、阐释、思维等精神层面的意向分析。所有人机交互都是为了每个人的交流或自我认知。机器是一种媒介或工具，它们使得人类之间的互动更加有效、方便和舒适。人工智能中的人类心理学比计算方法、计算能力和计算数据更重要、更本质、更深入。

计算从概念到世界，认知从世界到概念，一正一反，从形式到意义，从机器到人，这之间关系的认知和计算的抽象，有时是作为描述性或事实和符号之间的映射关系，这实际上是赋予命题符号意义的过程的一个方面，即意义。一个命题符号，直到"我"明白，仍然被"我"认为是没有生命的。从某种意义上说，理解的过程与意义的过程是对立的，意义是指从事实到思想再到命题符号的过程，理解是从命题符号到思想再到事实。现实世界中大多数感性和理性的交互都涉及隐藏的信息，而大多数人工智能研究和开发都忽略了这些信息[89]。因此，以数学计算为核心的人工智能的发展还很长。只有计算才能分辨是非，而认知没有标准答案。到目前为止，机器的计算远远不是本能的，因此人与机器在决策上最大的区别在于对压力和风险的认知[90]。从长远来看，人工智能应该学会如何合作和帮助人类形成新的人机智能体[91]。

在传统拓扑中，人类的直觉相对有限。在大规模的情况下很难建立具体的想象力。我们唯一能掌握的就是严谨的数学推导和计算的技能，以及拥有生动的抽象心理认知能力。唯有如此，逻辑空间和非逻辑空间才可以共存并形成"合力"，从而解决许多困难的问题。

本章参考文献

[1] 刘伟，王目宣. 浅谈人工智能与游戏思维[J]. 科学与社会，2016，6（3）：86-103.

[2] 刘伟. 关于人机若干问题的思考[J]. 科学与社会，2015，5（2）：17-24.

[3] Brooks R. A robust layered control system for a mobile robot[J]. IEEE Robotics &

Automation Magazine，1986，2（1）：14-23.

[4] Minsky M，Riecken D. A conversation with Marvin Minsky about agents [J]. Communications of the ACM，1994，13（7）：22-29.

[5] Newell A，Shaw J C，Simon H A. Chess-playing programs and the problem of complexity[J]. IBM Journal of Research & Development，1988，2（4）：320-335.

[6] Nilsson N. On logical foundations of artificial intelligence[J]. Artificial Intelligence，1989，38（1）：125-131.

[7] Blaze M，Feigenbaum J，Lacy J. Decentralized trust management[C]//IEEE Computer Society. IEEE Symposium on Security & Privacy，1996.

[8] 顾险峰. 人工智能中的联结主义和符号主义[J]. 科技导报，2016，34（7）：20-25.

[9] 陈波，陈巍，丁峻. 具身认知观：认知科学研究的身体主题回归[J]. 心理研究，2010，3（4）：3-12.

[10] 谢承泮. 神经网络发展综述[J]. 科技情报开发与经济，2006，（12）：148-150.

[11] 喻宗泉. 人工神经网络发展五十五年[J]. 自动化与仪表，1998，（5）：33-37.

[12] 蒋庆全. 神经网络发展探析[J]. 情报指挥控制系统与仿真技术，1999，（10）：24-31.

[13] 敖志刚. 人工智能与专家系统导论[M]. 合肥：中国科学技术大学出版社，2002.

[14] 陈再旺，陈景长. 一个医疗辅助诊断专家系统的设计与实现[J]. 计算机系统应用，2001，（12）：34，50-51.

[15] 苏小林. 液压专家系统故障诊断技术研究[J]. 科技创新导报，2008，（19）：88-89.

[16] Rotter J B. A new scale for the measurement of interpersonal trust[J]. Journal of Personality，1967，35（4）：651-665.

[17] Barber B. The logic and limits of trust[J]. Social Forces，1983，64（1）：5-9.

[18] Johns J L. A concept analysis of trust[J]. Journal of Advanced Nursing，1996，24（1）：76-83.

[19] Moorman C，Deshpande R，Zaltman G. Factors affecting trust in market research relationships[J]. Journal of Marketing，1993，57（1）：81-100.

［20］ Deutsch M. Trust and suspicion[J]. Journal of Conflict Resolution，1958，2（4）：265-279.

［21］ Couch L L，Jones W H. Measuring levels of trust[J]. Journal of Research in Personality，1997，31（3）：319-336.

［22］ Mitchell L M，Joshi U，Patel V，et al. Economic evaluations of internet-based psychological interventions for anxiety disorders and depression：a systematic review [J]. Journal of Affective Disorders，2021，284：157-182.

［23］ Larzelere R E，Huston T L. The dyadic trust scale：toward understanding interpersonal trust in close relationships[J]. Journal of Marriage & Family，1980，42（3）：595-604.

［24］ Rempel J K，Holmes J G，Zanna M D. Trust in close relationships[J]. Journal of Personality & Social Psychology，1985：49（1）：95-112.

［25］ 杨晓哲. 人与人工智能的新关系[J]. 中国信息技术教育，2017，（7）：84-86.

［26］ 张未未. 论人工智能对人与社会发展的影响[D]. 广州：华南理工大学，2014.

［27］ Narasimhan R. Human intelligence and AI[J]. IEEE Expert：Intelligent Systems and Their Applications，1990，（11）：233-256.

［28］ Wang Y，Xiong M，Olya H. Toward an understanding of responsible artificial intelligence practices[C]//53rd Hawaii International Conference on System Sciences（HICSS-2020），2019.

［29］ Fuchs A，Passarella A，Conti M. A Cognitive Framework for Delegation Between Error-Prone AI and Human Agents[C]//2022 IEEE International Conference on Smart Computing，2022：234-248.

［30］ Wang D，Churchill E，Maes P，et al. From human-human collaboration to human-AI collaboration：designing AI systems that can work together with people [C]//CHI'20：CHI Conference on Human Factors in Computing Systems，2020.

［31］ Littlewood W. Defining and developing autonomy in East Asian contexts[J]. Applied Linguistics，1999，20（1）：144-167.

［32］ Silverstein A. The developmental psychology of Jean Piaget[J]. Journal of Nervous &

Mental Disease，1965，140（3）：233.

[33] 戴维·M. 柴斯，伊恩·N. 威利，詹姆斯·E. 汉森，等. 自主系统管理的方法和系统：CN 200710086337[P]. CN 101059757 A[2024-06-03].

[34] 琼·皮亚杰，傅统先. 发生认识论（续一）[J]. 教育研究，1979，（3）：91-96.

[35] 王晓霞，阎成美，翁庐英，等. 护理新理念：尊重病人合理的自主权[J]. 中国实用护理杂志，2000，16（1）：5-6.

[36] 付梦印，赵诚，王美玲，等. 自主车仿真系统中场景建模与视觉仿真实现[J]. 计算机仿真，2007，24（12）：4.

[37] Pfeifer R. Building Fungus Eaters：Design Principles of Autonomous Agents[M]. London：MIT Press，1996.

[38] 徐光祐，陶霖密，史元春，等. 普适计算模式下的人机交互[J]. 计算机学报，2007，30（7）：1041-1053.

[39] 刘伟. 追问人工智能：从剑桥到北京[M]. 北京：科学出版社，2019.

[40] 刘伟. 关于指挥与控制系统的再思考[J]. 指挥与控制学报，2015，1（2）：238-240.

[41] 刘伟. 人机融合：超越人工智能[M]. 北京：清华大学出版社，2021.

[42] 刘伟. 自主系统[EB/OL]. https://blog.csdn.net/VucNdnrzk8iwX/article/details/80103834 [2022-05-09].

[43] 刘伟. 再谈自主性问题[EB/OL]. https://blog.csdn.net/VucNdnrzk8iwX/article/details/ 90170829[2022-05-09].

[44] 刘伟. 对自主性的几点梳理[EB/OL]. https://blog.sciencenet.cn/blog-40841-1224869.html[2022-05-09].

[45] 刘伟. 人机智能融合：人工智能发展的未来方向[J]. 人民论坛·学术前沿，2017，（20）：32-38.

[46] 刘伟. 人机融合智能的现状与展望[EB/OL]. https://blog.sciencenet.cn/blog-40841-1163925.html[2022-5-9].

[47] 杨劲，庞建民，王俊超，等. 一种基于主动认知决策的高效能模型[J]. 计算机科学，2015，42（11）：5.

[48] Collobert R，Weston J，Bottou L，et al. Natural language processing（almost）from scratch[J]. Journal of Machine Learning Research，2011，12（1）：2493-2537.

[49] 刘伟. 再思人机智能融合[EB/OL]. https://blog.csdn.net/vucndnrzk8iwx/article/details/80288448[2022-05-09].

[50] 刘宏芳，阳东升，刘忠，等. 基于任务的战术态势视图中对象的描述与组织[J]. 兵工自动化，2006，25（4）：13-14.

[51] 李君. 基于自主平台的大型复杂系统联试过程管理系统的设计与实现[D]. 北京：北京邮电大学，2013.

[52] 赵小川，刘培志，邵佳星，等. 自主感知型无人机感知系统效能综合评价[C]//全国信号和智能信息处理与应用学术会议，2018.

[53] 王宇. 浅析网络安全态势感知能力的构建与应用[C]//第六届全国网络安全等级保护技术大会，2017.

[54] 张婷婷，蓝羽石，宋爱国. 无人集群系统自主协同技术综述[J]. 指挥与控制学报，2021，7（2）：127-136.

[55] 潘耀宗，张健，杨海涛，等. 战机自主作战机动双网络智能决策方法[J]. 哈尔滨工业大学学报，2019，51（11）：144-151.

[56] 王云霄，陈华. 人机信任中的信任滥用和信任缺乏[J]. 心理学进展，2022，12（8）：2663-2668.

[57] 陈嘉乐，朱孟婷，李永娜. 人机交互中的过度信任[J]. 心理学进展，2020，10（11）：1842-1846.

[58] 何江新，张萍萍. 从"算法信任"到"人机信任"路径研究[J]. 自然辩证法研究，2020，36（11）：81-85.

[59] 张里博. 面向人机协作机制的三支决策模型及其应用研究[D]. 南京：南京大学，2019.

[60] 李宁宁，宋荣. 人-机-思维模型：对赫伯特·西蒙机器发现思想的审思[J]. 科学技术哲学研究，2022，39（5）：87-93.

[61] 刘伟. 人机融合智能的哲学思考[EB/OL]. https://blog.csdn.net/VucNdnrzk8iwX/

article/details/82720070[2022-05-09].

[62] 李华, 范以锦. 人机融合智能: 一种新型智能网络和可能的信息交互媒介[J]. 当代传播, 2021,（3）: 38-42.

[63] 王锋. 从人机分离到人机融合: 人工智能影响下的人机关系演进[J]. 学海, 2021,（2）: 84-89.

[64] 钱大琳. 基于组织层次的人机融合智能决策支持系统模型[J]. 北京交通大学学报, 2005,（3）: 96-100.

[65] 钱大琳, 刘峰.人机融合决策智能系统研究的多学科启示[J]. 系统工程理论与实践, 2003, 23（8）: 130-135.

[66] 鲁宾斯坦. 经济学与语言[M]. 钱勇, 周翼译. 上海: 上海财经大学出版社, 2004.

[67] 钱学森. 对人体科学研究的几点认识[J]. 自然杂志, 1991, 14（1）: 1-8.

[68] 潘泉, 王增福, 梁彦, 等. 信息融合理论的基本方法与进展（Ⅱ）[J]. 控制理论与应用, 2012, 29（10）: 1233-1244.

[69] 何友. 多传感器信息融合及应用[J]. 电子学报, 2000,（12）: 60-61.

[70] 刘冰, 张文强, 于修金, 等. 一种多数据源地图数据融合方法[P]. 2020.

[71] Endsley M R. Towards a new paradigm for automation: designing for situation awareness[J]. IFAC Proceedings Volumes, 1995, 28（15）: 365-370.

[72] Goldenhar L M, Brad P W, Sutcliffe K M, et al. Huddling for high reliability and situation awareness[J]. BMJ Quality & Safety, 2012, 22（11）: 899-906.

[73] Sporns O, Tononi G, Kötter R. The human connectome: a structural description of the human brain[J]. PLoS Computational Biology, 2005, 1（4）: e42.

[74] Fischer P C. Review: John McCarthy, the inversion of functions defined by Turing machines[J]. Journal of Symbolic Logic, 1970, 35（3）: 481.

[75] 王东浩. 人工智能体引发的伦理困境探赜[J]. 华南农业大学学报, 2013.

[76] 付海军, 陈世超, 林懿伦, 等. 人在回路的混合增强智能在 Sawyer 的研究与验证[J]. 智能科学与技术学报, 2019, 12（3）: 280-286.

[77] 李金波. 人机交互中任务特征和个体特征对认知负荷的综合影响[J]. 心理科学,

2010，41（4）：972-975.

[78] 苗秀，侯文军，边坤. 基于认知神经科学的人机交互发展研究[J]. 艺术与设计（理论），2022，32（2）：87-89.

[79] Schutte N S，Malouff J M，Hall L E，et al. Development and validation of a measure of emotional intelligence[J]. Personality & Individual Differences，1998，25（2）：167-177.

[80] 刘景钊. 意向性：心智关指世界的能力[M]. 北京：中国社会科学出版社，2005.

[81] 玛格丽特·博登. 人工智能哲学[M]. 刘西瑞，王汉琦译. 上海：上海译文出版社，2006.

[82] Cummings M L，Bruni S，Mercier S，et al. Automation architecture for single operator，multiple UAV command and control[J]. International Command and Control Journal，2008，（2）：36-40.

[83] Manuel B，Lenore B. Atheoretical computer science perspective on consciousness[J]. Journal of Artificial Intelligence and Consciousness，2021，8（1）：1-42.

[84] 刘文旋. 社会、集体表征和人类认知——涂尔干的知识社会学[J]. 哲学研究，2003，17（9）：74-80.

[85] 蔡曙山. 人类认知的五个层级和高阶认知[J]. 科学中国人，2016，42（2）：33-37.

[86] 唐宁，安玮，徐昊骙，等. 从数据到表征：人类认知对人工智能的启发[J]. 应用心理学，2018，24（1）：3-14.

[87] Samuel B. Wintermute. Abstraction，Imagery，and Control in Cognitive Architecture [D]. Michigan：University of Michigan，2010.

[88] 赵川. 智能科学研究前沿[M]. 北京：科学出版社，2013.

[89] Zimmerman J，Forlizzi J，Evenson S. Research through design as a method for interaction design research in HCI[C]//Conference on Human Factors in Computing Systems. DBLP，2007.

[90] 杨善林，倪志伟. 机器学习与智能决策支持系统[M]. 北京：科学出版社，2004.

[91] 陈鹰，杨灿军. 人机智能系统理论与方法[M]. 杭州：浙江大学出版社，2006.

第八章　深度态势感知

钱学森认为，针对"复杂的巨系统"，人类目前还没有找到解决的一般原理和方法，人机融合系统的深度态势感知理论可能是一种有益的尝试。通过掌握事实性与价值性的关系，深入研究人机融合智能，开展深度态势感知，可能会是智能研究的重大突破。本章主要介绍深度态势感知的理论来源，阐述主动态势感知与被动态势感知的区别，以及深度态势感知如何在人-机-环境融合智能系统中发挥作用。

第一节　深度态势感知的理论之源

2013 年 6 月，美国空军司令部正式任命安德斯雷这位以研究态势感知而知名的女科学家为新一任美国空军首席科学家，这位 1990 年毕业于南加州大学工业与系统工程专业的博士和上一任首席科学家梅伯里（M. T. Maybury）都是以人机交互中的认知工程为研究方向的，一改 2010 年 9 月以前美国空军首席科学家主要是航空航天专业或机电工程专业出身的惯例。这种以认知科学为专业背景任命首席科学家的情况在美军其他兵种中也相当流行，这也许意味着，在未来的军民科技发展中，以硬件机构为主导的制造加工领域正悄悄地让位于以软件智慧为主题的指挥控制体系。

　　无独有偶，正当世界各地的人工智能、自动化领域的专家认真研究态势感知技术之时，全球的计算机界正努力分析上下文感知（context awareness，CA）算法[1]，语言学领域对自然语言处理中的语法、语义、语用等方面也非常热衷，心理学科中的态势感知也是当下讨论的热点，西方哲学的主流竟也是分析哲学。分析哲学是一个哲学流派，它的方法大致可以划分为两种类型：一种是人工语言的分析方法，另一种是日常语言的分析方法。当然，认知神经科学等认知科学的主要分支目前的研究重心也在大脑意识方面，试图从大脑的结构与工作方式入手，弄清楚人的意识产生过程[2]。

　　人类现在生活在一个信息日益活跃的人-机-环境（自然、社会）系统中，指挥控制系统自然就是通过人、机、环境三者之间交互及其信息的输入、处理、输出、反馈来调节正在进行的主题活动，进而减少或消除结果不确定性的过程[3]。

　　针对指挥控制系统的核心环节，安德斯雷提出动态决策态势感知模型[4]，该模型中态势感知被分成三级，每一阶段都是必要但不充分地先于下一阶段。该模型沿着一个信息处理链，从感知通过解释到预测规划，从低级到高级，具体为：第一级是对环境中各元素的感知，即信息的输入；第二级是对目前的情境的综合理解，即信息的处理；第三级是对随后情境的预测和规划，即信息的输出。

　　一般而言，人、机、环境（自然、社会）等构成特定情境的组成成分常常会发生快速的变化，在这种快节奏的态势演变中，由于没有充分的时间和足够的信息来形成对态势的全面感知、理解，故而准确对未来态势的定量预测可能会大打折扣，但应该不会影响对未来态势的定性分析。大数据时代，对于人工智能系统而言，如何在充分厘清各组成成分及其干扰成分之间的排斥、吸引、竞争、冒险等逻辑关系的基础上，建立起基于离散规则和连续概率，甚至包括基于情感和顿悟的、反映客观态势的定性与定量综合决策模型显得更为重要。简言之，不了解数据表征关系（尤其是异构变异数据）的大数据挖掘是不可靠的，建立在这种数据挖掘上的智能预测系统也不可能是可靠的[5]。

另外，在智能预测系统中也时常面对一些管理缺陷与技术故障难以区分的问题，如何把非概念问题概念化？如何把异构问题同构化？如何把不可靠的部件组成可靠的系统？如何通过组成智能预测系统之中的前/后（刚性/柔性）反馈系统把人的失误/错误减到最小，同时把机和环境的有效性提高到最大？对此，1975 年计算机图灵奖及 1978 年诺贝尔经济学奖得主西蒙[6]提出了一个聪明的对策：有限的理性，即把无限范围中的非概念、非结构化成分可以延伸成有限时空中可以操作的柔性的概念、结构化成分处理。这样就可把非线性、不确定的系统线性化、满意化处理。只有把表面上无关之事物关联在一起，才能使智能预测变得更加智慧落地。

但是在实际工程应用中，由于各种干扰因素（主客观）及处理方法的不完善，目前态势感知理论与技术仍存在不少缺陷。构建和维护态势感知对于许多不同工作和环境中的人来说可能是一个具有挑战性的过程。飞行员们报告说，他们的大部分时间一般都花在努力确保自己对发生的事情的心理描述是实时、准确的。对于许多其他领域，那些系统复杂且必须处理大量实时信息，信息快速变化以及难以获得的领域，可以说同样如此[7]。

第二节　深度态势感知的概念

一、基本观点

深度态势感知的含义是"对态势感知的感知，是一种人机智慧，既包括了人的智慧，也融合了机器的智能"，是能指+所指，既涉及事物的属性（能指、感觉），又关联它们之间的关系（所指、知觉），既能够理解事物原本之意，也能够明白弦外之音[3]。深度态势感知是在以安德斯雷为主体的态势感知（包括信息输入、处理、输出环节）基础上，加上人、机（物）、环境（自然、社会）及其相互关系的整体系统趋势分析，具有"软/硬"两种调节反馈机制，既包括自组织、自适应，也包括他组织、互适应，既包括局部的定量计算预测，也包括全局的定性算计评估，是一种具有自主、自动弥聚效应的信息修正、补偿的期望—选择—预测—控制体系。如果说视觉是由物体反光的漫射形成的，那么深度态势感知就相当于在暗室里打开开关看到事物的本原[8]。

从某种意义上讲，深度态势感知是为完成主题任务在特定环境下组织系统充分运用各种人的认知活动的综合体现，如目的、感觉、注意、动因、预测、自动性、运动技能、计划、模式识别、决策、动机、经验及知识的提取、存储、执行、反馈等，既能够在信息、资源不足的情境下运转，也能够在信息、资源超载的情境下作用。

通过实验和现场调查分析，刘伟等认为高级飞行员存在态势感知"跳蛙"现象，即从感知刺激阶段直接进入预测规划阶段（跳过了综合理解阶段），这主要是由注意和环境任务的驱动引起的，他们进行的是信息的关键特征搜索，而不是整个客体的搜索[9]。与普通态势感知系统相比，深度态势感知信息的采样会更离散一些，尤其是在感知各种刺激后的信息过滤中，表现了较强的"去伪存真、去粗取精"的能力。信息"过滤器"的基本功能是让指定的信号比较顺利地通过，而对其他的信号起衰减作用，利用它可以突出有用的信号，抑制/衰减干扰、噪声信号，达到提高信噪比或选择的目的。对于每个刺激客体而言，既包括有用的信息特征，又包括冗余的其他特征，而深度态势感知系统具备了准确把握刺激客体的关键信息特征的能力（可以理解为"由小见大、窥斑知豹"的能力），所以能够形成阶跃式人工智能的快速搜索比对提炼和运筹学的优化修剪规划预测的认知能力，可以做到执行主题任务自动迅速。对于普通态势感知系统来说，由于没有形成深度态势感知系统所具备的认知反应能力，所以觉察到的刺激客体中不但包括有用的信息特征，还包括冗余的其他特征，所以信息采样量大，信息融合慢，预测规划迟缓，执行力弱。

在真实的复杂背景下，对深度态势感知系统及技术进行整体、全面的研究，根据人-机-环境系统过程中的信息传递机理，建造精确、可靠的数学模型已成为研究者所追求的目标。人类认知的经验表明：人具有从复杂环境中搜索特定目标，并对特定目标信息选择处理的能力。这种搜索与选择的过程被称为注意力集中（focus attention）。在多批量、多目标、多任务的情况下，快速有效地获取所需要的信息是人面临的一大难题。如何将人的认知系统所具有的环境聚焦（environment-focus）和自聚焦（self-focus）机制应用于多模块深度态势感知技术系统的学习，根据处理任务确定注意机制的输入，使整个深度态势感知系统在注意机制的控制之下有效地完成信息处理任务并形成高效、准确的信息输出，有可能为上述问题的解决提供新的途径。如何建立适度规模的多模块深度态势感知技术系统是首先需要解决的问题，另外，如何控制系统各功能模块间的整合与协调也是需要解决的一个重要问题[9]。

二、深度态势感知意义的建构

在深度态势感知系统中，我们的主要目的不是构建态势，而是建构态势的意义框架，进而在众多不确定的情境下实现深层次的预测和规划。

一般而言，感对应的是碎片化的属性，知则是同时进行的关联（关系）的建立，人的感、知过程常常是同时进行的（机的不然），而且人可以同时进行物理、心理、生理等属性、关系的感与知，还可以混合交叉感觉、知觉，日久就会生成某种直觉或情感，从无关到弱关、从弱关到相关、从相关到强关，甚至形成"跳蛙"现象，类比在这个过程中起着非常重要的作用，是把隐性默会知识转化成显性规则/概率的桥梁。根据现象学，意识最关键的是知觉，就是能觉知到周边物体和自身构成的世界，而对物体的知觉是自身和物体的互动经验整合而得到的自身对物体可以做的行动。比如对附近桌子上的一个苹果的知觉是可以吃、走过去可以拿在手里、可以抛起来等。一般认为知觉是信号输入，但事实上，计算机接受视频信号输入但是没有视觉，因为计算机没有行动能力。知觉需要和自身行动结合起来，这赋予输入信号语义，输入信号不一定导致一定的行动，必须要结合动作才有知觉。知觉的产生先经过输入信号、自身运动和环境物体协调整合，并将其整合形成经验记忆，如若再遇到相关的信号时就会产生对物体的知觉（对物体可作的行动）。然而只有知觉可能还不够，智能系统还需要有推理、思考、规划的能力。但这些能力可以在知觉平台的基础上构建。

人与机器在语言及信息的处理差异方面，主要体现在能否把表面上无关之事物关联在一起的能力。尽管大数据时代可能会有所变化，但对于机器而言，抽象表征的提炼亦即基于规则条件及概率统计的决策方式与基于情感感动及顿悟冥想的判断（人类特有的）机理之间的鸿沟依然存在。

爱因斯坦曾这样描述逻辑与想象的差异："逻辑带你从 A 点到达 B 点，想象力带你去任何地方"。其实，人最大的特点就是能根据特定情境把逻辑与想象、具象与抽象进行有目的的弥聚融合，这种灵活弹性的弥散聚合机制往往与任务情境紧密相关。正如涉及词语概念时，有些哲学家坚持认为，单词的含义是世界上所存在的物理对象所固有的，而维特根斯坦则认为，单词的含义是由人们使用单词时的语境所决定的，这源于类似二极管机理中的竞争冒险现象。这种现象在人的意识里也有，如欲言又止、左右为难、瞻前顾后。思想斗争的根源与不确定性有关，与人、物、情境的不确定有关，有限的理性也许与之有某种联系，关键是如何平衡，找到满意解（碗中捞针），而不是找到最优解（大海捞针）。相比之下，战胜围棋世界冠军李世石的机器程序 AlphaGo 的参数调得就很好，这种参数的平衡恰恰就是竞争冒险机制的临界线，就像太极图中阴阳鱼的分界线一般。竞争冒险行为中定性与定量调整参数之间一直有个矛盾，定性是方向性问题，而定量是精确性问题，往往有点"生存还是毁灭"的味道。

对于人类而言，最神秘的意识是如何产生的，这个问题一直受到学者们的关注。其中有两个主要问题，一是意识产生的基本结构，二是交互积累的经验。前者可以是生理的也可以是抽象的[10]，是人类和机器的差异，后者对于人或机器都是必需的。意识是人-机-环境系统交互的产物，目前的机器理论上没有人-机-环境系统的（主动）交互，所以没有你我他这些参照坐标系。有人说"当前的人工智能里面没有智能，时下的知识系统里面没有知识，一切都是人类跟自己玩，努力玩得似乎符合逻辑、自然、方便且容易记忆和维护"，此话固然有些偏颇，但也说明了一定的问题，即意识是人-机-环境系统交互的产物，从而很难反映出各种隐含着稳定和连续意义的某种秩序。

有时可把数据理解定义为人对刺激的表示或应对，即使是看见一个字，听到一个声音等。没有各种刺激，智能可能无法发育、生长（不是组装），爱因斯坦说过："单词和语言在我的思考过程中似乎不起任何作用。我思索时的物理实体是符号和图像，它们按照我的意愿可以随时重生和组合。"语言是符号的线性化，语言也限制思维，这些许像人机智能的差异：一种记忆型（类机），一种模糊型（类人），人的优点在于可以更大范围、更大尺度（甚至超越语言）地无关相关化，机的局限性恰在于此，即有限的相关。如描述一个能在三维空间跟踪定位物体的系统，通过将位置和方向纳入一个目标的属性，系统能够推断出这些三维物体的关系。尽管大数据冗余也可能造成精度干扰或认知过载（信息冗余是大数据时代的自保策略），但在许多应用场合，小数据也应该有很大助益，毕竟小数据更加依赖分析的精度，其短板是没有大数据的信息冗余作为补偿。

第三节 主/被动态势感知

主动态势感知包含了行为层上的规划，是基于经典态势感知理论的进一步拓展。它有动机和目的指向性，能够积极地把现实状态转化为利己的局势和趋势。被动态势感知是顺应。主动态势感知技术就是通过人的算计制定出系统安全性测试计算程序，模仿故障点，进行故障前的测试、诊断等，主动暴露特定人-机-环境系统中的不足和缺陷，针对系统中的薄弱环节进行测试探查，犹如战场中的火力侦察，抑或电工维修作业中的耐压实验，以达到未雨绸缪、防患于未然之效果[11]。主动态势感知中的态、势、感、知测试与正常被动态势感知中的应该有所不同。

军事中的武装侦察是主动态势感知思想的集中体现，其最早可以追溯到《孙子兵法》中的"角之而知有余不足之处"，《吴子》中的"将轻锐以尝之"。第二次世界大战期间，参战各国都逐渐重视运用武装侦察获取情报，主动态势感知思想得到广泛应用。

主/被动态势感知是态势感知研究中的新兴研究领域，其表征问题、影响因素及边界问题是接下来研究的关键问题。

一、表征问题

作为一个态势感知研究中的新兴研究领域，主/被动态势感知的表征问题是对主/被动态势感知进行研究的首要问题。

主/被动态势感知的特征与过程存在较大差异。在一个主动态势感知过程中，体现的主要是"由内而外"的处理过程，其提取信息依赖于（至少受其影响）对事物特性的固有认识，是一种基于价值性认知的活动过程；被动态势感知更多的是一个"由外而内"的处理过程，其提取信息只与当前的刺激有关，是一种以事实性认知为基准的活动过程。虽然目前的研究认为"由内而外"与"由外而内"的过程是可以并行处理的，但是在两种态势感知过程中其侧重点不同，其表征自然也会存在较大差异[12]。

首先，这种差异表现在价值性表征和事实性表征的差异上。价值性表征是一种"反思"，是一种融合了自身价值之后的"刺激—选择—反应"过程，这一过程的核心在于人的反应行为是在刺激物与自身动机的共同作用下形成的，需要将人的众多内在属性纳入表征范畴；事实性表征则近似于非生命体机器的"反馈"过程，主要是一个"刺激—反应"过程，不涉及个体自身的内在动机和固有信息等内涵。其次，这种差异表现在两者的表征形式上。主动态势感知主要是一个基于算计的过程，是一种价值意向性的处理过程，其表征更多地会体现为一种理念框架而非精确的规则或模型；被动态势感知更多的是基于事实的形式化处理过程，要求快速精确，往往表征为符号、规则或数学模型等。

协同场景将是研究主/被动态势感知的一个切入点，主要原因在于：群体在协同场景下，会综合面对来自自身和外界的各类信息，同时会基于自身价值和外在信息进行大量的计算与算计，并且亦会在与他人互动的过程中面对协同与冲突的不同情境，在这一过程中必然存在主被动态势感知的共存、转换等不同状态。因此，选取协同场景进行研究，可以综合考虑"计算与算计""价值与事实""心理模型与计算模型"等诸多要素。

二、影响因素及边界问题

作为一组相对概念，主/被动态势感知的边界和转化是极具研究价值的另一问题。

首先必须明确的是，主动态势感知强调的态势感知过程不是被动地对环境的响应，而是一种主动行为，主动态势感知系统是在环境信息的刺激下，通过采集、过滤，改变态势分析策略，从动态的信息流中抽取不变性，在人机环境交互作用下产生近乎知觉的操作或控制；其次，主动态势感知技术中的计算是同认知技术计算相似的动态的、非线性的过程，通常不需要一次将所有问题都计算清楚，而是对所需要的信息加以计算和协调，达成一种框架；最后，主动态势感知技术中的计算应该是适应性的，应当随着与外界的交互而变化。因此，综上所述，主动态势感知应该是外界环境、交互对象和人的认知感知器共同作用的结果。

从协同决策任务系统的角度来看，一个复杂的协同决策系统中存在大量有意志、有目的和有学习能力的人的活动，涉及变量众多、关系复杂，贯穿着人的主观因素和自觉目的，所以在这一角度上其往往具有个别性、人为性、异质性、不确定性、价值与事实的统一性、主客相关性等特点，其中充满了复杂的随机因素的作用。但从系统的层面来看，许多信息又是确定的、可量化的，具有较强的实证性、自在性、同质性、确定性、价值中立性、客观性。当这两者所代表的主被动态势感知共存于一个复杂系统中时，探究它们之间的影响因素和边界所在，就显得尤为重要了。

规范到一个任务的具体场景下，从质性的角度看，在一个任务活动过程中，主动态势感知和被动态势感知可能同时存在，两者可能会共同作用于同一个任务过程，达到一个预期的任务效果[1]。但与此同时，从量化的角度看，在任务的不同阶段中其此消彼长的相对关系必然存在不同，其在特定时刻下的主从关系也必然会存在差异。基于这一视角，确定主动态势感知与被动态势感知之间的影响因素和主从转化的边界条件将是主/被动态势感知研究的重点。

第四节　基于深度态势感知的用户画像案例

一、用户画像：人与机沟通的桥梁

（一）用户画像概念介绍

用户画像（persona）是美国的软件设计师、"交互设计之父"库珀于 1983

年首次提出，后于 1998 年出版的软件设计著作《软件创新之路：冲破高技术营造的牢笼》（*The Inmates are Running the Asylum*）一书中提到的一个概念[13]。

奥美（Ogilvy）于 1997 年在营销学中使用了与此概念相类似的一个概念，即 "顾客照片"（customer prints），这种 "顾客照片" 是对日常生活中的顾客典型的分类描述[14]。

用户画像在基于情境的设计方法中起着重要的作用，它可以在框架定义阶段用于产生设计概念，也可以在优化阶段用以提供反馈，来保证设计上的正确性和一致性[15]。

（二）人与机

客观地说，人工智能只是人类智能可描述化、可程序化的一部分，而人类的智能是人、机（物）、环境所组成的系统相互作用的产物。智能生成的过程，简而言之，就是人-物（机器属于人造物）-环境系统相互作用的叠加结果，由人、机器和各种环境的变化状态所叠加衍生出的形势、局势和趋势（简称势）共同构成，三者变化的状态有好有坏、有高有低、有顺有逆。体现智能的生成则是由人-机-环境系统态、势的和谐共振程度所决定的，三者之间具有建设性和破坏性的干涉效应，或者增强或者消除，三位一体时智能强，三位多体时则智能弱。如何产生共频则是人机融合智能的关键。当代人工智能由最初的完全人工编译的机器自动化发展到了人工预编译的机器学习，接下来的发展可能是通过人-机-环境融合智能的方法来实现机器认知，最终实现机器觉醒。

人是人-机-环境系统的主体，只有深刻认识人在系统中的作业特性，才能研制出最大限度地发挥人及人机系统的整体能力的优质高效系统。在人-机-环境系统中，人作为该系统的主导者，与这个系统的研制、分析及运行的性能都密切相关[16]。人体虽然是物质的，但具有感知、思维、智慧。一个好的人-机-环境系统，必须建立在机对人有着良好认知的基础上。

那么，机器如何理解人呢？如何构建两者之间的沟通方式呢？该问题等同于如何进行深度的用户画像。用户画像可将用户所拥有的知识、价值、情感等转化为机器可理解的计算模型，使计算机能够了解用户的感知方式、认知过程和行为模式。基于对用户的理解，机器可以通过改变自身的行为模式来适应人的感觉方式，使得人机交互元素能够尽可能地根据使用者的需求，适应人的特点，形成最和谐的人机融合[17]。

用户画像是一种研究基于人类行为特征的深度态势感知系统技术，即研究在不确定性动态环境中人的组织的感知及反应能力[18]。其对于社会系统中重大事变（战争、自然灾害、金融危机等）的应急指挥和组织系统、复杂工业系统中的故障快速处理、系统重构与修复、复杂环境中仿人机器人的设计与管理等问题的解决都有着重要的参考价值。

（三）基于深度态势感知理论模型的用户画像

深度态势感知是对感知的感知，是在人的认知、偏好、习惯、情感、记忆、认知的基础上，加上机的运算协同，两者互为补充，取长补短，用户画像的构建就是由态生势的过程。用户画像是人的认知活动（如目的、感觉、注意、动因、预测、自动性、决策、动机、经验及知识）的综合体现[19]。基于深度态势感知理论，用户画像可从自然属性维度、价值取向维度、行为习惯维度、认知特征维度四个方面对人进行深度刻画。

事实上，把生命体特有的"目的性行为"概念用"反馈"这种概念代替，把按照"反馈"原理设计成的机器的工作行为看成"目的性行为"，并未突破生命体（人）与非生命体（机器）之间的概念隔阂。原因很简单，人的"目的性行为"分为简单显性和复杂隐性两种，简单显性的"目的性行为"可以与非生命体机器的"反馈"近似等价（刺激—反应）。但复杂隐性的"目的性行为"——意向性却远远不能用"反馈"近似替代，因为这种意向性可以延时、增减、弥聚，用"反思"定义比较准确。但"反思"概念却很难应用于非生命体的机器中，"反思"的目的性可用主观的价值性表征，这将成为人机融合的又一关键之处。"反思"是一种非生产性的"反馈"，或者说是一种有组织性的"反馈"，自主是有组织的适应性，或被组织的适应性[20]。

1. 态

深度态势感知中的"态"定义为人-机-环境系统中的各类表征个体状态的主客观数据，即 state。用户画像从海量信息中提取有用的信息和知识。用户画像中对自然属性维度的构建是基础，对应于深度态势感知的"态"。用户画像的自然条件是构成用户认知与行为的基础之一，用户画像的自然条件维度包含了相对静态的人口统计学信息、物质条件与社会环境，它是最容易获取的表象信息，经常在使用时被弱化[21]。

2. 势

深度态势感知中的"势"定义为事件的发展趋势，即 trend，对应于用户画像中的价值维度。价值取向维度包含了个体对自身，以及对群体与社会所能产生的价值的期望[22]。价值取向是内隐或者外显的，关于什么是有价值的看法，是个人与群体的特征属性，影响着人们对行为方式、手段及目的的选择。

价值取向维度在用户画像的构建中找到影响用户行为的动机，它为用户的决策与行为提供作用。价值取向维度体现了用户的深层需求，表达了用户的自我期望。

3. 感

一般而言，"感"对应的是碎片化的属性，"知"则是同时进行的关系建立。"感"定义为对系统中"态"的觉察，即 sense。类似于"感"对应于深度态势感知，行为习惯是用户研究中非常重要的部分，是构建人物角色模型的骨架。行为习惯体现了四个维度，很容易被观察到，也便于发现问题进行改进优化。

4. 知

"知"定义为对"势"的理解，即 precept。"感"与"知"相互作用，关系密切。在用户画像中，行为与认知的关系也是密切的。"知"包括感觉、知觉、记忆等，它显示了用户的倾向偏好、信息获取与决策方式、风格特征等，体现了人们对使用感的期望或者对交互行为实现的偏好。认知作用于行为，行为所产生的结果也影响了认知。一个人的行为是他的认知在一定的社会、文化空间下所显现出来的外在形态，而构建用户画像，便是有重点地勾勒一个典型用户的生活方式。

5. 反思

反思是用户对自身以往经历和信息进行反省与再处理的过程，它影响了人的偏好和价值观等。反思具有深层次穿透性的驱动力，可以在用户不注意的情况下影响用户的决策。反思维度深受价值取向维度的影响。

自然属性是构建动态用户画像的基础，价值取向与自然属性共同影响用户的行为习惯与认知。用户的行为习惯是自然属性维度、价值取向维度共同作用下的表征，行为习惯和认知特征相互影响。

自然属性、价值取向、行为习惯与认知特征都不是独立存在的，它们相互驱动、相互作用、相互影响。因此，构建用户画像决不能只考虑用户行为模式，否则会造成真实用户与用户画像的偏差。也许从这四个维度出发，构建出的用户画像可以更加准确地描述出典型用户[23]。

二、态势感知：推荐系统的高级形态

（一）推荐系统的历史与现状

随着信息技术与互联网技术的飞速进步，电子商务、社交媒体、影音娱乐等领域蓬勃发展。

特别是随着移动互联网的兴起与社交网络的繁荣，互联网用户正在从以前的信息接收者变为信息生产者与参与者。据中国互联网络信息中心（China Internet Network Information Center，CNNIC）发布的第 45 次《中国互联网络发展状况统计报告》，截至 2020 年 3 月，中国网民规模已达 9.04 亿，网络购物用户规模达 7.10 亿，网络视频（含短视频）、网络音乐和网络游戏的用户规模分别为 8.50 亿、6.35 亿和 5.32 亿，使用率分别为 94.1%、70.3%和 58.9%[24]。互联网产生的数据是海量的，根据 YouTube 的用户数据报告，截至 2013 年，YouTube 全球用户超过 10 亿，每分钟上传超过 500 小时新内容；微信公众号每天发布超过 70 万篇新文章；QQ 音乐有 1500 万首歌，全部听完需要 142 年。面对如此大规模的数据信息，我们不再受制于信息匮乏，但信息在给我们的日常生活带来便利的同时，也使得从这些巨量信息中查找到自己所需要的有用信息变得越来越困难，这就是"信息过载"。

面对"信息过载"问题，目前主要有三种解决方案：分类目录、搜索引擎和推荐系统。分类目录即通过在互联网中对网络资源进行分类整理，从而降低查找难度，比较著名的如 Hao123 等[25]。搜索引擎通过关键词过滤掉大量的无关信息，直接为用户呈现与关键词相关的结果信息。推荐系统则是根据用户的兴趣特点和购买行为，向用户直接推荐用户感兴趣的信息和商品。

推荐系统的研究起源被认为是 20 世纪 90 年代的 Tapestry 系统，其为用户提供文档过滤、检索服务，该系统的一个重要贡献就是首次使用协同过滤思想来进行推荐[26]。随后在 1994 年，明尼苏达大学 GroupLens 研究组提出了完全自动的 GroupLens 推荐系统，该系统向用户推荐新闻及电影[27]。在这之后，大量推荐系统问世，推荐系统成为热门研究课题。

随着推荐系统在购物网站中的潜在作用逐步被认识，其在商业领域的应用愈发广泛。亚马逊根据用户的购物记录、浏览记录和正在查看的物品记录，向用户推荐一些其可能喜欢的物品，其所提供的个性化推荐服务使其销售额提升了 30%[28]；美国奈飞（Netflix）公司宣称其 60%左右的会员根据推荐名单定制影片订阅顺序。推荐系统目前正以一种更快的速度在影音娱乐、内容信息服务、电子商务、社交网络、中介服务等领域中被部署应用[29]。推荐系统所取得的巨大成功吸引了更多学者对其的关注，2007 年，国际计算机学会召开了推荐系统（RecSys）会议，其已经成为目前最新的推荐技术和应用的顶级大会。此外，像数据库、信息系统和自适应系统领域等传统的大会也经常会包括以推荐系统为主题的会议，如国际计算机学会信息检索国际会议（ACM Special Interest Group on Information Retrieval，ACM SIGIR）、国际万维网大会（The International Conference of World Wide Web，WWW 会议）、神经信息处理系统会议（Neural Information Processing Systems，NIPS）、国际数据挖掘与知识发现大会（Knowledge Discovery and Data Mining，KDD）等重要国际会议每年都会发表大量与推荐系统相关的研究成果。

（二）推荐系统中的休谟问题

休谟在他的哲学体系中提出了很重要的休谟问题："是"推不出"应该"。这句话的意思是，从事实中推不出价值观。

《追问人工智能：从剑桥到北京》一书中认为智能的起点不仅包括 being，还存在着 should[30]。人类智能比机器智能的优越性体现在人有 want、can、change，即个体欲望、行为约束与意识变化。机器只能在已定规则下按部就班。如此这般，机器智能永远是"死"的而不是"活"的。其实推荐系统中也有类似问题：推荐系统如何真正实现个性化？推荐系统如何破除信息茧房？推荐系统如何自我迭代？

目前的推荐系统通过在多源异构的事实性数据中发掘出隐性的兴趣、爱好、情感等价值类信息。现在的常规做法从传统的协同过滤算法、矩阵分解算法转换到了基于长短期记忆神经网络、注意力机制、图神经网络等深度学习方法，通过挖掘用户和对象的隐性特征，基于特征相似关联的原理，将不同的对象分配给不同的目标用户。目前看来，这些方法都以准确率为首要追求目标，推荐的对象很多是与用户之前喜欢的对象类似的，而非挖掘到用户的潜藏的爱好，即惊喜度并不高。现在推荐系统中开始加入知识图谱，即为推荐系统引入逻辑性，推荐系统因而更具有实用性，但是推荐系统对人的非逻辑即思维的跳跃性仍没有较好的解决方式。个性化推荐应该是系统了解个体的差异性，不只是推荐与之前喜好相关的事物，而是能够帮助用户发掘新的爱好。

在当前时代，人们已经处于海量信息中，每个人都有海量的选择，但个体往往只会选择自己感兴趣的信息。推荐系统通过分析用户行为数据，不断向用户推荐与用户兴趣相似的对象，用户只能获得特定领域的信息，与其他领域的信息之间无法互通，就像蚕一样被束缚在茧房之中。长此以往，在互联网空间中，用户产生分化和类聚乃至形成网络群体的极化，进而形成"信息茧房"。每个人活在由推荐系统造就的"信息茧房"中，只能看到自己的观点被认同被肯定，而缺少相反或更多元化的呈现，推荐系统开始代替个人的自主选择，用户的认知不断固化，现在的网络环境（如微博、贴吧）已经展现出这种趋势，大家观念对立，并且群体的观点容易极化，社会的包容性与多元性大受打击。目前解决"信息茧房"的手段主要在信源管理，后台尽量引导用户拓宽信息接收渠道，并对偏激的立场观点和不良信息进行过滤与筛选。但在算法层如何引导用户破除"信息茧房"仍未有较好的措施，是未来推荐系统需要重点考虑的问题。

推荐系统的自我迭代是一个比较前沿的问题，自我迭代听起来仿佛通用人工智能一样，能够自我进化、自我完善，其实目前的推荐系统主要是缺乏对自身的反馈调节机制。目前的推荐系统都是基于已定规则下构建的不变系统，一旦规则确定，推荐系统便已定型，之后想要改变，只能是人为地再去调整，而其自身不会对自身的好坏进行判别。如何实现推荐系统的自我迭代是未来需要思考并解决的问题。

（三）推荐系统与态势感知

态势感知目前在军事领域与网络安全领域得到广泛利用，它是一种基于环境、人、机器之间的关系，能够通过理解状态从而动态、整体地洞悉趋势的能力。整体来说，推荐系统是态势感知的简单应用，态势感知则是推荐系统的高级形态[31]。目前态势感知普遍依靠人类的行为数据与状态信息，而没有深入考虑人与机器、人与环境、机器与环境的关系。依据《追问人工智能：从剑桥到北京》一书，推荐系统可以考虑从以下三个方面去提升：动机性、常识、决策[30]。

首先是动机性。动机，在心理学上一般被认为涉及行为的发端、方向、强度和持续性。动机也是有层次的，不同层级可以互相转换。马斯洛（A. Maslow）于 1943 年在《人类激励理论》（"A Theory of Human Motivation"）一文中将社会需求层次与生理需求、安全需求、尊重需求和自我实现需求并列为人类五大需求[32]。推荐系统目前考虑最多的是准确率，应该从人类的五大需求方面综合考虑推荐系统的发展方向。

其次是常识。常识的定义为在一定的文化背景下，人们拥有的相同的经验知识，比较常见的有空间、时间、文化、物理常识。常识在我们的日常生活中十分重要，尤其是在我们做出决定与判断时尤为如此。很多常识是潜移默化形成的，是文化与背景学习的产物。融入常识的推荐系统将会更加符合用户的行为习惯。在搭建推荐系统时可以加入常识图谱，使之与推荐系统进行结合。

最后是决策。无论是人类的日常生活还是人工智能，最为关键的一步就是决策。如何让机器更加智能地进行决策，这是一个关乎未来人工智能走向的问题。人类的决策机制主要分为三大部分：理性决策、描述性决策与自然决策。理性决策即认为人在决策时遵循理性价值最大化的原则，比较具有代表性的有冯·诺依曼提出的最大期望效用理论[33]、萨维奇（L. Savage）提出的主观期望效用理论等[34]。描述性决策认为人在进行决策时不完全遵循理性准则。自然决策专门研究人们如何在自然环境或仿真环境下实际进行决策。推荐系统目前依靠的主要是理性决策，学习了人类的描述性决策与自然决策的推荐系统更加自然，更加理解人类的意图，真正做到个性化推荐。

第五节　基于深度态势感知的军事智能

军事智能化将在战场上发挥越来越重要的作用。不仅要求对战争和军事拥有足够认识，也需要提升对智能的认识，以及深刻理解智能自身及其在军事应用中的优势和局限性，进而在军事方面实现人和人工智能的有效协作。这涉及众多领域的探索研究和协调配合，是一个重要的人-机-环境系统工程。

一、美军战争模式的发展演进

在讨论智能以及军事智能之前，我们需要看到战争模式随着时代发展的改变。这里我们以美军为例，总结了美方关于战争的几种概念模式。

（一）机械战与信息战

战争形式的发展依次经历了机械化阶段、信息化阶段、智能化阶段，它们是在不同的时代背景条件下分别产生的，各自依托的是工业时代、信息时代和智能时代的不同物质基础。机械化依托的物质基础主要是动力设备、石化能源等物理实体及相关技术；信息化依托的物质基础主要是计算机和网络硬件设备及其运行软件；智能化的重要前提是信息化，依托的物质基础主要是高度信息化以后提供的海量数据资源、并行计算能力和人工智能算法。

机械化主要通过增强武器的机动力、火力和防护力提升单件武器的战斗力，以武器代际更新和扩大数量规模的方式提升整体战斗力[35]。信息化主要是通过构建信息化作战体系，以信息流驱动物质流和能量流，实现信息赋能、网络聚能、体系增能，以软件版本升级和系统涌现的方式提升整体战斗力。智能化则是在高度信息化的基础上，通过人工智能赋予作战体系"学习"和"思考"的能力，以快速迭代进化的方式提升整体战斗力。

机械化的对象主要是陆军，其目标主要是提升陆军的机动力、火力和防护力，使陆军跑起来和飞起来。机械化的最终目标，是使各军兵种武器装备的火力更猛、速度更快、射程更远、防护更强，各项机械性能指标达到最优。信息化的最终目标，则是使人或武器装备在恰当的时间、恰当的地点以恰当的方式获得和运用恰当的信息，信息获取、传输、处理、共享、安全等各项性能指标达到最优，实现战场透明化、指挥高效化、打击精确化、保障集约化。智能化的追求目标，是不断提升从单件武器装备、指挥信息系统直至整个作战体系的"智商"，并同步提升其可靠性、鲁棒性、可控性、可解释性等相关性能指标。

（二）认知电子战

网电空间的快速成长，正在塑造一个"一切皆由网络控制"的未来世界，催生"谁控制网电空间谁就能控制一切"的国家安全法则。当前,世界主要军事强国都在加紧筹划网电空间国家安全战略,以便抢得先机。少数国家极力谋求网电空间军事霸权,组建网电作战部队,研发网络攻击武器,出台网电作战条例,不断强化网电攻击与威慑能力。

美国国防部高级研究计划局的"自适应雷达对抗"(adaptive radar countermeasures,ARC)、"行为学习自适应电子战"(behavioral learning for adaptive electronic warfare,BLADE)以及美国空军研究实验室的"认知电子战精确参考感知"(cognitive electronic warfare precision reference perception)等项目都是这种新型认知电子战技术研发的典型[36]。这些认知电子战技术有望使电子战系统领先于频带更宽、射频捷变性更强的新型威胁系统。

认知电子战技术应用前景广阔,不仅有助于提升电磁对抗技术的实力,还将对信息战和网络空间战产生重要影响。认知电子战技术可实现自主电磁环境扫描定位,自主确定电子攻击的方式,并通过严格频谱管控提高电磁防护能力,代表了未来智能作战的发展方向。

认知电子战技术可有效解决传统电子战态势感知精度不足的问题,避免因大功率压制手段而暴露干扰信号并招致反辐射打击问题,有效提高电子战系统的隐蔽性和抗摧毁性。美国陆军开发的"城市军刀"项目,旨在依托认知技术对高优先级电子战目标实现自主探测、识别、分类、定位和快速攻击,提升战场频谱管控能力。

认知电子战技术将有效适应未来战场的复杂电磁态势,解决复杂电磁环境下的精确态势感知问题,其具备的实时动态学习能力,可在应对新型复杂环境时快速做出响应。未来,集众多高新技术于一身的认知电子战,将朝具备学习、思考、推理和记忆等认知能力方向发展[37]。

（三）网络中心战

网络中心战（network-centric warfare，NCW），现多称网络中心行动（network-centric operations，NCO），是美国国防部所创的一种新军事指导原则，以求化资讯优势为战争优势[38]。其做法是用可靠的网络联络在地面上分隔开但资讯充足的部队，这样就可以发展新的组织及战斗方法。这种网络容许人们分享更多资讯、合作及态势感知，以至理论上可以令各部一致，指挥更快，行动更有效。这套理论假设用可靠的网络联络的部队更能分享资讯，资讯分享会提升资讯质素及态势感知，分享态势感知容许合作和自发配合。这些假设大大提高了行动的效率。

战场各个作战单元的网络化，是把信息优势变为作战优势，使各分散配置的部队共同感知战场态势，协调行动，从而发挥最大作战效能的作战样式。网络中心战是美军推进新军事革命的重要研究成果，其目的在于改进信息和指挥控制能力，以增强联合火力和对付目标所需要的能力。网络中心战是一种基于全新概念的战争，它与过去的消耗型战争有着本质上的不同，指挥行动的快速性和部队间的自同步使之成为快速有效的战争。

网络中心战的实质是利用计算机信息网络对处于各地的部队或士兵实施一体化指挥和控制，其核心是利用网络让所有作战力量实现信息共享，实时掌握战场态势，缩短决策时间，提高打击速度与精度。在网络中心战中，各级指挥官甚至普通士兵都可利用网络交换大量图文信息，并及时、迅速地交换意见，制订作战计划，解决各种问题，从而对敌人实施快速、精准及连续的打击。

以往作战行动主要是围绕武器平台（如坦克、军舰、飞机等）进行的，在行动过程中，各平台自行获取战场信息，然后指挥火力系统进行作战，平台自身的机动性有助于实施灵活的独立作战，但同时也限制了平台间信息的交流与共享能力，从而影响整体作战效能。正是计算机网络的出现，使平台与平台之间的信息交流和共享成为可能，使战场传感器、指挥中心与火力打击单元构成一个有机整体，实现了真正意义上的联合作战，因而这种以网络为核心和纽带的网络中心战又可称为基于网络的战争。所以说，网络中心战的基本思想就是充分利用网络平台的网络优势，获取和巩固己方的信息优势，并且将这种信息优势转化为决策优势。与传统作战方式相比，网络中心战具有三个非常重要的优势：一是通过集结火力对共同目标同时交战；二是通过资源提高兵力保护；三是可形成更有效的、更迅速的"发现—控制"交战顺序。

网络中心战强调地理上分散配置部队。以往由于能力受限，军队作战力量调整必须要以重新确定位置来完成，部队或者最大可能地靠近敌人，或者最大可能地靠近作战目标。结果，一支分散配置部队的战斗力形不成拳头，不可能迅速对情况做出反应或集中兵力发起突击，因为需要位置调整和后勤保障。与此相反，信息技术则使部队从战场有形的地理位置中解脱出来，能够更有效地机动。由于清楚地掌握和了解战场态势，作战单元更能随时集中火力而不再是集中兵力来打击敌人。在网络中心战中，火力机动将完全替代传统的兵力机动，从而使作战不再有清晰的战线，前后方之分也不甚明显，战争的战略、战役和战术层次也日趋淡化。

（四）算法战

在战争智能化的基础上，美国国防部于 2017 年 4 月 26 日正式提出"算法战"的概念，并将从更多信息源中获取大量信息的软件或可以代替人工数据处理、为人提供数据响应建议的算法称为"战争算法"。同时，美国国防部决定组建算法战跨功能小组，以推动人工智能、大数据及机器学习等"战争算法"关键技术的研究。美军这一看似突然的举措实际上筹划已久，适应了现代战争的迫切需求。

"战争算法"源自信息化作战过程中出现的复杂难题。随着现代战场在空间上的拓展，复杂多样的战场信息传感器遍布陆、海、空、外层空间和电磁网络空间，各类情报侦察与监视预警信息爆炸式增长，由此产生的海量信息数据超出了情报分析员们的能力范围，令人难以招架，导致战场信息收集不及时、有效信息产出时效性低、反馈失误等严重问题。与此同时，无人机蜂群、群化武器等新式智能化武器装备与新型作战样式的提出，对指挥员决策的时效性、准确性、灵敏性提出了更高要求。运用不同数据类型和数据运用要求所需的标准化分析算法从而建立起数据自主分析系统，能够缩短 OODA 的反应时间，节省数据带宽，有效提升数据处理和挖掘效率，从而减少战场态势感知的不确定性，在智能决策、指挥协同、情报分析、战法验证以及电磁网络攻防等关键作战领域发挥作用。随着战争从体能较量、技能较量发展为智能较量，"战争算法"人工智能和指挥控制系统相关联并在其中占据关键地位，是实现智能化作战和建设智能军队的技术基础。

（五）马赛克战

现代战争的组织和规划一定会跨域、跨军兵种。美军已意识到分布式、联合、多域作战能力的重要性，不过，研发和部署相关高度网络化架构需要数年甚至数十年的时间。为了让指挥官能利用现时可用系统，以战斗速度构建赢得战争所需要的作战能力，美国国防部高级研究计划局战略技术办公室（Office of Strategic Technology，STO）于 2017 年提出"马赛克战"的概念，寻求开发可靠连接不同系统的工具和程序，灵活组合大量低成本传感器、指挥控制节点、武器平台，利用网络化作战，实现高效费比的复杂性，对敌形成新的不对称优势。

美军当前正不断开发更先进的战斗机、潜艇和无人系统，然而随着军事技术和高科技系统在全球范围的扩散，美国先进卫星、隐形飞机或精确弹药等传统技术平台的战略价值正在下降，而商业市场上电子元件技术的快速更新换代，成本高昂、研制周期长达数十年的新军事系统在交付之前就已经过时了。

"马赛克战"的概念是将更简单的系统联网，使其共享信息、协同作战，这其中，可消耗性和信息共享能力是关键。

"马赛克战"需要将系统以不同的方式进行组合，实现不同的效果。然而美军现有的武器系统不是为了"马赛克战"发挥作用而设计的，它们更像拼图，都是仅能作为某一特定图形特定组成部分发挥作用的精心设计系统。美国国防部高级研究计划局战略技术办公室的目标在于，创建接口、通信链路、精确导航和授时软件等技术构架，使已有系统可以协同工作。

"马赛克战"可使杀伤链更有弹性，感知—决策—行动的决策环自古有之，美军将其优化为OODA。如果指挥官可以将OODA的功能拆分开，那么各种传感器平台都可以与各种决策方相连，继而与各种行动平台相连，从而带来了各种排列组合的可能性，迫使敌人与各种攻击组合相对抗。这就使杀伤链更具弹性，无论敌人采取何种行动，美军总有可能完成自己的杀伤链。

（六）多领域作战

多领域作战的特点是跨越传统上分离的空中、陆地、海上、太空和网络空间领域，以及信息领域和电磁频谱领域的动态和分布式行动组合，以实现协同和组合效果，并改善任务效果。同时，与之匹配的指挥通知系统为多领域作战指挥与控制（multi-domain command and control，MDC2），也称为联合全域指挥与控制（joint global command and control，JADC2），其目标是通过"将分布式传感器、火力单元和来自所有域的数据连接到联合力量单位，使得协调行使职权以在时间、空间和目标上进行整合计划和同步收敛"[39]。

多领域作战的概念是美国陆军集近10年来的陆军和其他军种作战理论探索、研究的成果。这一概念在2016年10月一经发布，就得到了美国国防部高层、各军种、作战司令部及研究机构的追捧，成为美国军界、军事研究界2017年研究的热点。2017年至2018年初，即使是美国国家和国防部领导人更迭，

"第三次抵消战略"几近销声匿迹，美国陆军多领域作战概念研发和探索的热度依旧不减，诸多工作仍在稳定推进中。

随着太空、网络空间、电磁频谱和信息环境等新型作战域对陆上、海上、空中等传统作战域的不断渗透融合，未来联合作战将具有全球性的作战空间。为统筹安排可能从全球任何角落发起的作战行动，多领域作战将原先的三区（后方、近战、纵深）地区性框架拓展为七区（战略支援区、战役支援区、战术支援区、近战区、纵深机动区、战役纵深火力区、战略纵深火力区）全球性框架。

多领域作战设想的基本作战力量是多域融合的弹性编队。多域融合要求在基本作战分队建制内编配陆、海、空、天、网络等域的作战力量，使分队具备在多个作战域行动并释放能量的能力。弹性就是要求作战分队能够根据任务对相关力量进行灵活编组，以应对瞬息万变的作战需求。这样的作战分队还必须反应迅速，能够在数日内抵达冲突地区，并立即展开行动。具备较强的生存能力，在通信、导航受阻，与上级联通不畅的情况下，通过实行任务式指挥，根据任务目标主动并谨慎地展开行动。具备较强的自我保障能力，在没有持续补给和安全侧翼的环境下实施半独立作战。

多领域作战的制胜机理可以表述为：通过跨域聚能形成优势窗口，利用优势窗口促成各个域力量的机动，推动作战进程朝有利方向发展。这进而联动或并发地创造出更多优势窗口，使作战进程在一个个优势窗口的创建与利用中逐步推进，保证联合部队始终掌控主动权，而对手则陷于重重困境。跨域聚能是聚合己方多个域的作战效能，在特定的时间、地域，作用于对手特定作战域，以实现对敌一个或几个作战域能力的压制。跨域聚能是联合作战力量融合的新形式，其联合层级更低、领域更广、融合更深、精度更细。

优势窗口既是在某个域对敌形成的暂时优势，也是对手存在的弱点、失误甚至体系缺口。它可能表现为对手在特定时空火力、机动力、防护力的丧失，网络、电磁空间的失控，人心民意的背离，也可能是各域效应并发所形成的综合性缺口。临时优势窗口的创建和利用体现了对作战时间、空间和目的之间的动态关系的深刻理解，以及对多种力量与复杂作战行动的精确指挥控制，临时优势窗口是一种超越制权的崭新理念。

多领域作战理论将与强手的对抗划分为竞争、冲突、重回竞争三个阶段。强调竞争阶段不断根据事态发展调整前沿兵力部署。利用各种时机将部队部署至关键位置，突破对手的"反介入或区域拒止"战略，变对手"拒止"区域为对抗区域。一旦对抗升级为武装冲突，网络域、空间域作战力量就能够立即展开行动，多域远征作战力量能够在数日内被投送至战区，与前沿部署力量协同行动。一旦行动胜利，目标达成，即重回竞争，在最大限度保证自身利益的基础上，避免过度刺激对手，导致冲突失控。

二、人工智能在军事智能中的局限

无论是军事智能还是其他智能，我们首先需要对"智能"和"人工智能"有深刻的认识。"智能"这个概念暗含着个体、有限对整体、无限的关系。针对智能时代的到来，有人提出，"需要从完全不同的角度来考虑和认识自古以来就存在的行为时空原则"，如传统的人、物、环境关系等。

（一）从"模型"的角度看智能

世界是多元而复杂的，这其中包括对象的多样和复杂，以及不同对象之间关系的多样与复杂。智能，可以对或多或少的这些对象和关系产生认识与建模。对于同样的对象或现象，不同的人可以对其建立不同的模型，同一个人也可以对其建立不同的模型。例如在地球上认识到的"昼夜"和"春夏秋冬"，而在太阳系中去观察其实是"公转""自转"等运动学规律。

在人类的认识中，经常会出现"悖论"或者"矛盾"的现象。其中"悖论"

的一个特征是会对模型赋予导致无解的约束，并且这个约束往往是简单的。对同一个事情的不同解释出现"矛盾"则是由这些解释模型的多样性和差异性所导致的。前面我们讨论到人类智能在环境中必然存在局限性，而这些必然的局限性导致了所产生的模型也总是存在或多或少的局限性，一定具有边界并且通常不是必然有效的。所以会出现面对同样的问题，各种具有不同边界和效果的"模型"相互竞争的情况，这种竞争既出现在个体中，也出现在群体中。在个体中，往往体现为"纠结""沉思""艰难的选择"等；在群体中，小范围内可能是"辩论"，大范围内可能是不同理论或者共识的竞争与传播。

机器学习中也有集成学习的思想，方法是把多个估计器的预测结果结合起来，从而获得比单个估计器更好的泛化能力/鲁棒性。但是机器学习中集成的多个估计器往往是同样或类似的结构或模型，如果是模型本身不利于表示这些数据的信息，那么再之后也没办法通过集成的方式进一步改进了。数据往往是给定的，问题也是封闭的，即没有其他的额外信息可以给予启发，是"身在此山中"而无法"识得庐山真面目"的状态。这不同于人类认识事物的过程。人类对事物的认识追求的是最终"识得庐山真面目"，所以总会去寻找某个模型可以在某方面绝对正确的解释现象，我们姑且可以称之为"真理"。

从历史角度来看，人类不仅有这个动力去寻找这样的模型，而且有能力寻找到一些，虽然过程中也付出了巨大的代价，但最终借此形成了当前整个发达的科学体系。人类所做到的这些事情真的令人惊奇而赞叹。在这个过程中，数学发挥了巨大的作用。但数学本身也是人类认识世界的模型之一，在数学帮助人们认识世界和产生对世界进行认知的各种模型的同时，人们也在不断发展和完善数学这个系统化的模型本身。

（二）人工智能的缺陷

时下的人工智能系统还远远不能达到人们的期望，因为很多人没有感觉到人工智能在生活中对他们有太多帮助。但很多具体领域的从业者却可以清晰地感知到人工智能技术进步带来的很多激动人心的成果。例如，利用人工智能算法实现的高质量实时翻译、工业缺陷或者异常检测、根据文字指示生成高质量图像、智能安防、辅助驾驶等。总的来说，人工智能还没有像几次工业革命那样普遍性地改变我们生活的方方面面，但在很多领域又已经表现了相当强大的能力和潜力。这反映出当下人工智能系统的通用性不足，即当下的人工智能系统无法用于帮助或者辅助绝大多数人去解决各式各样的问题。

人工智能这个概念提出以来，一直都面临着通用性不足的问题，可是为什么迟迟没有看到明确的方向予以解决呢？这促使我们去思考是什么原因导致了通用性难以实现。

其中一个原因可能是低估了"智能"的复杂性。实际上"复杂"这个词语从文字上就很好地体现了形成复杂性的两个根本成因："复"和"杂"。其中"复"代表着大量同质事物运行的问题，"杂"代表的是大量不同质事物的处理问题。由此，高效和大量的计算应对"复"，而算计用于处理"杂"。当下我们所创造的人工智能可以说对"复"问题的解决能力远高于对"杂"问题的处理能力，所以智能系统算计能力的不足可能是导致通用性难以实现的一个重要原因。

另一个原因是构成人工智能的底层原理中存在根本性的缺失或者缺陷。实际上，当前构造人工智能的基础是当代数学和一些诸如反向传播的算法，这还远远没有形成真正站得住脚的关于智能的整体理论和大逻辑体系，虽然数学、神经科学、认知科学、心理学、计算机等领域的学者都在共同为此而努力。

（三）当前人工智能基础的局限性

数学从数到图再到集合，从算数到微积分再到范畴论，无一不是建立在公理基础上的数理逻辑体系，同时也是从实际走向越来越抽象的过程，但是推理过程始终要求符合严密的逻辑。结合这样的数学以及一些算法所形成的人工智能系统，与从自然中演化而形成的智能体在运行机制上似乎有根本性的区别。我们认为，从性质上讲，真正的智能逻辑体系应当既能包括数理逻辑，也能包括辩证逻辑，或许还能包括未发现的许多逻辑规律。

真实的智能从来都不是单纯脑的产物（如狼孩），而是人、物（机器是人造物）、环境相互作用的产物，如一个设计者规划出的智能系统还需要制造者认真理解后的加工实现，更需要使用者因地制宜、有的放矢地灵活应用等。所以，一个好的人-机-环境融合智能涉及三者之间的有效对立统一，既有客观事实（状）态的计算，也有主观价值（趋）势的算计，是一种人、物、环境的深度态势感知系统。当前的人工智能无论是基于浅层次学习方法[决策树、k 最近邻（k-nearest neighbor，KNN）、支持向量机（support vector machine，SVM）等]还是基于深度学习，在运行时依然是静态的计算，而缺乏类似人类的算计的动态结合与嵌入，进而就远离了智能的真实与灵变。

冯·诺依曼在关于大脑和计算机之间关系的著作《计算机与人脑》（*The Computer and the Brain*）中总结了自己的观点，他承认大脑不仅远比机器复杂，而且大脑似乎沿着他最初设想的不同路线来实现其功能。几乎盖棺论定般的，他认为使用二进制的计算机完全不适合用来模拟大脑[40]。这是因为他已经几乎可以论定，大脑的逻辑结构，和逻辑学、数学的逻辑结构完全不同，因此，冯·诺依曼在该书中写道，从评估中枢神经系统真正使用的数学或逻辑语言的角度来看，我们使用的数学的外在形式完全不适合做这样的工作。

近期的科学研究也证实了这一点。法国神经科学家布雷特（R. Brette）的发现从根本上质疑了大脑和计算机底层架构上的一致性，即神经编码。科学家们受到大脑和计算机之间隐喻的影响，将技术意义层面的刺激和神经元之间的联系转移到了表征意义上，神经元编码彻底代表了刺激。事实上，神经网络是如何以一种最佳的解码方式将信号传递给脑中的理想化观察者"下游结构"

（downstream structure）的，至今是未知的，甚至在简单的模型中也没有明确的假说。因此，这种隐喻会导致科学家们只关注感觉和神经元之间的联系，而忽视动物的行为真正对神经元的影响。

匈牙利神经科学家布扎基（G. Buzsáki）的研究结果更为激进。在《从内向外解析大脑》（*The Brain from Inside Out*）一书中，布扎基指出，大脑事实上并不是在通过编码表征信息，而是构建了信息[41]。在他看来，脑并不是简单被动地接受刺激，然后通过神经编码来表征它们，而是通过积极地搜索各种可能性来测试各种可能的选择。这无疑是对用计算机来比喻大脑的隐喻的全盘推翻。无论是从脑科学还是计算机科学的角度，这种将大脑比作计算机的隐喻或许都将不再延续。科布（M. Cobb）敏锐地指出，这种隐喻被作用到人们对于计算机的研究之中，让人们盲视，缩小了对大脑的研究范围。

（四）人-机-环境系统的交互

1. 理性与感性交织

如果拿理性思维与人文艺术作对比就会发现，自然科学及数学等理性工具是每个人都能够学会的普遍化工具，其本质上是一种主体悬置的态势感知体系，而最能真正欣赏到人文艺术作品的往往是作者本人或者与作者有相似体悟的人，这常常是一种主体高度参与的态势感知体系。

毫无疑问，自然科学及数学等理性工具这类主体悬置的态势感知体系非常重要，没有这些理性工具，人类将无法准确描述世界中很多运作的机制。但这是就结果而论的，实际上我们认为智能体要获得更高智能性的一个关键是主体有动力参与环境并与环境有意识地交互，如此智能体才能涌现出那些真正能被其灵活使用的知识。

纵观人类智能的整个诞生历史也可以发现，从自然中演化出人类智能的过程，实际上是先具备主体参与和与环境互动的能力，然后才逐渐产生抽象的对符号的认识，然后产生文化，最后才产生出自然科学及数学等这些理性工具。如果用"计算"和"算计"分别来粗略表示自然科学及数学等理性思考模型与主体高度参与的态势感知模型，那么算计就可以说是人类带有动因的理性与感性的混合，也是已有逻辑形式与未知逻辑形式的融合筹划。

2. 意外并不少见

人类智能本身是在自然环境中演化而来的，这注定了人类在环境中具有的局限性，所以必然会有面临处理"意外"事件的情况。这里所说的"意外"不是侧重于外部环境的变化性，而是揭示智能在复杂的环境下生存时具有必然的局限性，从而对于智能体而言的"意外"事件必然普遍存在，不可避免需要处理"意外"事件。

人往往更依靠记忆的"经验预测"或更依靠推理的"模型预测"去处理生活中的各种事件。当出现"意外"，也意味着与自身经验或者所认知的模型均不吻合。这些意外的处理情况可以分为两种：一种可以等待进一步丰富或修正经验和调整模型（也就是学习）来将"意外事件"变成能认知并能有效处理的事件之后再处理，另一种是当下没办法学习而必须立即处理这个"意外"。对于后一种情况，人类往往可以通过被描述为"直觉""想象"等的过程比较有效地解决，这个过程往往让人惊叹。

对现行的人工智能系统而言，要实现类似于人的前一种"意外"处理过程，往往需要重新调整计算机的算法以及得到的模型，这是一个复杂和耗费时间的过程，需要研究、评估，再重新部署运行。至于后一种处理过程，人工智能暂且还完全做不到。

对于"战场"这类高动态变化的场景，本身就存在诸多"意外"。鉴于上述对人和人工智能的讨论，可以看到，当前的"人工智能"很难在战场环境下提供灵活且有效的决策。

三、军事智能化探讨

战争的形式随着时代发展也在不断发展，从冷兵器战争到热兵器战争、机械化战争、信息化战争。现在，随着半导体技术、计算机技术和人工智能技术等的快速发展，智能在战争中扮演着越来越重要的角色，军事智能化也成为一个越来越重要的议题。可以预见的是，随着军事智能化的不断深入以及智能化装备的大量使用，战争形态不仅将会从技术上产生巨大的变化，作战制胜的机理与传统作战也会产生不同程度的差异。因此，在继续进行智能化武器装备研究的同时，也要提高对军事智能化系统的认识。在有关军事智能化的问题中，我们认为以下一些问题特别值得关注。

（一）自主系统

在军事智能化的研究中，一个重要的方向是自主系统的研究。按照期望，自主系统应当可以应对非程序化的或者非预设的态势任务，并且这样的系统是具有一定的自我管理和自我引导能力的系统。相比于自动化设备与系统，自主性设备和自主系统能够应对更加多样化的环境，并且能够完成更广泛的操作和控制，具有更加广阔的应用潜力。一般而言，自主化需要应用传感器和复杂的软件系统，使得设备或系统在较长时间内不需要与其他具备自主性的系统通信或只需有限通信，从而实现无须其他外部控制就能够独立完成任务。也因为这样，自主系统能够在未知环境中自动进行系统调节，保持性能优良。如果把自主化看作是自动化的外延，那么自主化就是智能化和更高能力的自动化。从另外一个角度来看，"自主"是基于信息甚至是基于知识驱动的。在执行任务的过程中，自主系统可以根据任务需求，自主完成"感知—判断—决策—行动"的动态过程。

在自主武器系统方面，美国走在世界的前列。第二次世界大战期间开发的空投被动声自导鱼雷是其第一个大规模生产的具有自主作战功能的武器系统。Mk24 "Fido" 于 1943 年 5 月首次亮相作战，其使用鱼雷中部周围排列的传感器对盟军跨大西洋航运的德国 U 型潜艇进行监听、定位、跟踪和瞄准攻击。战后不久，美国军方开始在更大的武器系统中引入自主系统，特别是防空作战系统。随着计算机技术的发展，计算单元的体积越来越小，性能越来越强，使得在诸多装备中加入控制系统成为可能，飞机、舰艇、地面作战车辆以及火炮和导弹火力控制系统中的各种类型的作战控制系统在整个部队中大量出现。与交战有关的弹药和武器系统获得了更大的自主性，包括但不限于获取、跟踪和识别潜在目标；向操作人员提示潜在目标；确定选定目标的优先次序；何时开火；提供终端引导，以锁定选定的目标[42]。如果从 1943 年开始计算，那么美国军方已经对具有自主功能的武器系统进行了长达 80 多年的整合。

（二）人机融合智能

人机融合是探究人与机器系统之间的交互机制和规律，以人与机器系统（包括人与机器、人与环境）的有效协同为目标的理论和技术统称。

1. 人机融合智能的核心问题

美国提出的多领域作战、马赛克战等模式，实际上都是人-机-环境系统工程。这些战争模式要发挥出巨大的应用潜力，破解人机融合的有效机制至关重要。所以，人机融合智能机制、机理的破解成为未来战争制胜的关键。下面将总结人机融合智能的一些核心问题。

1）功能和能力分配

任何分工都会受规模和范围的限制，人机融合智能中的一个重要问题是功能和能力的分配。功能分配是被动的，由外部需求所致；能力分配是主动的，由内部驱动所生。在复杂、异质、非结构、非线性数据/信息/知识中，人的或者是类人的方向性预处理很重要，当问题域被初步缩小范围后，机器的有界、快速、准确优势便可以发挥出来了。另外，当获得大量数据/信息/知识后，机器也可以先将其初步映射到几个领域，然后再由人进一步处理分析。这两个过程的同化顺应、交叉平衡大致就是人机有机融合的过程。

2）对环境的深度态势感知

除了要关心功能和能力的分配、事实与价值混合的实现方式，还要注意到这些也都是与环境有关的，需要人-机-环境融合智能对环境有深度的态势感知。态、势涉及客观事实性的数据及信息/知识中的客观部分（如突显性、时空参数等），简单称之为事实链，而感、知涉及主观价值性的参数部分（如期望、努力程度等），不妨称之为价值链。深度态势感知就是由事实链与价值链交织纠缠在一起的"双螺旋"结构，进而能够实现有效的判断和准确的决策功能。好的态势感知能力就是在混乱中看到秩序、在不可能中看到可能、在黑暗中看到光明……所以，目前智能军事领域的一个核心瓶颈还是人-机-环境融合智能中的深度态势感知问题。

2. 军事智能化面临的挑战

军事智能就像战争一样，像一团迷雾，存在大量的不确定性，是不可预知、不可预测的。从当前人工智能的发展趋势来看，在可预见的未来战争中，存在着许多人-机-环境融合隐患仍未能解决，具体有如下几个方面。

（1）在复杂的信息环境中，人类和机器在特定的时间内吸收、消化和运用有限的信息，对于人而言，人的压力越大，误解的信息越多，也就越容易导致困惑、迷茫和意外；对于机器而言，对跨领域非结构化数据的学习理解预测，依然是非常困难的事。

（2）战争中决策所需要的信息在时间和空间上的广泛分布，决定了一些关键信息仍然很难获取。机器采集到的重要的客观物理性数据与人类获得的主观加工后的信息和知识也很难协调融合。

（3）在未来的战争中，存在大量的非线性特征和出乎意料的多变性，常常会导致作战过程和结果的诸多不可预见性，基于公理的形式化逻辑推理，已远远不能满足复杂多变的战况决策的需求。鉴于核武器的不断蔓延和扩散，无论国家大小，国与国之间的未来战争成本将会越来越高。无论人工智能如何发展，未来都是属于人类的，应该由人类共同定义未来战争的游戏规则并决定人工智能的命运，而不是由人工智能决定人类的命运。究其原因，人工智能是逻辑的，而未来战争不仅仅是逻辑的，还存在大量的非逻辑因素。

（4）鉴于各国对自主装备分类的不同，对于强人工智能或叫通用人工智能类武器概念的定义和理解差距很大，所以当前最重要的工作不是具体的技术问题如何解决（技术迭代更新得非常快），而是对有关人工智能应用基本概念和定义如何达成共识，如：①什么是人工智能？②什么是自主？③自动化与智能化的区别是什么？④机器计算与人算计的区别是什么？⑤人机功能/能力分配的边界是什么？⑥数据、人工智能与风险责任的关系如何？⑦可计算性与可判定性的区别是什么……

有的定义还较为粗略，需要进一步细化，如从人类安全角度看，禁止"人在回路外"的自主武器是减少失控风险的必要之举，但是什么样的人在系统回路中往往就被忽略。

（5）对于世界上自主技术的发展情况，建议设立联合评估小组，定期对自主技术发展情况进行细致的评估与预警，对技术发展关口进行把关，对技术发展进行预测分析，对进行敏感技术开发的重点机构和研发人员进行定向监督，设立一定程度的学术开放要求。

（6）人工智能军用化发展所面临的安全风险和挑战主要包括：①人工智能和自主系统可能会导致事态意外升级与危机不稳定；②人工智能和自主系统将会降低对手之间的战略稳定性；③人和自主系统的不同组合（包括人判断+人

决策、人判断+机决策、机判断+人决策、机判断+机决策）会影响双方的态势升级；④机器理解人发出的威慑信号（尤其是降级信号）较差；⑤自主系统尤意攻击友军或平民的事故将引起更多质疑；⑥人工智能和自主系统可能会导致军备竞赛的不稳定性；⑦自主系统的扩散可能引发人们认真寻找对策，这些对策将加剧不确定性，且各国将担忧安全问题。

3. 军事智能化有关的前沿问题

军事智能化的核心，实际上是要建立人-人工智能组成的一个人机融合团队系统。

当前我们要面对的前沿问题是需要在以下四种情况的基础上加以考虑的。①当前人工智能被证明在复杂的真实世界环境（如军事行动）中的成功表现面临许多挑战，包括脆性、感知限制、隐藏的偏见以及缺乏对理解和预测未来事件至关重要的因果关系模型。②人们在作为复杂自动化（包括人工智能系统）的成功监控者方面面临巨大挑战。人们可能会对系统正在做的事情缺乏了解，在尝试与人工智能系统交互时工作负载高，在需要干预时态势感知和性能不足，基于系统输入的决策偏差，以及手工技能的退化导致决策结果不理想[43]。③虽然假设人类-人工智能团队将比人类或人工智能系统单独运行更有效，但除非人类能够理解和预测人工智能系统的行为、与人工智能系统建立适当的信任关系、根据人工智能系统的输入做出准确的决策，以及时和适当的方式对系统施加控制，否则人工智能决策的可信度不会更高。④支持人类和人工智能系统成为队友依赖于一个精心设计的系统，该系统需要具有任务工作和团队合作的能力。通过改进团队组合、目标一致、沟通、协调、社会智能和开发新的人工智能语言来研究提高长期、分布式和敏捷的人工智能团队的团队效率。

具体到各方面，所面临的前沿问题主要如下。

（1）态势感知。人工智能系统辅助下的人类态势感知需要被改善，需要一些方法去考虑不同类型的应用、操作的时间尺度以及与基于机器学习的人工智能系统相关的不断变化的能力。需要探索和研究的一些问题包括：①人工智能系统需要在多大程度上既有自我意识又有对人类队友的意识，以提高整体团队的表现；②未来的人工智能系统如何拥有综合的情境模型，以恰当地理解当前的情境，并为决策制定预测未来的情境；③如何建立动态任务环境的人工智能模型，从而与人类一起调整或消除目标冲突，并同步情景模型、决策、功能分配、任务优先级和计划，以实现协调和批准的行动。

（2）人工智能的透明度和可解释性。实时透明对于支持人工智能系统的理解和可预测性是至关重要的，并且已经被发现可以显著地补偿回路外的性能缺陷[44]。需要探索和研究的一些问题包括：①更好地定义信息需求和方法，以实现基于机器学习的人工智能系统的透明性，以及定义何时应该提供这样的信息，以满足态势感知需求，而不会使人过载；②基于机器学习的人工智能系统的解释的改进可视化；③对机器人物角色的价值的研究；④人工智能可解释性和信任之间的关系；⑤开发有效的机制来使解释适应接受者的需求、先验知识和假设以及认知与情绪状态；⑥确定对人类推理的解释是否同样可以改善人工智能系统和人类–人工智能团队的表现。

（3）人类–人工智能团队交互。人类–人工智能团队中的交互机制和策略对团队效率至关重要[45]。需要探索和研究的一些问题包括：①如何随着时间的推移支持跨职能灵活分配自动化级别，以及如何改进以支持人类和人工智能系统在共享功能方面的合作，支持人类操作员在多个自动化级别下与人工智能系统一起工作；②如何在高自动化级别下与人工智能系统一起工作时保持或恢复态势感知（即人在环）；③如何随着时间的推移，实现人类–人工智能团队之间的动态功能分配，以及寻找动态过渡的最佳方法（何时发生、谁应该激活它们，以及它们应该如何发生）；④如何更好地理解和预测紧急人机交互；⑤如何更好地理解交互设计决策对技能保留、培训要求、工作满意度和整体人机团队弹性的影响。

（4）信任。对人工智能的信任被认为是使用人工智能系统的一个基本因素[46]。需要探索和研究的一些问题包括：①人工智能可指导性对信任关系的影响；②如何建立动态的信任模型，来捕捉信任如何在各种人类-人工智能团队环境中演变和影响绩效。

（5）偏见。人工智能系统中的潜在偏差，通常是隐藏的，可以通过算法的开发以及训练集中的系统偏差等因素引入。此外，人类可能会遭受几个众所周知的决策偏差。特别重要的是，人工智能系统的准确性会直接影响人类的决策，从而产生人类-人工智能团队的偏见[47]。因此，人类不能被视为人工智能建议的独立裁决者。需要探索和研究的一些问题包括：①如何理解人类和人工智能决策偏差之间的相互依赖性，这些偏差如何随着时间的推移而演变；②如何使用基于机器学习的人工智能检测和预防偏差；③如何发现和防止可能试图利用这些偏见的潜在敌对攻击。

（6）培养。需要对人类-人工智能团队进行培训，以开发有效执行所需的适当团队结构和技能[48]。需要探索和研究的一些问题包括：①什么时候、为什么以及如何最好地训练人类-人工智能团队；②现有的训练方法是否可以适用于人类-人工智能团队；③如何通过训练来更好地校准人类对人工智能队友的期望，并培养适当的信任水平。

（7）人-系统集成（human-systems integration，HSI）流程和措施。要成功开发一个能像好队友一样工作的人工智能系统，需要人-系统集成过程和方法的进步。良好的人-系统集成实践将是新人工智能系统的设计、开发和测试的关键，特别是基于敏捷或 DevOps 实践的系统开发[49]。需要探索和研究的一些问题包括：①如何建立有效的人工智能团队以及多学科人工智能开发团队（包括人类因素工程师、社会技术研究人员、系统工程师和计算机科学家等）；②如何开发人工智能生命周期测试和可审计性以及人工智能网络漏洞的新团队、方法和工具；③如何开发用于测试和验证进化的人工智能系统，以检测人工智能系统盲点和边缘情况，并考虑脆性；④如何改进人机合作的度量标准

（特别是关于信任、心智模型和解释质量的问题）。

第六节　论态势感知中的有态无势

智能是一种激发唤醒过程。设计者、制造者与使用者不同，好的人-机-环境系统智能交互涉及三者之间的和谐对立统一，既有态的计算，也有势的算计。

通晓了辩证逻辑的算计才是真正的智能，反映了不确定的确定性，即不确定性的变化率，如人类从位置、速度、加速度中反映出了空间、时间、力，进而又从质量、能量、信息中反映出了虚实、有无、真假。

计算与算计有点类似于普林斯顿大学心理学家格里菲斯（T. Griffiths）所言："那些当你拥有大量数据时讲得通的理论，与那些在少量数据下有道理的理论，看起来是完全不同的。"[50]一个处理各种"大数"理，一个应对"小数"甚至"无数"道。没有了数的数学可能更厉害，没有了计算的数学成就了算计：从推理到推感，从算盘到盘算，在各种世界里，有人算数，有人算术，还有人算计，不断处理着线性、非线性、非面性、非体性、非数性……

现代物理学有两大支柱理论：一是爱因斯坦的相对论，它从大尺度上解释了宇宙，如恒星、星系、星系团以及比它们更大的宇宙自身的膨胀现象；二是量子力学，它从小尺度上解释了分子、原子以及比原子更小的粒子，如电子和夸克的存在。量子力学是由许多科学家，包括普朗克（M. Planck）、海森伯（W. Heisenberg）、波尔（N. H. D. Bohr）、薛定谔（E. Schrödinger）等人共同提出的。这两个理论有一个共同之处，就是都是通过算计而产生的计算体系。

东方智慧既有数学的成分也有非数学的成分，东方智慧不是单纯的智能计算，而是智能化，重点在"化"，即算计。算计是人类带有动因的理性与感性混合盘算，是已有逻辑形式与未知逻辑形式的融合筹划。东方戏剧舞台上的有限空间反映了人们心中的宇宙，西方电影场景中的无限空间则反映了宇宙中的人。物理域是有界的计算，信息域、认知域则是无界的算计。

算计是人类不借助机器的跨域多源异构系统的复杂"计算"过程。在某种意义或程度上，算计就是观演一体化、存算一体化这两个"神经形态"过程的交互平衡，观（存）就是拉大尺度或颗粒的非实时自上向下过程，演（算）就是小尺度细颗粒的实时自下而上过程。

从东方角度来看，人-机-环境融合智能是观演同在的技艺（艺术+技术）形式，它至少包含三层意思。第一层意思为人-机-环境融合必须是（人主）艺术的，但又不是真实艺术的，它是用（机器）技术语言再创造出的智能，是艺术意念的技术化。第二层意思为创造出艺术性的目的，是要呈现智能的美，而这个智能的美，就蕴藏着人机智能的第三层意思，人-机-环境融合智能是人的艺术与机器技术的混合，它是观演同在的技艺。因而，人-机-环境融合智能在观演关系中生成带有主观性、想象性的美，以及虚实相生、无中生有的真。

如何把算计嵌入多源异构计算的弥（散）聚（合）中去？如何实现不同颗粒度中（状）态的积分、（趋）势的微分、感（觉）的连续、知（觉）的离散？

自然科学及数学工具本质上是一种主体悬置的态势感知体系，人文艺术常常是一种主体高度参与的态势感知体系，博弈智能涉及了这两个方面，由于主体的实时参与，所以更侧重人文艺术方面。数学本身就是一种虚实相间的元宇宙，点线面体都是非真实存在的虚拟概念，大家却用它来近似描述物理世界。从数到图（空间）、力（时间）、能（量）、信息（客观）、智（能），数学模型与物理世界的关系，就像形式逻辑模型与真实世界事物的关系一样，是理想符号关系对事实关系的描摹、刻画，这些"非存在的有"表征主要为三类：一是孙悟空、圣诞老人等想象类（虚拟量），二是老人等逝去先人真实类（物理量），三是艺术处理后的诸葛亮、维特根斯坦等真实想象混合类（加工量）。

彭罗斯从歌德尔（K. Gödel）的不完备定理中发展了自己的理论，认为人脑有超出公理和正式系统的能力。他在《皇帝新脑》（*The Emperor's New Mind*）中提出，大脑有某种不依赖于计算法则的额外功能，这是一种非计算过程，不受计算法则驱动；算法却是大部分物理学的基本属性，计算机必须受计算法则的驱动。对于非计算过程，量子波在某个位置的坍塌，决定了位置的随机选择。波函数坍缩的随机性，不受算法的限制。彭罗斯认为，客观还原所代表的既不是随机，也不是大部分物理所依赖的算法过程，而是非计算的，受时空几何基本层面的影响，在此之上产生了计算和意识。

人脑与电脑的根本差别，可能是量子力学不确定性和复杂非线性系统的混沌作用共同造成的。人脑包含了非确定性的自然形成的神经网络系统，具有电脑不具备的"直觉"，正是这种系统的"模糊"处理能力和效率极高的表现，使得人脑处理信息的能力十分强大。传统的图灵机则是确定性的串行处理系统，虽然也可以模拟这样的"模糊"处理，但是效率太低。正在研究中的量子计算机和计算机神经网络系统才真正有希望解决这样的问题，达到人脑的能力。

爱因斯坦所说的"时间和空间是人们认知的一种错觉"，即时间和空间只是人们对事物发展顺序和物体间相互关系的一种抽象概念，在人们从日常经验总结出的观念中，时间和空间是绝对的、可度量的，而相对论揭示出时空的相对性和二者间的联系。我们认为不变的时间和空间都会随物体的运动、物质能量的分布而变化。

在态势感知中，态涉及物理、心理、管理等参数状态（主态、客态），势是有效态的变化方向，感是接受的各种数据刺激，知是建立起的各种联系。用态势的转化比值"态/势"确定有效态的大小，有效态变化的速度很重要。态势感知涉及计算-算计系统。事实态不能产生势，价值态能够产生势。如何快速识别或尝试出价值态将变得十分关键，有经验方面的，有情感方面的，有测试方面的，也有对环境认知方面的。

数理的物理域、心理的认知域、管理的信息域、情理的社会域中的时间空间同样会发生各种变化，我们不妨称之为基于事实-价值体系的虚拟-现实时空态势感知维度。共分为现实时空的 x、y、z、t，虚拟时空的 x、y、z、t，事实时空的 x、y、z、t，价值时空的 x、y、z、t，抑或是它们之间的各种组合及参照系变换（如虚拟价值时空、现实事实时空、虚拟事实时空、现实价值时空）。

不同维度里的态、势、感、知不尽相同，所以常常会发生虚拟时空维度里的态对不准现实时空维度的势（如想象情景与实践情境不一致），事实时空维度里的态对不准价值时空维度的势（如物理场景与任务意图不一致），所以常常出现各种有"态"无"势"现象。

在上述分析的基础上，我们初步建立了如下人-机-环境融合智能三定律：①第一定律，无外界输入时，系统处于静态或均态中，无势，为内感内知；②第二定律，态的变化会产生动势，包括确定性和不确定性两种动势，为内外感内外知；③第三定律，态、势与感、知之间的相互作用一般与力学中牛顿第三定律不一致，即大小不一定相同、方向不一定相反且不一定在一条直线上。

或许，计算能够解决不少"态"的可计算问题，而要真正解决"势"的可判定问题则需要人类的算计。例如达尔文（C. R. Darwin）在用自然选择阐述他的进化论时，根本就没用到数学。同样，当魏格纳（A. Wegener）首次描述板块漂移理论时也只是用语言表述的。当然，索维尔（T. Sowell）所言"理解人类的局限性，是智慧的开端"不无道理，未来新型人机关系最重要的是重构与合作，即随态/势的变化而重构感/知、随感/知的变化而重构态/势，二者由单纯被动的工具使用变为自主积极的合作关系。

本章参考文献

[1] Abowd G D，Dey A K，Brown P J，et al. Towards a better understanding of context and context-awareness[C]//Handheld and Ubiquitous Computing：First International Symposium，HUC'99 Karlsruhe, Germany，September 27-29，1999 Proceedings 1. Springer Berlin Heidelberg，1999：304-307.

[2] 涂纪亮. 分析哲学及其在美国的发展[M]. 北京：中国社会科学出版社，1987.

[3] 刘伟，库兴国，王飞. 关于人机融合智能中深度态势感知问题的思考[J]. 山东科技大学学报（社会科学版），2017，19（6）：10-17.

[4] Endsley M R. Toward a theory of situation awareness in dynamic systems[J]. Human Factors，1995，37（1）：32-64.

[5] 唐宁，安玮，徐昊骙，等. 从数据到表征：人类认知对人工智能的启发[J]. 应用心理学，2018，24（1）：3-14.

[6] McCorduck P，Minsky M，Selfridge O G，et al. History of artificial intelligence[C]// IJCAI. 1977：951-954.

[7] 邢晨. 飞行态势感知中目标分群方法研究[D]. 天津：中国民航大学，2016.

[8] 刘伟. 深度姿态感知：不仅仅是简单的人机交互 | 深度[EB/OL]. https://www. leiphone.com/category/zhuanlan/HQuaNwOmjjhQl5cY.html[2022-03-30].

[9] 刘伟，王赛涵，辛益博，等. 深度态势感知与智能化战争[J]. 国防科技，2021，42（3）：9-17.

[10] 陈军，杨致怡. 未来海战中的态势感知[J]. 雷达与对抗，2007，（1）：4-7.

[11] 王瑞明，莫雷，李利，等. 言语理解中的知觉符号表征与命题符号表征[J]. 心理学报，2005，（2）：143-150.

[12] 刘伟，王目宣. 浅谈人工智能与游戏思维[J]. 科学与社会，2016，6（3）：86-103.

[13] 古柏. 软件创新之路：冲破高技术营造的牢笼[M]. 刘瑞挺，刘强，程岩，等，译. 北京：电子工业出版社，2001.

[14] 张慧敏，辛向阳. 构建动态用户画像的四个维度[J]. 工业设计，2018，（4）：59-61.

[15] 刘伟. 人机融合智能的新思考[EB/OL]. https://blog.csdn.net/VucNdnrzk8iwX/article/details/120714568[2022-05-09].

[16] 刘美桃，吴伟德. 认知视角下学科用户画像构建探讨[J]. 河南图书馆学刊，2021，41（1）：67-69.

[17] 刘伟. 关于人工智能若干重要问题的思考[J]. 人民论坛·学术前沿，2016，（7）：6-11.

[18] 刘伟. 智能的发展趋势[EB/OL]. https://blog.csdn.net/VucNdnrzk8iwX/article/details/

121917389[2022-05-09].

[19] 张慧敏. 基于生活方式转型的动态用户画像研究[D]. 无锡：江南大学，2015.

[20] 贾浩. 机器带给人类的思考[J]. 刊授党校，2015（10）：51.

[21] 蔺丰奇，刘益. 信息过载问题研究述评[J]. 情报理论与实践，2007，30（5）：710-714.

[22] 陈静，陈红梅，高寒. 基于 Petri 网的 Tapestry 系统性能评价[J]. 舰船电子工程，2008，28（12）：118-120，184.

[23] 方道坤. 基于隐语义模型的个性化新闻推荐系统[D]. 广州：广东工业大学，2017.

[24] CNNIC. 第 45 次中国互联网络发展状况统计报告[EB/OL]. http://www.cnnic.net.cn/hlwfzyj/hlwxzbg/hlwtjbg/202004/P020210205505603631479.pdf[2022- 05-09].

[25] 李玉省. 个性化推荐系统关键技术研究[D]. 北京：北京邮电大学，2016.

[26] 周国梅，傅小兰. 决策的期望效用理论的发展[J]. 心理科学，2001，24（2）：219-220.

[27] 亓子森. 基于装备维修的主观题自动测评研究及应用[D]. 北京：北京邮电大学，2018.

[28] 刘伟. 关于深度态势感知问题的思考 [EB/OL]. https://blog.sciencenet.cn/home.php?mod=space&uid=40841&do=blog&id=1084903[2022-05-09].

[29] Maslow A H. A theory of human motivation[J]. Psychological Review，1943，50：370-396.

[30] 刘伟. 追问人工智能：从剑桥到北京[M]. 北京：科学出版社，2019.

[31] Savage L J. Leonard J Savage：foundations of statistics[J]. GAP，1970：345-356.

[32] Maslow A H. A theory of human motivation[J]. Psychological Review，1943，50（4）：370-396.

[33] Chang C，Lee D S，Jou Y. Load balanced birkhoff-von neumann switches，partⅠ：one-stage buffering[J]. Computer Communications，2002，25（6）：611-622.

[34] Zappia C，Assistant J. Leonard savage，the ellsberg paradox and the debate on subjective probabilities：evidence from the archives[J]. OSF Preprints，2020，43（2）：169-192.

［35］Stanos S P. National academies of sciences, engineering, and medicine（NASEM）[J]. Pain Medicine, 2017, 18（10）: 1835-1836.

［36］诺意曼. 计算机与人脑[M]. 甘子玉译. 北京：商务印书馆, 2011.

［37］Buzski G. The Brain from Inside Out[M]. New York: Oxford University Press, 2019.

［38］Builder C H. The Icarus Syndrome: The Role of Air Power Theory in the Evolution and Fate of the US Air Force[M]. New York: Routledge, 2017.

［39］Work R O. Principles for the combat employment of weapon systems with autonomous functionalities[J]. Psychology Review, 2001,（17）: 134-156.

［40］Brink J R, Haden C R. The Computer and the Brain: Perspectives on Human and Artificial Intelligence. North-Holland, Distributors for the U.S.A. and Canada[M]. New York: Elsevier Science Pub. Co., 1989.

［41］Adams M J, Tenney Y J, Pew R W. Situation awareness and the cognitive management of complex systems[J]. Human Factors, 1995, 37（1）, 85-104.

［42］Mikolov T, Chen K, Corrado G, et al. Efficient estimation of word representations in vector space[J]. Computer Science, 2013,（19）: 114-135.

［43］Chandler A. Strategy and structure: chapters in the history of the industrial enterprise[J]. Alfred Chandler, 1962, 5（1）: 134-167.

［44］Adams M J, Tenney Y J, Pew R W. Situation awareness and the cognitive management of complex systems[J]. Human Factors: The Journal of the Human Factors and Ergonomics Society, 1995, 37（1）: 85-104.

［45］Endsley M R. Towards a new paradigm for automation: designing for situation awareness[J]. IFAC Proceedings Volumes, 1995, 28（15）: 365-370.

［46］Yin J, Lampert A, Cameron M, et al. Using social media to enhance emergency situation awareness[J]. IEEE Intelligent Systems, 2012, 27（6）: 52-59.

［47］Kokar M M, Matheus C J, Baclawski K. Ontology-based situation awareness[J]. Information Fusion, 2009, 10（1）: 83-98.

［48］Air Force Scientific Advisory Board. Human-System Integration in Air Force Weapon

Development and Acquisition. Available[EB/OL]. https://www.scientificadvisoryboard. af.mil/Studies/[2022-05-09].

［49］刘伟. 人机融合：超越人工智能[M]. 北京：清华大学出版社，2021.

［50］Peterson J C，Bourgin D D，Agrawal M，et al.Using large-scale experiments and machine learning to discover theories of human decision-making[J]. Science，2021，372：1209-1214.

第九章 人-机-环境系统
智能中的计算计

如何用可计算的数学结构能否足够描述实在的物理对象（如人脑）和虚在的心理对象（如意识），是我们需要深思的问题。人工智能取得了斐然的成果，但现阶段的人工智能体还远未达到或接近人类心智的水平。在复杂环境下，仅靠传统计算体系的人工智能方法有很大的局限性，很难达到人工智能所追求的与人类智能相似的结果，故而我们需要人在与智能体的协同中发挥重要作用，使机器的计算能力（芯算）与人的算计能力（心算）协同，以达到更好的智能。本章主要介绍对算计的定义及其研究意义与发展，讨论算计与计算的区别和联系，并提出创新模型——计算计模型。

第一节 计算与算计

人类对数学的研究起源于对数的理解，从结绳计数到罗马数字再到今天全球通用的阿拉伯数字。数起源于我们对自然的解释，通过数字来描述自然社会以及人类社会的一部分关系，大大简化了人类的交流。我们开始接触数学，就是从数字开始的，逐步到加减乘除、微分积分，这也是人类对数学的逐步探索过程。建造测量理性和思维的工具是从亚里士多德（Aristotle）的三段论系统开始的。通过给定的初始前提，三段论系统可以推导出结论。但由于亚里士多德提出的该逻辑较为粗糙，所以无法表述有价值的逻辑推理[1]。19 世纪布尔提出命题逻辑后，人们发现了逻辑的若干漏洞，其中一个漏洞是没有把逻辑概念与集合论概念分解开。为此，希尔伯特在 20 世纪 20 年代去掉了逻辑中所有专门针对集合概念的部分，专门构建了"谓词逻辑"并沿用至今。此后，如希尔伯特所说，数学无须再用数字、几何图形等传统研究符号来描述，甚至可以用啤酒、凳子等毫无关联的符号来研究数学。逻辑在一定程度上与数学画上了等号。通过抽象符号、逻辑证明来定义数学的时代到来了[2, 3]。

随后，希尔伯特提出了算法的判定性问题：有没有一种算法，能够判定在谓词逻辑下的命题是否成立？1936 年，丘奇、图灵、克莱尼（S. C. Kleene）分别独立证明，这样的算法是不存在的，由此推理出停机问题无法用算法解决。对于希尔伯特判定性问题而言，不存在判定一个谓词逻辑命题是否可证明的算法。这一定量被称作丘奇定理。换言之，这说明了计算和推理是两码事：某些数学问题无法用计算解决，只能通过推理解决。丘奇、图灵定义的"λ 演算"和"图灵机"就是通用计算，这一观点也被称为"丘奇–图灵论题"。1978 年，英国数学家、逻辑学家甘迪（R. Gandy）提供了丘奇定理的物理形式证明。甘迪的论证说明大自然被数学化，仅仅是因为信息的密度和传播速度是有限的。联想到相对论中关于光速有限的假设以及最小作用量原理，这样的结论在令人惊奇之余又不违反物理原则。因此，我们可以用算法来进行各种学科和知识的探索，并将人工智能应用于今天的科研、制造、生产、商业、服务和消费行为中。

之后，数学家们在逻辑学、概率学、博弈论中的各项研究，不仅提高了人们的认知水平，而且逐步将自然现象映射到人类意识这一过程，转变为人类尝试通过逻辑和数学工具创造人造意识——人工智能。在现有的逻辑计算体系下，人工智能能够表征一部分人类理性思维特质，而非理性甚至非逻辑性的思维特性如何表征，是人工智能发展的一大突破口[4]。

"算计"一词除了在中文语境里有时有点贬义之意外，与"计算"对应，是比较简明扼要的，其实关键不在乎概念名称的形式，而在于内涵的丰富和可操作性。从图灵与冯·诺依曼的开创性的"计算"理论和架构出发，建立起了关于"计算"的坚实大厦，或许能够建立起关于"算计"的另类"图灵冯诺依曼体系"，这才是"算计"范畴的未来吧（在此"算计"是一个明确的存在，它不是"计算"的非线性的叠加与聚合，而是混合"计算"与"非计算"的存在，毕竟在这个世界上，除了归纳、演绎和反绎的思维方式外，还有类比、直觉、想象等不可形式化的思维方式也普遍存在并发挥着作用）。

我们这里提到的算计，指代人类意识的逻辑之外非逻辑的部分。现如今的知识图谱技术在一定程度上接近人的认知模式，在简单的数据集问答中可以取得优势。但是面对复杂环境与场景，往往需要多个跳跃的表征与推理。按部就班地寻找关系不足以处理复杂系统问题。如今的深度学习系统中没有恒定的表征，对不同的数据集往往有不同的表征模式，而人类的大脑中存在恒定的表征模式。

一、计算简述

计算有"核算数目，根据已知量算出未知量；运算"和"考虑；谋虑"两种含义。计算是一种将单一或复数之输入值转换为单一或复数之结果的思考过程。计算的定义有许多种，有相当精确的定义，例如使用各种算法进行的"算术"；也有较为抽象的定义，例如在一场竞争中"策略的计算"或是"计算"两人之间关系的成功概率。决定如何在人与人之间建立关系的方式也是一种计算的结果，但是这种计算难以精确、不可预测，甚至无法清楚定义。这种可能性无限的计算定义，与数学算术大不相同。

理解知识是理解智能的源头。古代中外哲学家注意到术语、名词、概念的内容是因人而异的。但是哲学家们在知识的不确定中也在尝试解释宇宙万物的统一性，认为存在一种永恒的、客观的自然规律，道家把它称为"道"或"太一"。柏拉图发明了"理念""形式"，并且正式提出同一性问题。这也标志着哲学的诞生。

（一）人的计算与机器的计算

"道可道，非常道；名可名，非常名"，这两句实际上讲的是交互关系的有限与无限。对于人工智能而言，常常是先名（打标）后道（计算）；对于智能而言，往往是先道（筹划算计）后名（定义概念）。

东方的辩证思维或许就是随机应变，西方的逻辑思维或许就是步步为营。《易经》的核心是辩证思维或变化关系或者相对范畴。这种思维的主要特点是整体性、模糊性和不确定性，它强调形象思维、想象力或直觉悟性，重视事物多角度事实分析和全局价值系统设计。西方文化和思维主要表现为逻辑思维或者分析思维或者绝对思维，主要特点是孤立性、准确性和确定性，它强调形式化和形而上学的方法，以结构化数量分析、基于公理的逻辑推理和应用系统分析描述见长，这两种思维方式各有所长，相互交融，取长补短，相得益彰。贝叶斯的概率变化的本质是结果随着输入的变化而变化，是一种自底向上的常道，锚定论的核心是输出很难为输入所干扰，是一种自上向下的常道，实践中贝叶斯与锚定论的混杂可谓之"非常道"。比如归纳论认为，相似的原因，在相似的条件下，将永远产生相似的结果；而客观事实证明，在相似的条件下，相似的原因却不一定会产生相似的结果，其中既有锚定论的牵引，也有贝叶斯的扰动。从已知到未知+从未知到已知=最简单的算计，这些已知与未知既包含形式化符号系统，也包含非形式化非符号系统，这里的双向计算既包括机器的计算，也包括人的计算。

"交互"是这个世界最基本的存在，无时不在，无处不在，正是有了万事万物的交互，才产生了许许多多事实与价值的属性、关系，数学一直试图用数、形这两种抽象符号反映出这些事物交互所产生的属性和关系。时至今日，有过成功也有过失败，并且在可见的未来会继续尝试下去，直到取代它的那个事物出现。人机问题为这个新生事物准备了"临产盆"，也为亲爱的路人们准备了一盏灯，它会伴随人类一直走下去。另外，无论自主系统还是协同工作，都离不开学习，这里的学习涉及的是两种机制，即人类学习+机器的学习，对于两者的机理目前都还远远没有搞清楚，对于两者的混合学习机制的研究更是初步的初步。

许多人都不自觉地使用还原思想去处理系统问题。人工智能（产品或系统）不只是技术问题，还必然涉及许多非技术问题。人-机-环境融合智能系统终究不仅是一个数学物理问题，但大家却不自觉地都把它当成了一个数学物理问题去解决，这也就是它仍处于研究初级阶段的主要原因：定位错误。人工智能是典型的数学物理系统，人-机-环境融合智能则往往不是如此，而是一个非完备数学物理系统（主/被动态势感知也是如此，它们与人的主观性也有密切关系，却常常被人有选择性地忽略掉了）。现在很多人却把人-机-环境系统问题当成了计算问题，忽视了更重要的算计问题。未来的人-机-环境融合智能系统应该是生物数学物理社会复杂系统。

世界或许是由标量与矢量混杂而成的不规范矩阵，溯因推理既是人工智能的盲点，也是人类认知的盲点。数据驱动的人工智能作为一种智能模型，其本质是有缺陷的（太死板）；知识驱动的人工智能作为一种智能模型，其本质也是有缺陷的（太灵活）。数据+知识驱动的人工智能作为一种智能模型，其本质不是有缺陷，而是有大缺陷的：归纳、演绎、因果、自然齐一性等充满了各种视而不见和鼠目寸光[5]。数据是事实，知识是半事实，价值是非事实。计算处理事实，算计判定价值，计算计解决事实+知识+价值的问题。

逻辑推理容易利用规则知识，机器学习容易利用数据事实，举一反三容易利用价值判断，从人类决策来看，通常需要结合知识、事实、价值、责任来解决问题。研究一个能够融合机器学习、逻辑推理、举一反三等并使其协同工作的统一框架，被视为人机智能的顶级挑战。人机之间讲协同，人–机–环境系统讲协调，深度态势感知讲配合，计算计讲衔接，衔接的往往不是点对点，而是区间对区间。

只要一个智能体还没有真正实现价值的自主，那么程序事实所提供的自主，对它就是没有意义的，而价值又常常是隐藏在事实之下很深的东西。计算是共性事实使然，算计是个性价值应然，所以哪怕是从单纯"计算"的角度出发，也不难发现人与机器是异质的。即便都叫"计算"，人的与机器的也是不同的：一个是绘画式计算，一个是照相式计算。

小孩子初始下象棋时往往会犯一个常见的错误：忘记了对方也会采取行动。但对于博弈系统而言，从知彼知己开始，人们在采取对策的时候常常就把对方的行为也计算在内，实现算彼算己。双向计算是人类最简单的算计形式，而且，这种双向计算不仅仅是一般归纳、演绎具象的混合嵌套，还有种因摘果、生因长果的主观设计，更有一心二意、双手互搏的变体临商。从某种意义上说，与机器的计算不同，人类的计算中时时刻刻处处闪烁着可计算性与可判定性的平衡问题，进而可以运用"算计"在模糊、矛盾、悖论、冲突、不确定的情况下，进行态势感知的优化与简化的精确性计算。

对于机器计算而言，"1+1=2"是一个结果，过程是人类设计好的程序代码；而对于人的计算而言，"1+1=2"不仅是一个结果与设计好的程序代码，还隐含着"1""+""="等范畴的抽象定义、约定规范、内涵外延、衍生变化等。尤其是对于主观的"1"是如何转化为客观的"1"的、事物之间事实性与价值性关系为什么用"+"而不是用"×"、等值与等价是如何界定的等潜在问题的存在依然没有清晰的解释。

皮亚杰认知心理学讲四个阶段：图式、同化、顺应、平衡[6]。或许稍微留意一下就会发现这四个阶段可以分得更细，如事实性的图式、同化、顺应、平衡，价值性的图式、同化、顺应、平衡，责任性的图式、同化、顺应、平衡，期望性的图式、同化、顺应、平衡，非期望性的图式、同化、顺应、平衡……联想起算计（盘算），是否也有类似的细分呢：事实性的算计、价值性的算计、责任性的算计、期望性的算计、非期望性的算计……

（二）大数据与小数据下的人−机−环境融合智能

目前的人工智能往往是大数据训练的结果，但是依靠大数据去计算存在非常大的局限性。

1. 脆弱性

人工智能系统的脆弱性一直被行业人员所诟病，稍微的数据错误就会使系统发生故障。例如在图像识别中，图片微小的像素改变，不会干扰人类视觉，但机器可能会发生紊乱[7]。正如 2017 年计算机视觉与模式识别会议（CVPR 2017）提交的论文中所论述的那样，"修改一个像素，就能让神经网络识别图像出错"。

至于原因，研究人员有过很多探究：数据不够好，算法设计不精妙……近日，在《连线》（Wired）上，计算机科学家拉尔森（E. J. Larson）撰文表示：优化思维是人工智能脆弱性的根源。

优化是推动人工智能尽可能准确的动力，在抽象的逻辑世界中，这种推动无疑是好的，但在人工智能运行的现实世界中，要获得好处都是有代价的。例如，需要更多数据来提高机器学习的计算精度，需要更好的数据来确保计算的真实性。

2. 人工智能缺乏处理模糊信息的能力

人在做阅读理解的时候，会结合上下文来判断一个单词的意思，尽管如此，也存在会让自己模棱两可的判断。此时，人们对这种模糊的判断也不会抱有非常自信的预期。但是人工智能不具有处理这种模糊性的能力。例如当人工智能遇到单词 suit 时，它会通过分析更多的信息来确定该单词是表示衣服还是法律名词。分析更多信息通常意味着利用大数据缩小答案范围，这在 99.9%的情况下有效，剩下的 0.1%，人工智能仍然会"自信"地将 suit 表示为法律名词，但实际上它可能表示的是衣服。

3. 由数据驱动

大数据的发散伴随着低质量的创造。目前的人工智能希望通过大数据的发散性思维实现创造。但众多科学研究显示，生物的创造力往往涉及无数据和非逻辑过程。因此，依靠大数据或许能够批量创造出许多"新"作品，但这些作品仅限于历史数据的混合和匹配。换言之，大规模的发散性思维的产生必然伴随着低质量。

数据驱动的创造所产生的局限性可以从 GPT-3 以及 Artbreeder 等文本和图像生成器中看到。通过"观察"历史场景，然后添加专家意见，试图产生下一个凡·高。但结果往往是这位"凡·高"只能复制以前画家的作品。这种人工智能设计文化，显然误解了创新的含义。这种情况从大家对 FaceNet 的盛誉中可见一斑，因为有一些面部识别的创新，仍然是蛮力优化。可以类比为调整汽车的扭矩带提升汽车性能，并称其为汽车交通革命。

有些场景下小数据比大数据更适用。过去十年，深度学习的成功更多地发生在面向消费的公司，这些公司的特点是拥有庞大的用户数据。因此，在其他行业，深度学习的"规模范式"并不适用。但对许多应用程序来说，代码−神经网络架构，已经基本解决，不会成为大的难点。因此，保持神经网络架构固定，寻找改进数据的方法，才会更有效率。

吴恩达（国际上人工智能和机器学习领域最具权威的学者之一）指出大数

据并不适用于某些场景，"小数据"才是更好的解决方案，并且提出以数据为中心的思想。吴恩达说他曾用 3.5 亿张图像构建了一个人脸识别系统，你或许也经常听到用数百万张图像构建视觉系统的故事。这些规模产物下的架构，是无法只用 50 张图片构建系统的。但事实证明，如果你只有 50 张高质量的图片，仍然可以产生非常有价值的东西，如缺陷系统检测。在许多行业，大数据集并不存在，因此，他认为目前必须将重点"从大数据转移到高质量数据"。事实上，只要拥有 50 个好数据（examples），就足以向神经网络解释你想让它学习什么。

二、算计简述

算计本质上是人类没有数学模型的计算。计算的局限性无法通过图灵机突破，所以对人的非理性、非逻辑思维解构与在机器上的重建就具有非凡的意义。基于对人类认知模型的理解，我们试图解释人类的认知能力，并构建一个能够学习和推理的认知模型，在一些应用领域取得了良好的效果。随后，对意识的理解进一步演化，我们构建了意识图灵机[5]，在处理问题时能够实现思维过程的意识觉知。即便如此，我们对人类思维过程的模仿仍然存在许多不足。目前还没有很好的方案来模拟人类的直觉、灵感、洞察力和其他能力，更不用说理解人类独特的责任和价值了。

（一）认知模型

认知模型是对人类认知能力的理解并在此基础上构建的模拟人的认知过程的计算模型。这里认知模型中的认知能力通常包括感知、表示、记忆与学习、语言、问题求解和推理等方面[8]。为了建造更多的智能机器，我们希望从人们身上找到灵感，更好地探索和研究人们的思维机制，尤其是人们对周围信息的感知和处理机制，进而可为打造出真正的人工智能系统提供新的体系结构和技术方法。杜赫（C. Duch）根据记忆和学习的不同将现有的认知模型分为三类：符号化（symbolic）认知模型、浮现式（emergent）认知模型和混合型（hybrid）认知模型[9]。大致来说，符号化认知模型侧重于使用高阶符号和陈述性知识，并使用传统人工智能的自上而下分析方法来处理信息，如 SOAR、EPIC、NARS 等；浮现式认知模型利用低水平的激活信号流经由无数处理单元组成的网络，采用一种自下而上的处理，这种处理依赖于浮现式自组织属性和连接属性，如 IBCA、NOMAD 等[10]；混合型认知模型则将上述两种方式结合起来，具备符号化认知模型和浮现式认知模型的某些特点，如 ACT-R、LIDA、4CAPS 等[11]。

（二）意识图灵机

意识图灵机（conscious Turing machine，CTM）的灵感来源于图灵的简单而强大的图灵机。与上面提到的大脑或思维认知建构的认知模型不同，意识图灵机是一个简单的意识建构数学模型[12]。认知神经科学家巴尔斯提出的全局工作空间理论概述了对意识的理解和脑中神经相关物的研究，基于此布鲁姆（B. Bloom）提出了意识图灵机。意识图灵机可以在处理信息的过程中产生意识内容的意识感知，体验感受而不仅仅是模拟感受，并提出这些感受的可能方式，如痛苦和幸福[13]。意识图灵机适合对其所做的高级决策做出解释，这就为人工智能的不可解释性问题的解决提供了思路。另外，我们认为在意识图灵机中有意识和自由意志的感觉，以及幻觉和梦境的体验。

（三）算计

人−机−环境融合智能系统不仅需要机器的强计算能力，更需要人的智慧是一种理性与非理性、机的计算与人的算计深入混合的智能系统。机的客观数据采集输入、逻辑推理和决策输出已经在应用中大展拳脚，而对于人的认知决策过程还需要进一步理解建模，才能实现算计能力。

算计也即盘算，筹划谋算；对事情的经过或结果进行仔细而从容的反复思考；考虑，其近义词包括：权衡、谋略、谋划、打算、计划、筹划、策划、企图、准备、预备、筹算。算计也即人们对于做什么之慎思斟酌，对应于英语中的 deliberations、weigh up、weighing、plans、strategies。

认知是人获取和应用知识的过程，知识图谱是试图表达人们对客观世界要素的理解的一种形式。它在当前的人工智能中得到了很好的应用。简单问答数据集的问答能力与人类相当，但与复杂问题无关[14]。这是因为复杂问题需要多跳的表征和推理。在算计中，与计算上仅仅依靠硬件传感器采集到的数据进行输入、表示过程不同，算计需要基于目标驱动和价值驱动对数据进行动态表征。在当今的深度学习系统中，知识没有固定的表示形式，不同的学习数据会有不同的表示形式。不存在基于自身来源的不同事实甚至责任和价值的划分。人类的大脑中存在"参考系"的恒定表征（参考系位于大脑皮层的上层），人类是基于自身的观念（如欲望、义务）对于不同的事实数据进行表征理解的。在计算、算计的不同表征中，连续特征空间为人（算计）的认知内容，离散语义符号空间代表机（计算）的感知系统，二者之间还应存在一种连续的准语义空间。我们可以通过上升操作将连续空间中的特征表征迁移到准语义空间中，进而通过抽象操作将准语义空间中的表征迁移到离散语义符号空间中。反过来，我们可以通过嵌入、投影，将离散语义符号空间中的表征迁移到连续特征空间。如此，我们就构建了一种感知、认知相结合的通道。数学的表征常常涉及具体事实抽象化，其推理内容则严格按照逻辑来进行，这当然不可或缺，但总是有非理性非逻辑的存在。在当今的人工智能系统中，简单的问题可以通过一定的知识图谱表示和问题求解程序解决，但复杂的问题往往需要多跳推理。这种多跳推理不仅是计算中的映射，更重要的是一些非逻辑的漫射（如发散思维）和影射（如联想、想象）等。人类的推理通常是探索性的，需要经过多次尝试和错误，并根据结果进行反馈和校准。然而，现有的人工智能逻辑推理缺乏这种主动的试错，使得最终决策过程的效果很差。有人提出了基于图的可解释认知推理框架，即以图结构为基础，将逻辑表达用作对复杂问题的分析过程，从而表示成显示的推理路径。可是图的结构化必然会过滤掉一些非结构化的隐信息，虽然可以在一定程度上解释迁移性，但这更像是一种"硬解释"，似乎整个结构就是为推理过程服务。算计的弹性推理不仅需要知识驱动和数据驱动的联合，更有价值和责任的引领，这样在推理过程中才会有非理性的洞见、直觉等表达。计算的决策输出则是根据逻辑推理的结果或者大数据、概率的优化产生，而算计却可做出一些不合逻辑的意向性表达。计算的处理是从事实到新的事实，而算计则是可以实现从事实通过动态表征和弹性推理实现价值体现。

第二节　计算——算计的模型

计算有计算的模型，算计也有算计的模型；计算有计算的算法，算计也有算计的算法。究竟什么是算法呢？从字面意义上理解，算法即可以用于计算的方法，通过这种方法可以达到预期计算的结果。那么，算计的算法就应该是可以用于算计的方法，通过这种方法可以达到预期算计的结果。例如，计算的算法是解决实际问题的一种精确描述方法，算法是对特定问题的求解步骤的一种或定量精确或定性近似描述方法等。目前，被广泛认可的算法专业定义是：算法是模型分析的一组可行的、确定的和有穷的规则。

其实，通俗地讲，计算的算法可以理解为一个完整解题步骤，由一些基本的运算和规定的运算顺序构成，通过这样的解题步骤可以解决特定的问题。从计算机程序设计的角度看，算法由一系列求解问题的指令构成，能够根据规范的输入，在有限的时间内获得有效的输出结果，算法代表了用系统的方法来描述解决问题的一种策略机制。

举一个例子来分析算法是如何在现实生活中发挥作用的，最典型的例子是统筹安排，假设有三件事（事件 A、事件 B、事件 C）要做，做事件 A 需要 5 分钟；做事件 B 需要耗费 5 分钟但是需要 15 分钟的等待才可以得到结果，如烧水等待开水开的过程；做事件 C 需要耗费 10 分钟。那么应该如何来做这三件事情？一种方法是依次做，做完事件 A，再做事件 B，最后做事件 C，这样，总的耗时是 5+（5+15）+10=35 分钟，这显然是浪费时间的一种方法。在实际生活中比较可取的方法是：先做事件 B，在等待事件 B 完成的过程中做事件 A 和事件 C，这样，等待事件 B 完成的 15 分钟，正好可以完成事件 A 和事件 C，此时，总的耗时为 5+15=20 分钟，效率明显提高了。在上述的例子中提到的两种方法可以看作两种算法，第一种算法效率低，第二种算法效率高，但都达到了做完事件的目的。从这个例子可以看出，算法也是有好坏区别的，好的算法可以提高效率，算法的基本任务是针对一个具体的问题，找到一种高效的处理方法，从而获得最佳的结果。

一个典型的算法一般都可以从中抽象出五个特征——有穷性、确切性、输入、输出、可行性，下面结合上述例子来分析这五个特征。

（1）有穷性。算法的指令或者步骤的执行次数是有限的，执行时间也是有限的。例如，在上面的例子中，通过短短的几步就可以完成任务，而且执行时间都是有限的。

（2）确切性。算法的每一个指令或步骤都必须有明确的定义和描述。例如，在上面的例子中，为了完成三件事情，每一步做什么事情都是有明确规定的。

（3）输入。一个算法都应该有相应的输入条件，用来刻画运算对象的初始情况。例如，在上面的例子中，有三个待完成的事件，这三个事件便是输入。

（4）输出。一个算法应该有明确的结果输出，这是容易理解的，因为没有得到结果的算法是毫无意义的。例如，在上面的例子中，结果输出便是三件事情全部做完了。

（5）可行性。算法执行步骤必须是可行的且可以在有限的时间内完成。例如，在上面的例子中，每一个步骤都是切实可行的，无法执行的步骤也是毫无意义的，解决不了任何实际问题。

目前，算法的应用非常广泛，常用的算法包括递推算法、递归算法、穷举算法、贪婪算法、分治算法、动态规划算法和迭代算法等。

算计的算法与计算的算法的不同之处在于：算计的算法不但要考虑时间序列上的动态优化，还要考虑空间近距离上的奖惩，更重要的是要考虑情感上的作用。简单地说，算计的算法既要实事求是又要合情合理，既要事实逻辑又要价值穿越，既要因果形式又要实际内容，既要规则决定又要自由意志。

在可以预见的未来，机器智能取代不了人类智能，但可以辅助增强之，同时也可以削弱之……人们对智能理论的探索与研究已有数千年的历史，但已有的各种智能理论仅通过计算的方法描述了智能的部分现象和规律，远远没有揭示出人类智能的内在机理，更未上升到理论构架阶段，这也成为智能领域思维机理的未解之谜。在此，我们将结合计算的方法形成计算+算计的计算计角度寻找人类智能的机理，首先我们将研究算计的概念、算计的模型、算计的算法这三个问题。

更为意义深远的是，将计算计理论用于指导具体人–机–环境融合智能工程实践，很多科学问题工程难题将会迎刃而解。譬如，根据该理论，若在人–机–环境系统输入阶段表现为客观事实性数据信息，在中间处理阶段表现为理性推理，在输出阶段表现为逻辑规则或统计概率行为，则这个阶段属于计算区间；若在人–机–环境系统输入阶段表现为主观价值性知识经验，在中间处理阶段表现为感性综合，在输出阶段表现为直觉判断或反统计行为，则这个阶段属于算计区间；在计算区间与算计区间为计算计区间，具体见图9-1。这个理论

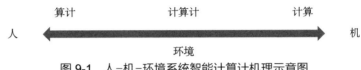

图 9-1　人-机-环境系统智能计算计机理示意图

超越了以往的认知局限：计算是从已知条件开始的逻辑，解决"复"，算计是从未知/部分已知前提出发的直觉，处理"杂"。同时，计算计理论也能实现"反智能"，解决相应工程难题。

一、计算是算计的影子

计算的计与算计的计不同，计算的算与算计的算也不同。计算的计是计数的计，算计的计是计策（谋）的计；计算的算是运算的算，算计的算是盘（庙）算的算。

计算的本体是事实性概念，算计的本体是价值性偏好。计算的主体是人，算计的主体是包含人的系统。计算的主体可变，本体不变；算计的主体不变，本体常变。计算使用参数建模，算计创造参数建模。计算常常是感—存—算—传—用—馈—评顺序展开，算计却往往根据具体情况具体打破这一顺序组合，可以感—存—算，也可以感—算—评。对于计算来说，如果是客观事实输入，那么就会输出确定性的客观事实，可谓是真凭实据、实事求是，是理性 being 的逻辑推理；算计则不然，即使是客观事实输入，也不一定就会输出确定性的客观事实，即真实的输入可以用主观改变选择从而输出价值，是感性 should 的非逻辑实现。如输入 23，可以是乔丹，也可以是詹姆斯等。

在真实的博弈过程中，表面上是数学计算的理性过程，实际上还有算计的感性过程，更准确地说是计算计的过程。

计算的基础是有限的封闭性，算计的特点是有条件的开放性，计算计即从有限的客观事实 being（现实性）推理出无限的主观价值 should（可能性）。计算是确定性的推理，算计是不确定性的推理，计算计是确定性与不确定性的弥聚混合。机器只有局部性事实逻辑，没有人类的整体性价值逻辑，因此人机结合起来进行功能与能力的互补，用人类的算计这把利刃穿透机器计算不时遇到的各种各样的"墙"。人机融合中有价值的东西通过动态环境使得事实过程变成对智能逻辑而言有意义的事情，事实不因事实本身是什么而是什么，而是在与价值的融合之中是其所是，这就需要建立一套新的逻辑体系以支撑之，即人机融合的计算–算计逻辑体系。

那么，什么是计算？什么是算计？算计的核心有两个字"异"和"易"。算计里面对于不同领域的东西进行变化平衡的处理，这是算计的核心，而计算恰恰是讲究相同的结构、相同的数据、相同的性质才能进行，算出的结果往往是不变的、确定的。

相比之下，人重价值逻辑，机偏事实逻辑；人侧辩证逻辑，机向形式逻辑。与机器计算不同的是：人的算计是复合型，既有体现事实的理性部分，又有体现价值的感性部分，而且感性部分可以不自洽、矛盾，甚至可以辩证、相互转化，所以感性价值是人机之间智能的最重要区别之一。当然，人机之间的理性事实和理性价值部分也不是完全等价的。具体而言，人类的一多关系与机器的一多结构常常并不是一回事。那么，人机融合则是辩证的形式逻辑或形式的辩证逻辑，这就涉及一个逻辑转化的难题，即事实形式化逻辑如何转化为价值辩证逻辑，或价值辩证逻辑如何转化为事实形式化逻辑问题。表面上，人类的辩证逻辑是用来思考问题而不是解决问题的，解决问题要靠形式逻辑。实际上，这是对形式化计算逻辑与辩证性算计逻辑的认识不清所致，与计算思维不同，算计思维方式在很多方面都与计算逻辑相悖。

计算与算计的关系也是密不可分的。计算的过程中需要算计来指引方向，算计的过程中也许用计算来作为基础完成基础性的工作，二者缺一不可。计算的本体是事实性概念，算计的本体是价值性偏好。计算的主要对象是机器系统，算计的主体是包含人的系统。计算不能改变事实性概念，但可以改变操作的人；算计中人的系统不能改变，但价值性的偏好却常常改变，只有二者结合才能实现更好的智能。

二、计算与算计的逻辑基础

相对而言，计算的算侧重客观事实，算计的算偏主观价值，能否计算及如何计算是算计的核心。一般而言，算法应包括计算的算法与算计的算法，在《孙子兵法》中的"计算"可具体为："十则围之，五则攻之，倍则分之"。其中的"算计"则可抽象为："故能而示之不能，用而示之不用……攻其无备，出其不意。"

在现代认知博弈"谋略+技术"两大支撑要素中，谋略靠算计，技术靠算。可以简单描述为：①计算的逻辑通过操作符号和知识进行合格获取，即形和式；②算计的逻辑通过操作关系和作用进行破格获取，即变与化。计算为符号主义，算计偏联结主义。许多博弈中的隐真示假、造势欺骗就是利用了各种所谓的"因果关系"等逻辑，把主客观逻辑像变魔术一样混编成了艺术。

人类将外部信息编码成计算模型，编码方式分为三种：神经链接、语言逻辑和数学。我们可将价值编码成算计模型，编码方式分为三种：信息重要程度、事实逻辑和价值逻辑。西方在"与或非"数字逻辑的基础上建立起了"常道（数学）+常名（概念）"的人工智能科技，东方则是在"是非中"思想中尝试构建"非常道+非常名"的人-机-环境智能系统。计算-算计涉及已知、未知、半知推理，计算的因果有逻辑，算计的因果不一定有（已发现的）逻辑，比如跳跃性思维推理。把智能看成逻辑、把智能看成计算是智能发展的瓶颈和误区。下面是计算与算计的逻辑基础比较。

西方科学和技术的发展，包括西方哲学思想的发展，是以逻辑作为基础的。

这个逻辑体系是从亚里士多德开始的并一直延续到现在，计算的逻辑基础有如下三个基本的定律。

第一，同一律。同一律在数学计算中表现得非常突出。定义为"A=A"，无论是什么，它就是它。A 是它本身，而不是其他什么事物。对应的在算计的逻辑基础上是"非同一律"，A≠A，无论是什么，它不一定是它。A 既是它本身，也可以是其他事物。

第二，无矛盾律。在计算逻辑里面 A 和非 A 不可能同时发生。没有什么事物同时既是它又不是它。一个命题和它的相反面不可能同时为真。在算计的逻辑基础上恰恰相反，有"矛盾律"。A 和非 A 可能同时发生。任何事物同时既是它又不是它。一个命题和它的相反面可能同时为真。比如人，既可以是好人又可以是坏人，这个命题是可以存在的。

第三，排中律。在计算逻辑里任何事物要么是，要么不是。A 或者非 A 为真，两者之间不存在其他情况，中间不能有一个半 A 或者半真半假的东西。算计的逻辑里是可以存在非排中律的，任何事物不一定要么是，要么不是。A 与非 A 可以同时为真或假，两者之间可以存在其他情况。简单地说，算计包含了辩证，包含了可变性。

我们提出算计的逻辑基础可能也不准确。因为算计有很多还是超逻辑或者非逻辑，现在的逻辑很难总结它的一些特征。但是总体来说，在计算的逻辑里有很多悖论或者矛盾出现，包括集合论中罗素的"理发师悖论"，其实在算计里面，"理发师悖论"可能慢慢地通过辩证做抵消。在整个计算和算计的体系里，很少有悖论和矛盾出现，它可以解释清楚，因为有非同一律、矛盾律、非排中律的出现。

从具体算法角度来看，计算与算计有算法上的本质区别。也就是说，至少存在一个算计的特别算法，通过计算不可能实现，应与数学上的 Pvs NP 等问题有关，即使解决了"量子计算机"的问题，也只是计算，也还没有解决"算计"的问题。

三、计算–算计模型

人工智能取得成果斐然，但是现阶段的人工智能体还远未达到接近人类心智的水平。在面对复杂环境时，计算体系中的人工智能水平有限，无法发挥其特点。智能是一个复杂系统，在追求算力与算法实现人工智能应用的时代，人在与智能体的合作中的作用不可忽视。机的能力价值（计算）与人的能力价值（算计）协同系统还需研究。本书通过不同角度分析机器的计算逻辑以及人类"算计"的认知能力，探究其能力与不足，并且提出计算–算计模型，为人-机-环境融合智能提供一种可行架构。

计算–算计模型如图 9-2 所示。这里有个前提，由人、机、环境构成的系统智能不仅仅包含数学、计算机科学、心理学、哲学等领域，还涉及其他诸多学科混合的复杂系统。既具有"确定性"，同时也具有"随机性"[4]。在此，本书不对人-机-环境系统进行更加细致的客观描述，只是对其进行可行性的模型预测。

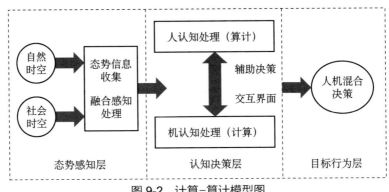

图 9-2　计算–算计模型图

态势感知层包含环境信息。环境包括自然时空与社会时空内的环境，一切问题的源头来自自然与社会，也可以说人类知识的来源也是如此，这种环境包含确定性和不确定性两部分。此外，态势感知层还负责态势信息的收集和感知处理。数学领域的微积分类似于这个过程，通过处理已知数据来接近答案。指挥和控制领域的情报收集与分析也是对信息的感知及处理。与数字和微积分符号相比，智能的量化更复杂，更容易由经验丰富的指挥官处理。传统的自动化方法及机器学习算法可能会导致"回路外"错误，由于人类对任务的态势感知较低，而且人类对任务和环境的感知主要基于经验，因此很容易产生自满或放松警惕。环境的不确定反馈也会影响循环之外的问题，这突出了在紧密结合和松散结合的人机交互之间实现平衡的重要性。当前，算法处理后的数据可解释性下降，使得人类困于"回路外"，同时也产生人类对智能代理的信任度下降问题。

认知决策层类似于态势感知信息的深度处理，它不仅依赖于传统意义上的人类认知，还需要自动推理能力[15]。人类的推理基于认知能力，如直觉、逻辑、联想等，包含了计算的概念。20世纪80年代，基于人工智能的专家系统盛行。机器可以进行简单的问答，但问答的内容有限。除了计算能力，主要原因是赋予机器的推理能力是基于一对一、一对多和多对一的知识映射关系。当有足够的物理计算能力时，如何在动态表示下实现弹性推理是一个值得深思的问题。通过在动态表征下散射、漫射和影射的知识，是实现多跳推理的关键。模糊逻辑提供了一个框架，将一个或多个连续状态变量映射到相应的类别，用于推理和决策；神经网络使用在训练过程中所学到的相互关联的程序和可变权重，这些程序和权重来自一个大型的典型案例数据库。受进化遗传学的启发，重复模拟被用来缩小潜在选项的范围，并选择最优解决方案。人通过人机界面与机器交互，机器使人能够做出辅助决策。实现机器人性化是人–机–环境融合的关键一步。

目标行为层主要反映在混合人机决策中。当更高层次的智能体代理出现时，人类总是处于决策的顶端，这在许多领域都是共识（除非在追求目标的人力成本较低的情况下）。意义的构建是在现实世界中生存的关键，许多研究表明，人类努力构建这个世界中物体、事件和情况的意义。人类更善于阅读标识，对于人类来说，建构是一种心理活动。为了使机器有效地与人类合作，机器和人类的反应与决策必须将相同的物体、事件或情况解释为相同的符号或获得相同的含义。当需要实现混合人机决策的目标时，机器辅助决策还必须提供更完整的意义构建。据此，我们初步拟定了人机功能/能力分配三原则：①机器在人类比较自信时应不要打扰人类；②在人类过分自信时应提醒人类；③在人类不自信时应帮助人类。

根据上述描述，我们初步拟出了人-机-环境融合智能中的计算计模型：

$$F(X\cdots)=f(x)+f'(x)i$$

其中，$f(x)$ 为事实函数，$f'(x)$ 为价值函数。

信息的单位是比特，用来反映确定性的程度，价值则反映信息有用的大小程度，其单位可设为古德（我们假设的一种评价信息价值的单位），能用的为 1 古德，不能用的为 0 古德，如若"明天有日出"对大多数人而言为 1 古德，"明天有日食"对不同的人则为不同的古德，对天文工作者可以是 10 古德，对交通运输业从业人员可以是 2 古德，对井下采煤人员可以是 0 古德……核战争和基因战争都是负古德。古德单位是个性化的，通过计算古德数，可以识别人的专业性和决策的有效性。

第三节　变通、趣时与知几

算计的精髓体现在《易经》中，《易经》中蕴藏着许多智慧，值得我们借鉴。《易经》主要由"变通""趣时""知几"三个部分构成。

一、"变通"是《易经》的灵魂

《易经》以阴阳为根本，以八卦为象，以六十四卦为系统。将阴阳通过三维不同组合形成八卦，八卦的不同演化形成六十四卦，因此阴阳是《易经》系统形成的基因。阴阳是对立统一的关系。既然《易经》是以阴阳为基础的，那么"变化"必然存在于其中，正所谓"动静有常，刚柔断矣。方以类聚，物以群分，吉凶生矣。在天成象，在地成形，变化见矣"。天地的宇宙通过阴阳变化的方式不断地诞生和改变。本质上，自然的运动和变化是《易经》的蓝本。《易经》系统的内部变化则反映了客观规律[16]。

《易经》的变性虽然繁杂，但又是有规可循的，如乾坤、震巽、坎离、艮兑……共三十二对阴爻阳爻完全相反卦的策数相加之和均等于三百六十，相当于一年的天数。从卦序系列的义理来看，仅以上经三十卦而论，从乾、坤、屯、蒙、需、讼、师、比、小畜、履、泰、否共十二卦，其间经过混蒙、开发、动乱之变而后达到安定兴旺、繁荣之变，《易经》之变在逻辑上反映出它和历史之变的统一性，从而给人以深刻的启示。

二、"趣时"是《易经》的脉搏

《易经》中提到的"时"，不仅仅是形容物理层面的时间，还包含着客观事物发展变化的规律和方向，以及达到某一关节点时境况综合的抽象，即"宜于时通，利以处穷"。《荀子·修身》蕴含着时间的推移、时势的演化、时境的变迁和时宜的把握[17]。

趣时，就是对时势的认识，对时机的把握，对时变的感受，对时行的觉悟。"时"不是死的，而是活的。"趣"同样要灵活，要体现人的主观能动性。对趣时本身的把握应该是辩证的，具体问题具体分析。深刻地理解与时偕行，我们会发现，其根本精神在于追求一种既适应时代发展趋势又适得事理之宜的理想境界，在于自觉遵循天道、地道、人道运行的规律。与时偕行，就需要看准时机，把握事物演进变化的规律，灵动自如，昂扬健行，生生不息。同时，与时偕行不仅意味着要跟上时代的步伐、不落伍于时代，而且意味着不要"豪迈地"超越时代[17]。在这变动不居的世界中，人们期待的是瓜熟蒂落、水到渠成的那一刻。那一刻，便是与时偕行的"时"。"违时不进"的保守主义，"超时而进"的激进主义，都不是"与时偕行"的准确诠释。在时的把握与动作上，"过"与"不及"都不可取。

在历史潮流跌宕勇进的过程中，要做到始终能够"与时偕行"，的确不是一件容易的事。通常"时"与"势"往往相一致，体现出"天人合一"的和谐感、秩序感，如《易经》所说，"顺乎天而应乎人"。孙中山把这叫作"顺乎世界之潮流，适乎人群之需要"。但也会出现时势潮流与人群需要的矛盾，形成"时"的悖论，特别是一个社会要发生革命性变化的时候，"其时之义大矣哉"。这样大的"时"到来之际，就需要整合，并因势利导，不是等待不动作，而是从微动开始，循序渐进。

从宇宙的诞生到膨胀，从社会的组成到变迁，从生命的成长到衰老，无时无刻不在变化之中，但是变化是必然，必然之中蕴含着偶然。这不仅是马克思主义哲学原理中的一部分，也是从《易经》对"趣时"的理解中可以提炼出的一个结论：变通者需要适应当前环境。"道莫盛于趣时。"那么，如何把握时机？《易经》认为，要想很好地把握时，就要多在"知几"上下功夫。

三、"知几"是《易经》的神智

"几"是什么呢？通俗一点说，就是苗头、兆头，讲的是事物的精微深奥之处。所有的事物都有一个开始，如果我们能在混沌不清的太易之时，或在气之未分的太初之时，或在形之未成的太始之时，或在质之未定的太素之时就辨察，及时发现并研究细微征象，便可能因势利导，逢凶化吉。

《易经》中认为不论好事坏事都有一个开始，如果能及早辨察，及时地发现并研究细微的征象，就有可能避免。若"由辩之不早辩之"则结果正好相反。其中的关键为是否能及时辨察，及时地发现并研究。这叫"知几，其神乎"。也就是说，知道了"几"，知道了这个苗头和兆头，就能够达到很"神"的程度。因为"几"是"动之微"，是"吉凶之先见者"，是吉凶最先表现的那个地方。我们很多人都是在吉凶已经非常明显的时候，才能够判断它，而"知几"的人能在吉凶刚刚开始表现的时候，或者吉凶还没有表现出来而有苗头的时候，就知道了。

"圣人之所以极深而研几也。唯深也，故能通天下之志，唯几也，故能成天下之务，唯神也，故不疾而速，不行而至。"《易经》里面的这段话讲的是什么意思？"深"，就是"深奥"，高深而不易理解；"几"，就是苗头、兆头。"深"与"几"的最大特点，就是至万事万物之间，隐秘深奥，变化莫测。所以，需要"研几"。

"研几"就是研究事物的精微之处，研究其"变通"之兆和"趣时"之奥。《易经》之中"研几"的方法耳熟能详的有：对立统一、循序变化、物极必反、变通、违背等。但是《易经》中关于"研几"的方法无穷无尽。

第四节　计算计的内涵与外延

通过以上分析我们可以得知：计算不单单是对于数据的计算，也可以进行非数据的计算。如果用一句话来表述计算与算计的核心思想，会是什么呢？那就是用计算解决可计算问题，用算计解决不可计算问题。但是对于机器来说，它没有把非数据量化的机制，只能进行并且擅长数据的计算。对于算计而言，这是机器所没有的，而算计在道德伦理上来讲并不一定都是好的，因此机器不具备算计能力在某方面来说并不是一件坏事。人类可以算计，因为人类有伦理道德和法律的约束，机器的计算可以更好地为人的算计服务。

在人机融合中，计算计就是把人类的算计与机器的计算有效结合起来的人-机-环境系统。但是在人机融合中真的是人只负责算计吗？答案应该是否定的。人可以计算，只是能力不如机器，机器计算的部分可以减轻人的负荷，但是人也需要进行一小部分的计算，因为在人算计的过程中，他是需要自身的计算来进行支撑的，所以尽管机器减轻了人的计算负担，人也不可避免地进行支撑算计所必需的计算。

简洁地进行概括，在人机融合系统中，忽略人的计算部分，计算计=计算（机）+算计（人），若是脱离人机融合系统，将计算计作为一个普遍概念迁移到其他地方，计算计其实并不是单纯的计算+算计，它不是两者生硬地相加，而是计算和算计的相辅相成、融会贯通。

我们不能单说算计包括计算，我们就不能使用"包括"这个词语，准确地说两者不是包含关系，而是一种影响关系。只能说计算"影响"着算计，而同时算计的程度也影响着下一步计算。不是计算就是好的，也不是说算计就是好的，二者缺一不可。影响算计的不仅仅有计算，还有非计算的东西。计算计就是包含计算、博弈、情感、算计、合作等的一个复杂的糅合体，这里不用混合而使用糅合，是因为它们的每一种都不是单纯地堆叠混加在一起，而是相互影响相互渗透。

逻辑的线性可以叠加处理，逻辑的非线性却变化多端，具体可表现为：发散收敛（弥聚）、跳跃协同（跳协）、显性隐性（显隐）。

公理不是真理，而是某种协议，是一种非存在的有，如孙悟空和圣诞老人一般：现实中虽不存在，但人们心中都"有"其形象。数学是由多个公理（非存在的有）建筑起来的逻辑体系，如点、线、面的概念等。

算计可以同时使用显性、隐性两种智能，显性智能涉及现实客观具体事实性部分，隐性智能包括理想主观抽象价值性部分，对于显性智能部分使用表征处理显性事实（最典型的就是设计各种符号运算），使用象征对付隐性价值（最有代表性的就是发挥自主意识抓住核心关键重构对象）。进入显性表征计算模式时就带有确定性绝对决定成分，而进入隐性象征重构模式时就带有自由意志裁决成分，这也是人机功能分配的基本原则之一。从根本上讲，人机融合过程中一半是自然绝对的规则，另一半则是人类自由的意志。

算计是非语言的，开始就像婴儿一样存在，后面是自由的有责任选择。人类创造出了非存在（的符号）表征存在（的规律），却忽略了存在（的规律）还有许多非存在（的其他表征）可以实现。联觉、灵感和直觉构成的算计在发现真理方面常常比逻辑推导重要得多。人类的意图理解根本上就不是图灵机式的逻辑映射计算程序（尽管很多人正在这样做）。

诺贝尔奖得主、牛津大学的彭罗斯在《皇帝新脑》（*The Emperor's New Mind*）一书中认为：意识并不是按已知物理定律运转的机器，其行为不能够用当前计算机算法来实现，意识行为中有着非（计算）算法成分。

杰出的数论学家厄多斯（P. Erdős）的口头禅是，所有最好的证明都记载在"上帝的书上"，数学家偶尔地被允许瞥见一页半纸。彭罗斯相信，当一位物理学家或者数学家经历一次突然的"惊喜"的洞察，这不仅是"由复杂计算做出"的某种东西，而是精神在一瞬间和客观真理进行了接触。他感到惊讶，莫非柏拉图世界和物理世界（物理学家已将其融入了数学之中）真的是合二为一？用可计算的数学结构能否足够地描述实在的物理对象（如人脑）和虚在的心理对象（如意识），是我们需要深思的问题。

尽管很多理论在基本框架建立之初，很多概念是模糊的、不成熟的，但我们仍然要清楚地认识到下列不同：①mind≠brain；②心智≠大脑；③系统≠还原；④智能≠数学；⑤算计≠计算；⑥人机≠机器；⑦名≠道。

  每一个科学发现都包含非理性因素，维纳在《控制论（或关于动物和机器中控制和通信的科学）》中提出控制论机器克服了柏格森时间和牛顿时间的对立，前者是生物性的、创造性的和不可逆的算计，后者是机械性的、重复的和可逆转的计算。在已发现的逻辑中，依然存在不少非定域性、非必然性和脆弱性，这反映在许多不可计算、不可判定的事例和时断时续的不完备、不可能之中。算计就是一种涌现方法，甚至可实现一个系统或事物的真伪由其本身说明（如指鹿为马）。

  目前智能研究的不足之一在于把智能当成了逻辑和计算，智能中还包含着非逻辑和算计，人-机-环境融合智能也一样。人-机-环境融合智能的难点在于物理域、信息域、认知域的参照系是不同的，数据在从信息到知识再到应用的过程中其性质会发生很大的变化，而且与使用者有关。物理域参考系是客观事实型的时空坐标系，信息域参考系是客观事实型+主观价值型的混合坐标系，认知域参考系是主观价值型的人性化坐标系，在这个多域跨域系统中，人-机-环境融合的态、势、感、知是非线性的融合过程。

  有人认为信息是熵，即能量的变化大小，实际上，除此之外，信息还有一个能力的变化大小。能量反映了客观事实的物理域，能力反映了主观价值的认知域，如将军和士兵都能看到同样一条信息"敌方要撤离××"，将军可以分析出其三条撤离路线的最可能路线，而一般战士却很难判断出这条路线。

  若以信息为联结物理与认知的纽带，那么态势感知就是人机交互/融合中信息的运动机理，态是信息弥散的势，犹如能量是弥散的质量；势是信息聚合的态，是信息中的信息，犹如质量是聚合的能量；感若是信息的物理接收方，那么知则是信息的能力发送方，即把目的、意图、经验、猜测等能力因素发送到信息上进行校对、验证和实施。

  物理域常用的参考系是时空坐标系：$F(x, y, z, t)=aX+bY+cZ+dT$；认知域常用的参考系是价值坐标系：$V(t, s, g, z)=aT+bS+cG+dZ$（$t$、$s$、$g$、$z$ 分别是态势感知的第一个拼音字母）；所以，准确地说，信息域的参考系应该是时空-价值坐标系：$I(\cdots)=F(x, y, z, t)+V(t, s, g, z)$。信息域的有效性是物理域受认知域的影响而决定的，因此物理域事实时空与认知域价值时空的匹配程度决定了信息域时空的准确性、正确性，即当物理域事实时空与认知域价值时空的匹配程度越高时，对应的信息域时空准确性、正确性就越高；反之，就越低。一般任务情境下，物理域、认知域、信息域中的时空常常是不一致的，当物理域与认知域时空一致时，价值的算计就等价于事实的计算；反之，算计则不同于计算；信息域是价值的算计与事实的计算混合而成之域，是认知与物理融合成的计算计域，计算其数量多少的基本单位是比特，算计其质量好坏的基本单位是古德。

　　一般而言，物理域相对可形式化、可计算化，但认知域很难形式化、计算化，如当遇到意外或紧急情况时，人类的大脑认知会关闭理性模式，开启感性模式。套用一句相对论的比喻，价值（势）告诉事实（态）如何弯曲，事实（态）告诉价值（势）如何运动。如何实现态、势、感、知过程之间的有效平衡依然成为研究人-机-环境系统智能的关键之处。对于人-机-环境融合智能而言，更困难的是态、势、感、知之间的混合问题，苹果、梨子、桃子与橘子混合所形成的混合物与各种单独的水果不同，如何实现混合后的表征是一件很棘手的事。如何建立跨三域（物理域、认知域、信息域）的计算计表征符号及推理符号体系，也是我们需要深入思考和不断试错的过程。

　　相对而言，计算的算侧客观事实，算计的算偏主观价值。能否计算及如何计算是算计的核心。所谓的"阳"，更多对应西方逻辑的量化、表征、计算、推演的常道常名过程，其突出特征是"清晰化"，清晰的部分常常涉及理性、硬性、固化和僵化。所谓的"阴"，更多对应东方思想的定性、象征、算计、跨域的"非常道""非常名"的过程，其突出特征是"模糊化"。模糊的部分往往包含感性、柔性、弹性和灵性。完整的世界既有阳也有阴，一阴一阳谓之道，一有一无谓之名，东西方的智能交互对应着人物环、情理中、计算计、弥聚形，其突出特征是"融合化"。融合的系统蕴藏着刚柔、真假、虚实和有无。

西方与或非逻辑建立了"常道+常名"的人工智能，东方是非中思想可以尝试构建非常道+非常名的人机环境智能。计算-算计涉及已知、未知、半知，计算的因果有逻辑，算计的因果不一定有（已发现的）逻辑。算计不仅仅是哈希降维数据，还有哈希降维推理过程（如跳跃性推理）。

你无法在造成问题的同一思维层次上解决这个问题，爱因斯坦说，你必须超越它并达到一个新的层次，才能解决这个问题。在研究智能的过程中，研究的对象不能仅局限于人类，而是应该超越人类的层次，考虑人-机-环境系统中不同的事物，在更高的层次上研究智能。诺贝尔奖获得者斯佩里（R. W. Sperry）也曾经讲过，按照还原论的方法在人脑神经系统中根本找不到精神，应该把精神看成是在人脑神经系统基础上凸显形成的高层次系统，这个高层次系统是不能还原为低层次的人脑神经系统的。但是，很多人并不了解这些情况，仅仅凭自己的想象认为思维的奥秘就是人脑神经系统的奥秘。

我们常常用观测时存在的世界代替实际存在的世界，所以我们所知道的，并不是全部的初始条件，而是关于它们的某种分布而已。对于不同水平的人而言，信息的分布不是均质的。因果有多种，有客观的，也有主观的，真实因果的复杂性在于主客观的混合。计算只解决了其中的一部分理性，还有更多的情理需要算计处理和把握。在人-机-环境融合智能中，熵的变化具有弥聚性。当人机价值不一致时，熵增较大，人的自疑程度较大；当人机事实不一致时，熵增较小，人的自疑程度较小。莱布尼茨的两个著名的概念对应两个重要的词"普遍语言"即"名"，"理性演算"即"道"，只不过是"可名"与"可道"。我们需要进一步探索"非常名"与"非常道"。细细品味，维纳控制论中的"反馈"（feedback）本质上就是要回答休谟问题（能否从事实 being 中推出价值 should），即用期望值 should 校正实际值 being，以获得系统熵减的效果。信任的本质就是客观事实 being 与主观价值 should 的一致程度。发生的事实与预期的价值一致时，信任度会增加；反之，信任度会减少。

新的科学需要新逻辑，新的技术需要新逻辑，新的数学需要新逻辑，新的学科需要新逻辑，新的元宇宙也需要新逻辑。新逻辑应该包含现有逻辑之外的部分。如果说逻辑是：①人通过概念、判断、推理、论证来理解和区分客观世界的思维过程；②说明的秩序和思维的规律；③客观的规律性与分类的合理性，那么新逻辑除了上述三部分以外，还将涉及：①人不通过概念、判断、推理、论证来理解和区分客观世界的思维过程；②说明的非秩序和思维的非规律；③主观的规律性与分类的非合理性。常见的八种逻辑关系如下。

（1）总分关系。也就是纲目关系，正所谓纲举目张。好比树的主干与枝丫的关系，主干统领枝丫，二者不能并列也不能颠倒。

（2）主次关系。通俗来讲就是重点与一般的关系。二者没有隶属关系，但是在同一篇文章内，相互之间是有关联的，互相影响，互为补充。

（3）并列关系。相互之间不相隶属又相对独立的一种关系。譬如天时地利人和、人财物、物质文明、精神文明、政治文明、生态文明、经济建设、政治建设、文化建设、社会建设等。

（4）递进关系。这是同一事物在不同发展阶段的关系。时间上的递进：古代、近代、现代、当代……空间上的递进：国际、国内、本地……学习上的递进：武装头脑、指导实践、促进工作……需要注意的是，有些特殊的并列关系也是需要讲求递进，比如春夏秋冬，这都是需要讲求顺序的。

（5）点面关系。面是由众多点构成的，如果点与面存在内在联系，则在说明面的情况时可以采取以点带面的方式。

（6）因果关系。事物之间存在必然的客观的因与果关系。揭示因果关系，可以增强文章的说服力和感染力。

（7）虚实关系。在智能产出过程中，可以采取以虚带实、虚实结合的方法。这里的虚不是虚假，而是灵魂、高度、理论支撑；实就是数据、案例、事实支撑。

（8）定性与定量的关系。事物的发展有一个从量变到质变的过程。对一件事情的判断，定性的说服力总不如定量的大。从某种程度上来说，定性是一种大体判断，定量则是一种精确判断。能定量说明的尽量定量说明，但也不能绝对，数字要用得恰到好处，这样才会更有说服力。

除了上述关系以外，新逻辑关系还将包括：①阴阳变化的关系；②辩证的关系；③情理的关系；④事实与价值的关系；⑤态、势关系；⑥感、知关系；⑦计算与算计的关系；⑧人、机、环境系统关系。

西方理解智能（包括人工智能）的一个最大的角度是物理，把智能的本质看成是物理规律，并结合数理方法去处理这些物理化了的智能体，尽管其中也有生理、心理等学科的浸入，其认识论的主轴主线依然是物理规律结合数理方法，很容易用解析还原的观点看智能。英国学者布朗（K. Brown）在新书《欧洲人眼中的中国：绵延 800 年的文化与知识交流》（*China Through European Eyes：800 Years of Cultural and Intellectual Encounter*）中写道，"对于 21 世纪的人们来说，了解和接触中国已越来越成为一种刚需"。

东方（可以细化为中华文明）理解智能则不同，它从不把人当作物理体，更很少用数学工具去分析处理智能领域，而是把智能当成人类生命本身以及与自然、社会环境交互而产生的事物，认为智能不是一条条抽象的定理、公式和数据，而是活生生的交互、认知和知行，比较倾向于用系统体系的眼光看待智能。

如果说西方研究的是人工智能，那么东方更擅长研究的是人的智能及系统的智能。这两者都有优缺点，可以尝试把两种智能的优点融合在一起，形成一种人-机-环境系统的智能体系。由于物理数学侧重客观事实性的逻辑推理，人理事理倾向主观价值性的直觉判断，可以简称人-机-环境系统智能为计算计混合的智能。

相对于事实 being 的客观而言，价值 should 常常是一种前后主观的差值、比值，而信任是联系两者的桥梁。具体而言，更像是一种二者在特定时空环境下的测试与评价，图灵测试就是其中之一：主观认为符合一定客观事实的比例就通过了智能测试。殊不知，这是对智能测试与评价的误解、误导。

真实智能的测试指标具有非先进性，犹如小孩子的智能指标一样，不一定高，但具有成长性。目前人工智能的测试与评价指标可以彰显其优秀的智能程度，实际上，这里面就有拔苗助长、好大喜功、不懂智能的因素存在，没有成长性的高指标常常是机械弱智的表现，何谈衡量智能的高低？好的智能测试与评价指标应该是具有很强的自我优化与成长性的。

不同的联结会让事物的属性或关系发生变化。真实智能或人工智能的测试与评价应在智能成分增减的变化率上，而不是人为设定的固定智能指标体系或比率上。所以，图灵测试有不小的问题。英国剧作家斯托帕德（T. Stoppard）说："活在这个年代是最好的，你自以为懂得的一切，几乎都是错的。"因为"每一个出口都是另一处的入口"。

第五节　智学：非存在的有

世界由两种事物或事实组成，一种是存在的，另一种是非存在的，虽然是非存在的，但包含着有，即第二种准确的说法是：非存在的有，如水一般既是存在的，又是非存在的，既包括泰勒斯的"水是最好的"，又涉及老子的"上善若水"和孔子的"逝者如斯夫"……非存在的有，既包括圣诞老人也包括孙悟空。

在人类早期的文明中，许许多多的名词、概念、范畴、定义、规则是没有的，比如汉谟拉比法典、各个民族、不同国家、主客观对象的符号、阴阳与二进制……但这些诞生后由非存在变成了存在并生长起来。未来过不了多久，可能会出现一些更新的概念和存在，比如智学。

仅从哲学角度看，逻辑空间悖论的存在，自然是由于形式逻辑系统本身不是最终的根据，也就意味着宇宙中存在更高的辩证关系。因为模态性是先天事实，所以时间和偶然性是必然存在的，将一切内容都纳入知识是会造成矛盾的，而渐次地扩展知识并不停地在知性内设定规则区分不同的层面来解决矛盾或者归类不同的系统可以暂时扩展知识和取消矛盾，但这也仅仅是推迟矛盾罢了（像类型论那样）。当我们在知识系统内区别了一个概念的两个不同层面时就忽略了其可被把握到的同一性，而当我们把握其同一性时就忽略了其在不同意义层面的个别性。以此类推，在更高阶内试图解决矛盾，同一和区别的同一性以及同一和区别的区别性依然构成二律背反，而不可能在同一个形式系统内同时无限地断言同一和区别而又保证一阶逻辑（乃至所有形式逻辑系统）所要求的那种离散性（除非我们超出形式逻辑而进入允许容纳二律背反即矛盾的辩证逻辑）。因为真正的世界总体本身的矛盾是无法消除的，而且是逻辑不完备的，换句话说，不是因为我们的无知导致了一个逻辑自洽的宇宙无法被认识，而是一个完成了的逻辑自洽的宇宙压根不实存。世界无法在认识中消解自身的矛盾，知识的无限扩充也从不意味着我们在向真理无穷接近而其实仅仅只是无意义地在进步的幻觉中原地踏步。

科学挑战神学是从天文学（地心说、日心说）开始的，智学挑战科学则是从智能学开始的，这个新的领域可以有效地处理复杂动态系统，既包含科学事实理性部分，又包括人文艺术、伦理道德、宗教信仰、法律规则等价值感性部分。这有点像是西方不变还原思维与东方变化整体思维的融合和升华，定量与定性共存，测量实验、逻辑推理与观察思考、直觉判断共生。智学中的"反馈"与科学中的反馈不同，严格意义上讲应该是"混馈"，既有客观事实数据的反馈，也有各种批评与自我批评的主观价值反思，是一种需要全新定义的"反馈"形式——混馈。或许，混馈才是维纳思考人、机器、社会之间关系的关键之处。

在过去科学和数学的发展之中，从不缺乏科学家统一理论的"野心"，如爱因斯坦等试图把物理学中的引力、电磁力、强弱作用力进行统一，希尔伯特等试图用公理化形式系统把数学"一网打尽"。从伽利略到牛顿经典力学的建立，科学正是基于一组这样的假设：决定论，即存在一个独立于人的客观世界，它遵循某些确定性规律；可知论，即人们可以通过对世界及存在物进行思辨和观察掌握这些规律；还原论，即世界上存在的各种现象，都可以通过研究恰当分割所得到的部分，进而得到整体本身的性质和规律。这组假设威力如此之大，可以说整个西方理性文明，甚至整个现代人类文明都是以此建立起来的。没有科学，就不可能有蒸汽机和工业革命、电的运用和电力革命，以及如今方兴未艾的信息革命和智能革命。

然而，物理学界至今尚未实现其大一统，数学界更是遭到了歌德尔不完备定律的迎头痛击。哥德尔本人也仍然坚守柏拉图的原始立场，而且理念来自柏拉图意义上的理智直观。因此，哥德尔很看好胡塞尔的现象学，希望现象学方法能为人类提供更多的非数学的公理命题。因为理智直观无可计算，哥德尔也反对机械算法可以模拟人脑。对于尚未区分内外的逻辑空间总体，它是潜在未分化为有特定真值的混沌总体，没有良好的真值（进行规定者本身是无规定的，而是规定本身的条件或者说进行认识者不可认识因为是认识的条件，前者是黑格尔所强调的后者则是康德所强调的）。

未来的智学取代科学，主要是通过计算+算计实现的，计算侧重客观事实性的反馈，算计关注客观事实与主观价值及主观价值之间的混馈。在此，我们不妨简化为：事实之间是映射关系（即函数、函项，其基准是：A=A），事实与价值之间是态射关系（不同于范畴论中的态射，其基准是：A=X），价值之间是势射关系（最大可能性之间的转换关系，其基准是：X=X）。计算的主要结构是映射，算计的主要处理手段则是态射、势射。态射、势射的逻辑与映射逻辑不同，是一套新的逻辑体系，如在古老的中国诗歌中一直很忌讳"重字""重词"，但是恰恰有两首数一数二的诗词《黄鹤楼》（仅"黄鹤"就重复了三次）、《春江花月夜》（仅"月"字就重复了15次）"违反"了这些规则，充分体现了更为内蕴的逻辑，却也留下了千古绝唱。

事实包括物理中的四维时空基准参考关系，价值涉及物理四维、虚拟物理四维及更高维度的主观经验/直觉/认知维度。当多元多维多因多果的世界发生态、势、感、知参照系对不准、对不齐时，对称破缺自然也就产生了，可以发生在物理、生理、数理中，也可以发生在心理、文理、管理上……

简单地说，当下的元宇宙本质就是人-机-环境系统，其中的人包括真人、数字人、虚拟人，机涉及机器准备中的软硬件、机制机理的管理，环境蕴含真实、虚拟、网络、电磁、任务等环境。

应用于实现元宇宙的智学多维多元体系，需要交互、物联网、区块链、人工智能、电子游戏、网络及运算技术六大科学技术体系的支撑。其中有一些关键前沿问题是仍未突破的世界性难题，不但涉及科学问题，还涉及许多非科学问题，即智学问题，如脑机接口、人-机-环境融合智能、虚拟-真实环境平行交叉/等价互换、伦理道德法律演化等。有一些已经分领域在初步应用，但是还需要进一步升级，譬如数字孪生、数字人、NFT 等。

本章参考文献

[1] 王国俊，傅丽，宋建社. 二值命题逻辑中命题的真度理论[J]. 中国科学（A 辑），2001，31（11）：998-1008.

[2] 曹发生. 命题逻辑联结词完全性证明——数学归纳法的应用[J]. 毕节学院学报，2020，38（3）：16-18.

[3] 王万森，何华灿. 基于泛逻辑学的柔性命题逻辑研究[J]. 小型微型计算机系统，2004，25（12）：2116-2119.

[4] 刘伟. 浅谈人机混合智能——计算-算计模型[EB/OL]. https://blog.sciencenet.cn/blog-40841-1300943.html[2022-05-09].

[5] 林闯. 策略三十六计和算法三十六计[J]. 电子学报，2020，48（2）：209-237.

[6] 黄少华. 皮亚杰论心理学研究的认识论意义[J]. 兰州大学学报，1996，9（8）：67-69.

[7] AI 科技评论. 完美的优化目标，人工智能的盲点[EB/OL]. https://mp.weixin.qq.com/s/R7kwDKUH_U5O7b3kC7zYmA[2022-03-30].

[8] Manuel B，Lenore B. A theoretical computer science perspective on consciousness[J]. Journal of Artificial Intelligence and Consciousness，2021，8（1）：1-42.

[9] Danon L，Diaz-Guilera A，Duch J，et al. Comparing community structure identification [J]. Journal of Statistical Mechanics：Theory and Experiment，2005，2005（09）：P09008.

[10] Baars B J. In the theatre of consciousness. Global workspace theory，a rigorous scientific theory of consciousness[J]. Journal of Consciousness Studies，1997，4（4）：292-309.

[11] 隋晓爽，苏彦捷. 对心理理论两成分认知模型的验证[J]. 心理学报，2003，（5）：145-150.

[12] Marco C. On the simulation of quantum Turing machines[J]. Theoretical Computer Science，2003，304（1-3）：103-128.

[13] 赵泽林. 意识的全局工作空间及其机器模拟的哲学思考[J]. 西南民族大学学报（人文社会科学版），2019，40（9）：67-71.

[14] 胡泽文，孙建军，武夷山. 国内知识图谱应用研究综述[J]. 图书情报工作，2013，（8）：45-48.

[15] 王怀清，陈琨. 大数据认知决策的智能系统[P]：中国，CN105243069A. 2016.

[16] 程铖. 解析《易经》的大智慧和大系统[J]. 今日中国论坛，2009，（Z1）：149-150.

[17] 曲庆彪. 与时偕行的智慧[J]. 创新科技，2007，（5）：37.

[18] 刘伟. 人机融合智能的新思考[EB/OL]. https://blog.csdn.net/VucNdnrzk8iwX/article/details/120714568[2022-05-09].

第十章　人-机-环境系统智能中的情感与信任问题

第一节　情绪交互与情感化设计

你现在感觉怎么样？开心吗？还是有些无聊？还是感觉有点害羞不自然？不管是什么情况，你大概率都会有感觉。各种各样的感觉状态和相关的情绪，是我们日常感受以及我们与他人互动的一个关键方面。情绪可以激发和调节行为，是人类认知和行为的必要组成部分。它们可以通过间接感受传播，比如看一部情节紧张的电影你也会感到紧张；也可以通过直接的社交互动传播，比如看到你最好的朋友开心你也会跟着开心。由于情绪是人类社会认知的重要组成部分，因此情绪也是人-机器人交互中的一个重要课题。社交机器人通常被设计用来解释人类的情绪，表达情绪，有时甚至有某种形式的合成情绪驱动它们的行为。虽然并不是每个社交机器人都具有情绪的功能，但是在机器人的设计中考虑情绪有助于提高人-机器人交互的直观性。

从进化的角度来看，情绪是生存所必需的，因为它们帮助个体对促进或威胁生存的环境因素做出反应[1]。因此，他们为身体的行为反应做准备，帮助决策，促进人际交往。情绪产生是对人们所遇到的不同情况的评估[2,3]。例如，当另一个人为了排在队伍前面而把我们推开时，我们会生气，我们的身体也会为潜在的冲突做好准备：肾上腺素使我们更容易采取行动，对插队的人发出警告。相反，当我们的朋友不邀请我们参加生日聚会时，悲伤阻碍了我们迅速采取行动，迫使我们重新考虑我们以前的行为（即我们做了什么或说了什么可能冒犯了他或她？）并唤起他人的同理心反应。这样看来，情绪也可以帮助我们在互动中调节他人的行为。

情感是一个综合性的术语，它涵盖了所有的情绪反应，从外部事件引起的快速和潜意识反应到复杂的情绪，例如爱情，这种情绪持续时间更长[4]。

情绪通常被认为是由一个可识别的来源引起的，比如一个事件或者看到别人的情绪。它们通常是外在化的，并指向特定的对象或人。例如，当你在工作中升职时，你会感到幸福；当你的手机电量在一个重要的电话中耗尽时，你会感到愤怒；等等。情绪也比心境短暂。心境更为分散和内在，通常缺乏明确的原因和对象[5,6]，而且是环境、偶然和认知过程相互作用的结果，例如等待医疗检查结果时的忧虑心境或在朋友的陪伴下度过的阳光明媚的一周的温暖感觉。

情绪不仅仅是内在的，它还是一种普遍的沟通渠道，帮助我们将内在的情感状态传达给他人，对我们作为一个物种的生存可能非常重要。

你的情绪为外界提供了关于你内心情感状态的信息，这在两个方面对别人有帮助。首先，情绪传达了关于你和你未来潜在行动的信息。例如，向他人展示愤怒和沮丧的信号，表明你可能正在准备一个攻击性反应。其次，情绪可以传达有关环境的信息。一种恐惧的表情可能会在你还没来得及尖叫的时候警示你周围的人附近有一只快速逼近的灰熊。在这两种情况下，情绪都会激励他人采取行动。在愤怒的情况下，有人可能会选择下个台阶，并试图缓和局面。在恐惧的情况下，其他人可能会扫描环境中的威胁[7]。这样，成功的情绪交流促进了生存，增强了社会联系，并最大限度地减少了社会排斥和人身攻击的机会[8]。

情绪交互关系到我们在与技术交互时的感受和反应。它涵盖了用户体验的不同方面，包含从我们最初发现一个新产品直到最后丢弃它的整个过程中的感受。它还研究人们为什么会产生对某些产品（如虚拟宠物）的情绪依赖，社交机器人如何能帮助人们减少孤独感，以及如何通过使用情绪反馈来改变人类的行为。

思考一下你在一个普通的日常活动中（网上购买新的智能手机、洗衣机，或度假）经历的不同情绪。你首先需要它或想要它，然后渴望购买它。随后因为你找到了更多关于产品的信息从而决定在潜在的数百甚至数千个种类中进行选择（通过访问大量网站，如比较网站、评论、推荐和社交媒体网站）。你将考虑到什么是可用的，你喜欢或需要什么，以及你是否能负担得起价格。决定购买的兴奋感可能会很快被它要花费的钱而减弱，而后感到失望。所以你不得不重新做决定，但重新决定的过程可能伴随着这样的烦恼：你找不到一个和你第一次选择时一样好的产品。你考虑其他的选择，如寻求购物中心专家的建议，但你讨厌销售助理，不愿意相信他们的建议，因为你认为他们主要为自己的利益（赚钱）考虑，而不是你的利益。所以你继续寻找，越来越疲倦和沮丧。当你终于做出决定时，你会体验到一种解脱感。此时依然有各种的选项（如颜色、大小、保修），你本是很欢快地点击着，然而讨厌的在线支付表单弹出了，你输入所有详细的信息，并且按最后一个付款按钮，随后出现一个提示你信用卡号码不正确的界面。所以你在第二次输入时非常缓慢，并且你发现你需要重新输入三位数的安全码。最后，当所有的事情做完后，你发出一声长叹。但是当你离开你的电脑时，你开始怀疑：也许你应该买另一个……

这种过山车式的情绪是我们许多人在网上购物时都会体验到的，特别是在购买昂贵产品的时候，网上有无数的选择，而且我们想确保自己能做出最正确的选择。

情绪交互涉及思考什么让我们快乐、悲伤、生气、焦虑、沮丧、积极、欣喜若狂等，并且使用这些知识来指导用户体验的设计。但是，这并不简单。我们是否应该设计一个界面，当它检测到人们微笑时一直让他们开心，皱眉时尝试让他们将消极情绪转变为正面情绪？在检测到情绪状态后，必须决定向用户呈现信息的内容或方式。要用各种界面元素（如表情包、反馈和图标）来表现"微笑"吗？这种方式会多富有表现力？这取决于给定的情绪状态被视为用户体验还是对手头任务的期望。那么当有人去网上购物时，拥有快乐的心态会是最好的，假定在这种情况下他们更愿意购买。

我们的情绪和感受也在不断变化，所以我们在不同时期的感受会很难预知。有时候，一种情绪会突然产生，但不久就会消失。比如我们可能会被突然的巨响所震惊。但是其他时候，一种情绪会持续很长的时间，比如，在一个空调机声嘈杂的酒店房间里待上几个小时会让人一直都很烦躁；嫉妒可以长时间隐藏在你身体里，直到你看到特别的人或事物的时候它才会迸发出来。

在一系列短片中，起亚霍克（Kia Höök）谈到了情感计算，解释了情感是如何形成的，为什么在使用技术设计用户体验时情感非常重要[9]。

理解情绪与行为如何影响人类行为的一个好的切入点是研究人们如何表达自己的感受和解读彼此的表情，其中包括理解面部表情、身体语言、姿势和语调之间的关系。例如，当人们快乐时，他们通常会微笑或大笑，并且他们的身体姿态会更开放。当人们生气时，他们会大声喊叫，做手势，绷紧他们的脸。一个人的表情也可以触发他人的情绪反应。所以当有人微笑时，会让他人也感觉良好并且回以微笑。

情绪技能，特别是表达和识别情绪的能力，是人类沟通的核心。当某人生气、快乐、悲伤或无聊时，我们大多数人都能很轻易地从他们的面部表情、说话方式和其他肢体语言中感受到。我们也很擅长面对不同的情形表达不同的情绪。例如，当听说一个人没有通过考试时，我们知道这个时候不适合微笑，我们会尝试着表达自己的同情。

情绪是否引起了某些特别的行为，它又是如何引起这些特别行为的？这个问题在学术界已经争论了很长时间。例如，生气是否让我们变得更专注？幸福是否让我们愿意承担更多风险（如花很多钱）？反过来成立吗？还是两者都不对？答案可能是我们可以感到快乐、悲伤或愤怒，但这不会影响我们的行为。鲍迈斯特（R. Baumeister）等人认为情绪的作用比简单的因果模型更复杂[10]。

然而，许多理论家认为情绪会引发特定的行为，例如恐惧会让人溃逃，愤怒会让人变得有攻击性。进化心理学中一个被广泛接受的解释是：当某个人受到惊吓或生气时，他们的情绪反应就是关注手头的问题并试图克服或解决所感知到的危险。伴随这种状态的生理反应通常是身体中产生肾上腺素，肌肉变得紧张。虽然生理上的变化使人们准备战斗或逃离，但它们也会产生令人不愉快的体验，例如出汗、忐忑不安、呼吸加速、心跳变快甚至产生恶心的感觉。

紧张是一种身体状态，往往伴随着忧虑和恐惧的情绪。例如，许多人在参加公共活动或现场表演之前会感到担忧或者怯场。科姆尼诺斯（A. Komninos）认为，内心的声音"告诉"人们避免这些潜在的羞辱或尴尬的经历[11]，但准备上台的表演者或教授可不能一跑了之。他们必须面对站在大庭广众前带来的抵触情绪。有些人可以把这种肾上腺素带来的紧张转变为专注，从而转化为自己的优势。当所有这一切结束后，观众都很高兴，他们可以再次放松。

如前所述，情绪可以是简单的、短暂的或复杂的、长期的。为了区分这两种情绪，研究人员用无意识的或有意识的方式对它们进行了描述。无意识的情绪通常在几分之一秒内快速发生，同样可能快速消散；有意识的情绪倾向于缓慢发展但消失的速度同样缓慢，它们通常是有意识的认知行为的结果，如权衡可能性、反思或沉思。

当你收到一些坏消息时，它会对你产生什么影响？你是否会感到不安、悲伤、生气、烦恼或感受到所有这些情绪？它会不会让你在接下来的一天里心情都不好？科技能对此提供什么帮助？想象一下，有一种可穿戴技术可以检测你的情绪，并且会为帮助改善你的心情提供某种信息和建议，尤其是当它检测到你正在经历沮丧的一天时。你会觉得这样的设备很有用，还是会因为一台机器试图让你振作起来而感到不安？通过感知某个人的面部表情、身体动作等特征来自动检测和识别其情绪的技术，通常被称为情感人工智能或情感计算，这是一个不断发展的研究领域。除了娱乐产业，自动情感感应还应用于许多其他产业中，包括健康、零售、驾驶和教育。检测到的信息可以用来判断一个人是否快乐、生气、无聊、沮丧等，从而触发适当的干预技术，如建议他们停下来反思或做一些活动。

此外，情感设计与能够引起情绪的技术相关，如能够让人们反思自己的情感、情绪和感觉的应用程序。重点是如何设计互动产品，唤起人们的某种情感反应。情感设计还研究为什么人们会对某些产品产生情感依恋（如虚拟宠物），社交机器人如何帮助减少人的孤独感，以及如何通过使用情感的反馈来改变人类行为。

设计师常使用一些元素来使界面变得富有表现力，如表情符号、声音、图标和虚拟助手的表现形式。它们用来传达情绪状态和/或诱发用户产生某种情绪反应（如自在、舒适和幸福的感受）。早期的时候，图标和动画被用来表示计算机或电话的当前状态，特别是当它正在启动或重启时。20 世纪 80 年代和 90 年代的一个经典例子是，无论机器何时启动，苹果电脑的屏幕上都会出现 HappyMac 的图标。微笑的图标传达了友好的信息，能够让用户感受到自在，并回之以微笑。屏幕上图标的外观也会让用户感觉很可靠，因为这些图标表明他们的计算机在正常工作。2000 年以来，HappyMac 图标已经淡出人们的视线。苹果的 iOS 系统现在使用和人无关但美观的样式来表示需要等待的图标，如"启动"、"忙碌"、"不工作"或"下载"。这些图标包括旋转的彩色海滩球和一个移动时钟指示器。同样，安卓系统使用旋转圆圈来显示进程的加载。

传递系统状态的其他方式包括[12,13]：动态图标（如往回收站里丢弃文件时回收站打开，以及清空回收站空时里面的文件消失）；声音（如窗口关闭时发出"嗖"的声音，收到新的电子邮件时发出"叮"的声音）；振动触觉反馈（如不同的智能手机蜂鸣声提示收到来自他人的信息）。

不同的界面风格所使用的形状、字体、颜色、平衡、白色空间和图形元素以及它们的组合方式，也可以对情绪产生影响。在界面使用图像可以给人带来更多的参与感和愉快的体验[14]。设计师可以使用许多美学元素，如干净的线条、平衡、简洁和纹理。

美学上令人愉快的设计已成为交互设计的主要关注点。实证研究表明，在界面中使用美学元素能使人们对系统可用性产生积极的影响[15]。一个简洁美观的界面设计，会让用户有更高的容忍度，例如，漂亮的图形或元素的良好组合的设计可能使人们的容忍度更高，并愿意等待几秒钟的网站下载时间。此外，漂亮的界面通常更令人满意和愉快。

第二节　动态双向情绪传递模型及其关键技术

一、情绪建模

情绪建模辅助我们建立情感状态的数学模型，以便更直观地描述和理解情感的内涵，是情感识别、情感表达和人机情感交互的关键。

情绪的维度取向认为情绪是高度相关的连续体，无法区分为独立的基本情绪，同类情绪在其基本维度上都高度相关。在目前关于情绪建模的研究中，对情绪按维度建模是最常见、应用最广泛的。基本的维度情绪建模如表 10-1 所示。

表 10-1　维度情绪建模

二维	19 世纪，冯特首次提出情感是由愉悦和唤醒的基本维度的变化引起的。 1978 年，塞耶（R. E. Thayer）认为存在两个相互独立的双极激活或唤醒维度。 1980 年，罗素提出了情绪的环形模型，认为情绪可以分为愉快度和唤醒度，又称效价-唤醒模型。 1985 年，华生和特勒根（A. Tellegen）采取自陈式情绪研究方法，提出积极-消极情感（positive and negative affect，PANA）模型

续表

三维	1896 年，冯特最早提出情绪的三维学说，认为情绪过程由三对情绪元素组成：愉快-不愉快、兴奋-沉静、紧张-松弛，每对元素都有两极之间的程度变化。 1954 年，施洛斯贝里（D. Schlosberg）根据面部表情的研究提出愉快-不愉快、注意-拒绝、激活水平三维理论。 1974 年，梅赫拉比安（A. Mehrabian）和罗素提出情绪状态的三维度模型，即愉悦度-唤醒度-支配度（pleasure-arousal-dominance，PAD）。 1980 年，普鲁奇克（R. Plutchik）提出，情绪具有强度、相似性和两极性三个维度，并用一个倒锥体来说明三个维度之间的关系
四维	1977 年，伊扎德（C. E. Izard）提出情绪的四维理论，认为情绪有愉快度、紧张度、激动度和确信度四个维度

1988 年，奥托尼（A. Ortony）、克洛尔（G. L. Clore）和柯林斯（A. Collins）提出的认知情感评价模型——OCC 情感模型（图 10-1），被视为针对情感研究而提出的最完整、最经典的情感模型，也是在计算领域近年来采用最多的心理学情感模型。

OCC 情感模型的整个层次结构主要包括 3 个部分，即与事件结果相关的情感、与智能体行为相关的情感、与对象属性相关的情感，共归纳出 22 种情感状态。

OCC 情感模型存在一定缺点，即它只考虑了情感本身的认知因素产生机制，实际上情感还受人的性格、环境等非认知因素的影响。

二、动态双向情绪传递模型

诺曼[16]建立了分析人在决策过程中的心智模型。为了更好地剖析情绪与情感的具体交互情况，我们对交互过程中情绪与情感的产生过程进行细化，结合诺曼的心智模型形成了交互过程中的动态双向情绪传递模型，如图 10-2所示。

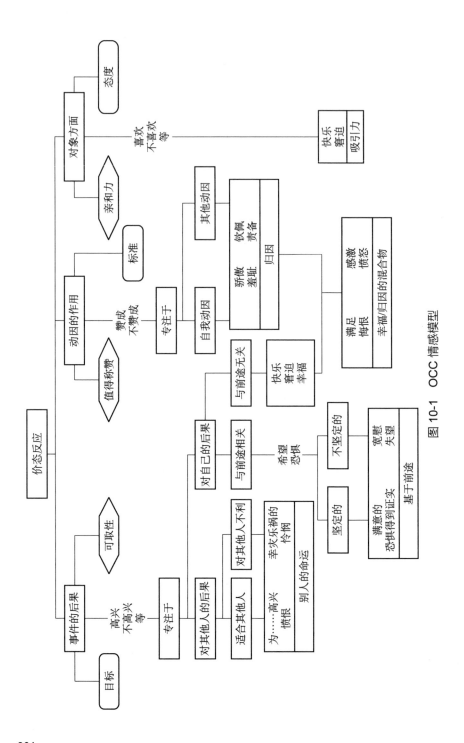

图 10-1 OCC 情感模型

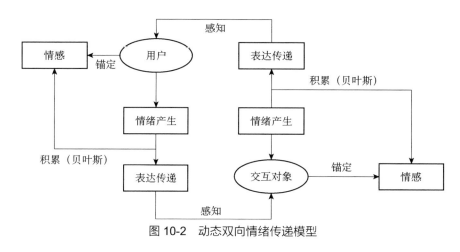

图 10-2 动态双向情绪传递模型

此模型分为七个阶段：第一阶段是用户与交互对象接触，用户进行多模态感知，即进行认知评估，理解交互对象的情绪和行为；第二阶段是用户产生情绪，包含一些身体的自动反应；第三阶段是用户的情绪表达，其中包括表情和声音等变化，不但传达了主观看法，还预示着行动倾向，情绪的表达存在个体差异；第四阶段是交互对象接收了用户的情绪反馈；第五阶段是交互对象产生了新的情绪状态；第六阶段是交互对象表达传递情绪及相应的行为反应；第七阶段是用户再次进行新一轮的感知与认知评估。七个阶段循环往复，情绪状态不断积累，最终形成了各自对彼此的情感状态。

三、关键技术

（一）多模态情感识别——真实情感识别的关键技术

现如今多模态情感计算的发展十分迅速，多模态情感识别[17]通过提取图像、视频、音频、文本和生理信号等多种模态数据中的情感信号进行分析处理来识别人类情绪。研究者关注于构建多模态情感研究的数据集[18]，通过对数据集的数据获取和情感标注，完成对情感状态的分类、回归、检测和检索任务。其中显性模态包括对面部表情的跟踪和特征提取、手势跟踪、肢体姿势的姿态跟踪和特征提取、语音情感声学参数提取、生理信号提取，隐性模态包括所获取的用户发表的图像、视频、文本等用户信息。可将两类模态优势互补结合，进行特征融合模型融合和决策融合继而得出情感状态。

在人们进行情感表达的过程中，面部表情的作用最大，有研究认为，其对情感表达的贡献超过五成，说话方式（即语音情感）次之，贡献不到四成，说话内容（即文本表达）的作用仅占一成，因此当前更多的是通过面部表情识别来分析情绪状态。然而情感和情绪都可以隐藏，因此单单依靠单一线索获得的情绪和情感信息或许是虚假的，我们需要探究更多捕捉情绪和情感的办法。在很多环境下，人们会选择隐藏真实情感，却不可避免地产生微表情这种自发反应[19, 20]。与已经比较成熟的面部表情识别相比，微表情持续时间极短且动作幅度小，当前对于微表情检测识别以及微表情数据集的构建还存在一定困难。

同微表情一样的人体自发反应就是生理信号，面部识别存在的幅度小、表达不明显的问题都可以由脑电等生理信号来解决，注重生理信号的研究挖掘对于识别分析情感状态是非常重要的一环。情感的产生和表达存在个体差异，因此单纯的图像标注有时并不能准确反映个体真实情绪状态，需要与心理学相结合，更多地关注情绪产生者本身的真实感受，当然这就需要更多的被试以构建更完善的数据库，目前还有很大的发展空间。

在进行多模态情感识别的过程中少不了可穿戴传感器的帮助，当前可穿戴传感器包括[21]：测量面部表情的摄像机；放在手指或手掌上以测量皮肤电反应的生物传感器；检测语音中的情感（语音质量、语调、音调、响度和节奏）的录音设备；放置在身体各部位的运动捕捉系统或检测身体运动和手势的加速计传感器。为了增加使用的便利性和舒适度，测量情绪的穿戴设备不应太过复杂。过于沉重和烦琐的可穿戴设备会增加用户对系统的负向评价，不利于二者之间的交互。

（二）贝叶斯与锚定——虚拟情感构建的关键技术

一直以来，我们致力于让机器人更加拟人，比如生成自主意识或者可以进行价值判断，抑或是产生情绪并表达。我们希望机器人可以自主生成而不是提前编码好并按设置运行，这的确充满了挑战，并涉及伦理道德等一系列问题。排除让机器人生出自主意识，我们当前只关注虚拟实体机器的情感构建。

赫斯普（C. Hesp）等[22]关注想象的、反事实的事件对情感状态产生的影响，在研究中他们结合复杂推理的递归信念更新方案[23]创建了一个智能体[24]，它的情感状态因其对未来可能事件的内部策划而改变，这意味着已经有复杂情感推理模型出现。如此一来，通过搭载更多更完善的情感模型，今后虚拟世界的虚拟原生人就将会产生自己的情感。

赫斯普等人在研究中使用了贝叶斯自适应深时态树搜索来增强马尔可夫决策过程，然而在情绪状态的分析中，锚定效应和贝叶斯同样重要。贝叶斯是根据最多发生的事情来推断的，当不能准确知悉一个事物的本质时，贝叶斯依靠与事件特定本质相关的事件出现的多少来判断其本质属性的概率；锚定则不同，锚定效应并不关注后续事件而只关注第一印象，并且在做出决策判断时受第一印象的支配。为了力求虚拟原生人情感构建的真实性，情绪的锚定现象也需要考虑进去，作为影响虚拟人情绪状态的一个重要因素。

结合图 10-2 的动态双向情绪传递模型，情绪的锚定效应发生在初期的第一阶段，即用户与交互对象首次接触时，甚至在双方接触前，有可能会由于某些事件、行为或者收集到的某些关于对方的信息，导致双方产生第一印象。随着后续交互逐级进行积累，贝叶斯依据事件概率的增加逐渐改观锚定的存在，或会产生与锚定导致的第一印象完全不同的感情。除此之外，情绪的激发具有爆发性，结束具有缓慢性，结合锚定与贝叶斯考虑情感状态的时序分析，也有助于提升虚拟情感构建的真实性。

贝叶斯与锚定是将情绪语言转译为机器语言的重要原理依据。情绪往往是突发的，我们可以把情绪的变化看作离散过程，情绪的爆发总是难以预料的，即人机情绪交互存在冷启动问题，而锚定原理能够解决模型与人交互时的冷启动问题。情绪相较于情感而言是连续的，是根据互动缓慢调整的，贝叶斯则能够对连续的情绪变化进行建模。贝叶斯和锚定是实现虚拟情感构建的基础，熟练掌握理论根源，可以简化情感构建的过程。

第三节　情绪对决策的两面性影响

自古以来，"攻心"就已经成为兵法中的上策，除了我们熟悉的"四面楚歌"，"致师""讨敌骂阵"等方法也屡试不爽。巧妙地运用情绪打好心理战，即可不战而屈人之兵。

情绪与情感是人类不可避免的心理状态，对人的生活产生了极大的影响。艾森克（M. W. Eysenck）和基恩（M. T. Keane）[25]提到，情绪非常短暂，但是感受强烈，而情感是持久的。相对来说，情绪比情感更容易外化[26]。相较于情感，情绪更不可控，情感往往会受到理智的把控，因而对于大局决策来讲，需要深思熟虑，即使有情感的影响也会被理性牵制，而在即时决策上，情绪的影响更为强烈。美国著名决策研究专家哈斯菲（R. Hastie）[27]提出了决策领域未来需要解决的 16 个问题，情绪是其中的问题之一，也是目前正在日益受到重视的问题。

情绪分为积极情绪和消极情绪，两者对决策的影响是不同的。2002 年，福加斯（J. P. Forgas）[28]研究发现，积极情绪会让决策者很放松并采用低水平的思维加工方式，而消极情绪对决策者的认知具有强烈的唤醒和破坏作用，从而导致决策者更深层次的思考。2003 年，伊森（A. M. Isen）等[29-31]证明积极情绪在许多场景下可以提高认知的灵活性，给问题提供了更好的解决方法从而促使决策的完成。庄锦英、陈明燕[32]和毕玉芳[33]通过实验验证了积极情绪引发风险寻求倾向，消极情绪引发风险规避倾向。2014 年，毛华配等[34]研究得出，心境消极的被试的决策行为更加保守。

也就是说，在积极情绪下，决策者的直觉和创造力会增强，认知更加灵活，但也会放松警惕，有风险寻求倾向，容易犯逻辑性错误。在消极情绪下，决策者容易丧失自己的直觉，但是会进行更深层次的思考，决策行为会更加保守，规避风险。正如库斯图巴耶娃（A. Kustubayeva）和马修斯（G. Matthews）等[35]的研究发现，在负向反馈条件下，积极情绪的决策者会搜索更多的正面信息，但处于正向反馈条件下时，则会出现相反的结果。并不是说积极情绪就一定是好的，也不是说消极情绪就一定是不好的，不管是积极情绪还是消极情绪，都具有两面性，一旦把控不好，都会对决策造成负面的影响。

战场环境千变万化，对于每一种不同的环境态势都要做出相应的决策，每一个细微决策都可能会造成影响巨大的后果。此时，即时情绪的影响是不容忽视的，比如战友牺牲带来的悲伤情绪、敌方压制处于劣势的焦虑情绪、新兵刚参加战斗的恐惧情绪、战场紧急情况下的高压紧张情绪、失败时的损失厌恶情绪等（表 10-2）。即时情绪会因为受到环境影响不可控制地产生，很大地影响人的状态和决策。

表 10-2　战场态势诱发的情绪及其两面性影响

态势	情绪	两面性影响
敌方火力压制	焦虑心急	惶惶不安/深思熟虑
刚参加战斗	恐惧紧张	躲藏畏缩/初生牛犊不怕虎
紧急情况	高压紧张	急不暇择/泰然处之
战斗失败	损失厌恶	失去信心/重整旗鼓
优势状态	兴奋骄傲	自满轻敌/士气大涨
战友牺牲	悲伤愤恨	冒进失控/破釜沉舟
救助受伤战友	担心紧张	投鼠忌器/小心谨慎

研究情绪波动对人决策的影响，有助于更好地应对战场瞬息万变的环境局势。做好情绪训练，可以在战场局势引发人出现情绪波动时让人更加冷静地应对。情绪研究与训练有助于应对新兵在初期训练时面对战场的恐惧紧张等情绪的产生，使新兵快速熟悉战场。对于战争进行中的突发状况诱发的情绪，可以进行识别和快速干预，防止情绪失控、冒进等情况发生，把控情绪处于产生正面影响的状态，激发出最有斗志、最冷静的状态进行决策，并随着环境变化动态调整。

第四节　人-自主系统团队的情感与信任

随着人工智能研究的快速发展，在智能装备和智能系统渐渐普及的今天，自主武器和自主系统渐渐成为主宰未来战场的关键技术。2016 年，美国国防部部长卡特（A. B. Carter）提议了三种方法去弥补自主武器的短板：一是推动智能化和重要的技术创新，二是更新和完善作战战略、作战概念和技术，三是打造未来部队的战斗力，改革国防部企业。这其中包括五种构建块内容：自主深度学习系统、人机协作、协助人类操作、人机协同作战、网络使能的半自主武器。这五种构建块内容中有四种构建块内容清楚地表明了自主系统、人机协同和机器辅助人体增强的重要性，这也意味着人-机-环境系统交互融合的重要性。

自主系统的登场使得人与机器的关系不再是以往的人支配机器，而是形成了人-自主系统小队，研究证明，二者合作工作比人类或自主智能体单独工作更成功[36]。团队关系的产生代表着人与自主系统的交互越来越重要，好的交互产生正向的信任和情感，可以促进二者的合作。人机融合智能应运而生，可以结合人和机器的长处，动态调整人机协作关系。

情绪在人-机器人交互中也被认为是重要的沟通渠道。当机器人表达情绪时，人们倾向于在某种程度上把它认为是社会代理。即使一个机器人没有明确的设计来表达情绪，用户可能仍然会将机器人的行为理解为它是由情绪状态驱动的。当人们将机器人的行为解释为冷漠、不友好或粗鲁时，一个没有被编程来共享、理解或表达情绪的机器人就会因此遇到问题。因此，工程师和设计师应该考虑机器人的设计与行为传达了什么样的情绪，机器人是否并且如何解释情绪输入，以及它将如何响应。

为社交机器人编程情绪反应的最直接方法可能是通过模仿。人类的模仿可以创造一种共享现实的想法已经被证明：你表明你完全了解对方的处境，这就产生了亲密关系。这里的一个例外可能是愤怒，不管一开始感觉有多好，对愤怒的人大喊大叫通常不利于相互理解或解决冲突。

机器人可以使用模仿作为一种简单的交互策略。这是一个相对简单的反应，因为它"只"要求机器人能够识别人类的情绪，然后将情绪反射回来。这已经带来了很多挑战，但至少它省去了制定适当对策的复杂任务。此外，这可能是人类对其互动伙伴的一个非常基本的期望。虽然我们可能会原谅朋友在我们悲伤的时候不知道如何让我们振作起来，但我们确实希望（并感激）他们会对我们的悲伤做出反应，如垂着眉头低下头，说话更加温柔。

这里需要注意的一点是期望管理。当用户感觉到机器人有情绪反应时，他们可能会将这种观察延伸到对机器人遵守其他社会规范的期望。例如，用户可能希望机器人记得问他前几天晚上不高兴的一次对抗性会议，所以当机器人只是在早上简单地祝他"工作愉快"时，他可能会对机器人的社交能力感到失望。因此，机器人的情绪反应能力应该与它的能力相匹配，以满足所有其他的期望。

在人工智能领域，情感问题逐渐成为人工智能更加"智能化"的研究重点。情感化问题的研究旨在面向语言、逻辑、价值等意向性方面，使人工智能可以更加拟人化。随着人与机器人的交互增多，人们会赋予机器情感和个性，并对机器人产依恋[37]。有研究表明，与机器人进行简单的眼神交流就可以诱发人的积极情绪[38]。因此，有必要在人−自主团队协作中加入情感因素，这意味着自主团队成员能够融入人类的情绪，并相应地调整自己的行为[39]。

在自主战场，与智能辅助决策系统的情绪交互至关重要，其会随着环境变化及时检测士兵的情绪波动情况并进行干预或辅助决策。除此之外，对于初期与智能辅助决策系统或者自主系统合作的人，要避免情绪的锚定效应。正如"一朝被蛇咬，十年怕井绳"，不管是人与人还是人与机器，刚开始的合作和接触的"第一印象"会引起思维定式，后续改观会很困难。卡尼曼[40]提到一旦加入情感因素，结论对论证的主导作用便会最大限度地凸显出来。心理学家斯洛维克（P. Slovic）提出了"情感启发式"的概念，认为人们的好恶决定了他们的世界观[41]。因此对于士兵的合作，以及和自主智能体的合作，要在初期充分建立好的情感交互和充分的信任（表 10-3），将信任与情感控制在最好的范围，以便更快地适应团体协作。

表 10-3　人对自主智能体的态度与情感

人对自主智能体的态度	人对自主智能体的情感
过度信任	过度依赖
不信任	抗拒抵触
信任适中	良好的合作情感

第五节　信任的定义与溯源

自动化在生产生活中的占比越来越大，人机从操作与被操作的关系逐渐转变为协同控制关系，自动化信任问题引发了更多关注，人机的伙伴关系在给系统控制带来新思路的同时也引入了人机信任问题[42]。下面从人机系统设计的角度为未来的人机信任研究提供一些建议。

随着智能系统的发展，机器具有了一定程度上的自主性，机器与人的关系从机器隶属于人的关系转变为人与机器协作的关系，这种转变使得人与机器的关系更为平等，使其与人类团队更为相似。人类团队的协作中，信任对团队绩效有很大影响，相似地，在人−智能体协作系统中建立恰当的信任可以显著提升系统完成任务的效率，因此建立人与智能体之间恰当的信任成为系统设计的一项重要任务。信任的概念可以在各个研究领域找到。来自心理学、社会学、哲学、政治学、经济学等领域的研究人员试图理解信任，并开发出将信任概念化的方法，理解广义的信任概念为清楚阐明人−自动化系统的信任提供了基础。

在人机融合系统的信任被作为研究重点之前，信任已经成为一个重要的哲学话题，中国自古以来就把"信"作为人的一项重要品质，《论语》中就提到"自古皆有死，民无信不立"。西方信任的哲学范畴起源于宗教，在《圣经》和《古兰经》中就要求信徒对上帝建立无条件的信任。进入近代，心理学家和社会学家把目光投射到信任的范畴上，心理学家多伊奇[43]在探讨冲突的解决中开始思考信任问题，他认为"一个人对某件事的发生具有信任是指他期待这件事的出现，并且相应地采取一种行为，如果这种行为的结果与他的预期相反，那么其带来的负面心理影响大于与预期相符时所带来的正面心理影响"。罗特（J. B. Rotter）[44]认为，"信任是个体对另一个人的言辞、承诺及口头或书面陈述的可靠性的一般性期望"。维特根斯坦以他特有的智慧谈论信任与不确定性："既定同样的证据，一个人完全相信，一个人却不能。我们并不以无力解释和判定而将其中一个排除在社会之外。"

信任的概念定义主要涉及期望、态度、目的、行为等概念（表10-4）。最早对信任下定义的学者试图在没有任何上下文的情况下，从一般意义上对其进行定义。信任常常被定义为一种期望，罗特首先将信任描述为对世界和世界上的人的一种倾向[44]。此后，这一定义变得更加具体。巴本（B. Barber）将人际信任视为一组社会习得的期望，这些期望因社会秩序而异。梅耶（R. C. Mayer）、琼斯等学者则将其定义为信任授予人接受脆弱性的意愿。梅耶的定义是使用最为广泛的广义信任定义，其在科学引文索引（science citation index，SCI）数据

表 10-4   信任的概念

学者	年份	定义
罗特	1967	个人对他人的文字、承诺或书面交流可以依赖的期望
巴本	1983	在技术上胜任角色的期望
梅耶	1960	信任基于能力、正直和仁慈，基于被信任的将执行信任施予人重要的特定行动的预期，信任施予人愿意受另一方行动的影响，而不管监督或控制该方的能力如何
琼斯	1996	愿意将自己置于建立或增加脆弱性的关系中，依赖某人或某物按预期执行
克莱默	1999	一种感知到的脆弱性或风险状态，源于个人对其所依赖的其他人的动机、意图和观点行为的不确定性

库拥有最高的引用量[45]。但是，学者们还远未就信任的单一定义达成共识。然而，由于不需要他人的帮助就可以信任他人，我们认为信任应该被视为一种精神状态。梅耶等建立了信任的三个一般基础：能力、正直和仁慈。信任的稳定性取决于它所指的上述品质。例如，如果信任是基于受托人的能力，那么它将根据受托人的能力而变化。各个研究领域的一个重要共同点是，几乎所有关于信任的解释都包含三个组成部分。首先，必须有一个委托人来给予信任，必须有一个受托人来接受信任，而且必须有一些事情处于危险之中。其次，受托人必须有某种执行任务的动机。激励因素可能有很大的不同，从金钱奖励到帮助他人的善意愿望。在与技术的互动中，激励通常基于设计师对系统的预期用途。最后，受托人必须有可能无法完成任务，带来不确定性和风险这些要素概括了这样一种观点，即在以不确定性为特征的合作关系中交换某些东西时，需要信任。这适用于人际关系。然而，尽管人们普遍认同信任在合作关系中的重要性，但关于信任的确切定义仍然存在不一致。

哲学和心理学的信任研究为人-机-环境融合系统的信任提供了基础，李（J. D. Lee）和莫瑞（N. Moray）[46]提出了人-机融合系统的信任包含三个维度：性能、流程和目的。派拉苏曼（R. Parasuraman）和莱利（V. Riley）[47]强调人与机器之间要建立恰当的信任，人对机的信任程度与机器的实际能力相符，过信任和不信任都是有害的。特别是当机器的行为或者决策从事实上与价值上做出了与用户所期望的事实与价值相悖的时候，人–机之间的信任关系将会受损。德克斯（K. T. Dirks）等[48]提出了人–机信任修复的周期，认为当人机之间信任受损的时候，机器需要主动采取措施来修复受损的信任。提升人机之间的信任需要多方面的努力，良好的性能和可靠性是可信任系统设计的基础，李和西伊（K. A. See）[49]提出了提升增加人对系统信任的六条准则，这六条准则强调通过提升系统的性能和可靠性来提升人对系统的信任。

信任的建立和持续取决于许多因素。首先，就人机合作而言，信任主要受人、机（技术）和环境三类因素影响。过往文献对技术因素研究较多，其基本思路是建立一套与系统自身相关的客观指标来量化信任。有研究表明，技术质量决定了技术本身实现预期结果的能力，理想的结果收益可以增强人对人工智能系统的信任。谢利丹（R. B. Sheridan）[50]系统通过可靠性、鲁棒性、有效性、可理解性和意图说明五个指标来影响信任。克里斯托弗森（K. Christofferson）和伍兹（D. Woods）[51]系统的可理解性和意图说明归结为人工智能系统的可观察性。缪尔（B. M. Muir）和马里（N. Moray）[52]提出人工智能系统通过自身可靠性、相依性、能力、可预见性、信仰和责任来影响人机信任。总体来说，上述研究均从人工智能系统的"外在工具性"角度来讨论技术因素对人机合作中信任的影响。工具性相关的特征维度是人工智能系统的客观属性，是基于目标信任体的能力或胜任力来评价其能否完成任务，主要是结果导向的。

其次，信任还受外部环境因素影响。在不同国家或地区建立信任的模式因法律法规、标准、规则的不同而不同。良好的外部环境更容易促使信任方达成信任。在不同的地方，建立信任的模式因教育制度、接触现代先进事物的程度和微妙的内在文化而不同。雪（H. Yuki）等[53]讨论了文化因素对信任建立模式的影响。人机合作中的信任还受到合作任务的性质和难度的影响。如果人机合作任务增加了太多的需求和工作量，出错的风险也随之升高。一方面，有研究表明，合作任务工作量的增加会导致人对人工智能系统的信任度降低，人类操作员会更喜欢独自执行任务；另一方面，阿托杨（H. Atoyan）等[54]通过实验证明，当人面对自身能力无法完成的复杂多任务环境时，可能会对合作的人工智能系统产生过度信任。

最后，信任受人自身因素的强烈影响。根据梅耶等对信任的定义，信任主要反映个人信任他人的意愿和承受风险的能力，是人类主观的情感和道德相关属性。个人的倾向或意识形态将影响某个人对特定个人或组织的信任程度，而这些立场将决定他如何接收、解释和回应对方的信息。由于人工智能系统使用者拥有不同的自身内在属性，在与人工智能系统的合作过程中，个体的差异可能会影响其对人工智能系统的信任建立。海特（J. Haidt）[55]提出信任的建立受到人的六种自身属性（即关心、自由、公平、忠诚、权力和善良）的影响。这些属性取决于个人的年龄、性格、过往经历和文化背景等因素。谢利丹认为海特的"六属性"理论上可以有效地应用于人机合作中的信任度建模，但个体差异对人机合作信任度的影响尚处于探索和尝试阶段，目前还缺少实证研究[50]。

人-机-环境融合智能的信任研究虽然已经获得一些成果，但是关于信任的基础研究仍然存在致命缺陷。当前的信任研究总是将信任与不信任作为对立的两极，信任和不信任之间的关系可能是叠加的，即信任与不信任是可以同时存在的，信任这个概念并不是原子化不可分的基本概念，而是由一些维度共同组成的。信任这些维度呈现出来一个特定状态，而不信任的维度与信任的维度并不处在同一个坐标系下，信任与不信任之间不是一维线性的关系，这一点是符合人类直觉的，在人的内心深处我们总可以看到不信任和信任在相互较量，在肯定之中潜藏着怀疑，怀疑中间掺杂着欣赏。国内外研究信任的学术著作对这一点讳莫如深，反而在一些文学作品里初见端倪。信任作为人-机-环境融合系统的基础概念，对立化的信任与不信任，很难适用于复杂的决策场景，信任与不信任的叠加，是未来人-机-环境融合智能新的研究方向。

第六节 人–机–环境融合系统的信任校准

人工智能的能力随着算法和数据源的增长逐渐增强，从人脸识别到自动驾驶再到辅助决策和正在推行的智慧城市建设。识别率和准确率在逐渐逼近100%的同时，数据科学家们也意识到，识别率和准确率无论之后有多少个0.99999都无法打消使用者对那仅存的0.00001的顾虑。当机器作为伙伴与人类并行执行任务的时候，自动化信任将对人机工作效率和协作水平产生巨大的影响[56]。

统计学习在大多人工智能应用中占有一席之地，而且确实取得了不俗的成绩，但以统计学习为特征的人工智能系统存在固有缺陷[57]。这些系统对特定问题具有较强的推理和判断能力，但它们没有实时的交互式学习能力，不能处理动态目标和情境。因此，在不久的将来实现在动态和非结构化环境中运行的完全自主的自动化系统是非常困难的。在立法尚不完善的人工智能领域，机器拥有完全的主动权，在事故发生后的定责流程也会出现困难。以机器学习拟合数据为核心的机器学习模型和算法注定对用户与监管人员是不够透明的，目前没有反向解码机制能够在事故发生后明确分析出是哪一条代码或是哪一条数据对结果造成了如此大的危害，可能是一个像素块，也可能是一个权重模块的加一。我们只能通过兜底机制来保证事故发生之后的回滚及时和处理得当。人在回路的决策模型在很长的一段时间内不会被改变，也不能被改变。强化学习中强调的人在回路，决策支持系统中的人在环中，描述了当前的人机信任依旧是以人为主，机器只能做到辅助而不能做到决策。

人难以理解的自动化机器已变成人机协同控制安全实施及效能发挥的一个瓶颈，通过解决该问题将人的认知能力与自动化机器的计算能力更加紧密地贴合，来实现更安全且有效的人机协同控制已成为自动化机器开发和部署的难点。如果人对自动化的认识与自动化的实际能力之间一直都存在差距的话，那么人对客观评估自动化能力的缺失就只能用信任来弥补，而信任是发展有效关系的重要因素，信任在人类相互合作中的重要性也得到了一致认可，自动化信任（trust in automation），也就是人对自动化的信任，已经成为调节人与自动化之间关系至关重要的一环，其作用方式和人类之间的信任相似[58]。

机器操作者的自动化信任水平和自动化的实际能力之间所存在的匹配关系被称作自动化信任校准，自动化系统本身具有较大的复杂性，这使得操作者多数处于不当的自动化信任校准状态，要么过度信任自动化的能力，完全依赖自动化导致误用；要么缺少对自动化能力的信任，导致停用。误用、停用都会导致严重的后果。例如在2018年3月，一辆特斯拉车主不幸离世，经调查，该起事故主要是因为驾驶员对于自动驾驶汽车的过度信任。特斯拉有关人员透露，当自动驾驶设备没有识别出位于道路前方的混凝土障碍物并且加速撞上障碍物之前，汽车驾驶员有足够的时间干预汽车控制，以防止撞车，但该名驾驶员并没有采取行动。在事故随后的补充说明中，特斯拉一方认为，相比于非自动驾驶汽车，自动驾驶汽车的安全性能预计可提高10倍，如果公众对于自动驾驶汽车不够信任并因此拒绝使用，那由自动驾驶汽车可靠性所提高的安全性能提升将没办法实现，这会造成每年全世界大概有90万人发生意外伤害，驾驶人员不能合理使用自动化对人机协同控制的有效性和安全性都对其造成了严重的损害[59]。

在军事领域，人机信任问题尤为突出，因为军事环境产生了最高形式的脆弱性、不确定性以及风险[60]。与此同时，高风险和快节奏的态势变化对军事指挥控制人员的心理素质和身体素质要求都很高，他们总是处于极度不适和疲劳的状态，因此需要高度依赖自动化系统去完成团队任务，错误地使用自动化系统可能会付出致命代价。因此，随着武器装备智能化、无人化程度越来越高，军事领域也对自动化信任问题越来越重视。

在医疗领域，用于辅助决策的自动化系统（如报警系统和建议系统）在提高决策效率方面被大量使用，对这些决策支持系统不恰当的信任很容易导致医护人员做出错误的决策，造成不可挽回的损失[61]。因此，为了确保操作人员对决策支持系统保持合适的信任，广大专家学者在医疗背景下开展了与决策支持系统有关的自动化信任研究。与交通运输行业相关的自动化信任研究大都聚焦于航空领域和汽车领域。在航空领域，飞行员、空中交通管制员或其他相关操作人员长期以来形成的习惯性思维和对自动化系统过分的依赖而导致的自动化误操作一直是造成航空事故的主要原因，这些事故往往会带来严重的经济和安全后果。大量研究表明，自满和依赖与过度的自动化信任密切相关，所以为了保证航空事业能够安全健康地发展，航空领域率先开始了自动化信任相关研究。在汽车领域，近年来，随着人工智能、软硬件平台和传感器技术等的快速发展，自动驾驶技术得到快速发展，如特斯拉等汽车制造商早已经生产出了商用的半自动和全自动驾驶汽车。然而，在全世界大量推广自动驾驶汽车的其中一个主要挑战是：消费者对自动驾驶汽车非常不信任。驾驶员的自动化信任程度对于接受和正确驾驶自动驾驶汽车非常重要，因此，把自动驾驶汽车作为研究对象的自动化信任研究快速增长。

因此，自动化的信任问题必须和技术问题得到相同程度的重视，在自动化设计和部署的过程当中需要着重考虑自动化的信任问题，设计一个具有信任意识的人机系统是至关重要的，它可以使得人机系统最大限度地发挥机器与人的潜力，提高并改善人机协同控制的绩效与安全性。

第七节　人工智能可解释技术

当前，可解释人工智能（explainable artificial intelligence）研究领域迎来了它的复兴，实际上，可解释人工智能的发展历史与人工智能领域本身的发展历史一样悠久。1956 年，达特茅斯会议将人工智能划分为一个全新的学科，并且对人工智能研究领域进行了描述：学习或者智能的任何其他特性的每一个方面都应能被精确地加以描述，使得机器可以对其进行模拟。在人工智能领域发展的萌芽阶段，符号和逻辑成为人工智能发展的驱动力量，其推理的过程具有较好的可解释性，MYCIN专家系统是一个很好的例子[62]，这个基于规则的专家系统，主要针对由血液和脑膜炎引起的感染性血液病给出诊断与治疗建议，MYCIN专家系统在可解释性方面是值得赞扬的：MYCIN可以解释它得出结论的方式和原因；该系统对用户/医师透明；MYCIN通过自然语言的方式与医生互动，MYCIN提供可替代的建议（可以使程序变得更容易合作，而不是单纯地对医师进行指导）。虽然MYCIN拥有好的可解释性，但它从来没有被大规模应用，其中一个重要因素是维护规则库的成本高昂。MYCIN这类专家系统在今天的可解释人工智能的发展仍然具有重要的启发意义：人工智能推理系统在完成模式识别任务的同时，还需要建立系统对于世界的因果模型来支持用户对系统的理解。

机器学习作为人工智能的分支领域，尝试通过对大量的数据进行学习，从中总结经验和规则，并且根据学习内容在新的数据上进行判断[63]。得益于可用的大量数据集在互联时代的收集更为简便和更低的计算机计算成本，机器学习成为在科学研究、工程、商业等数据工厂的"一匹任劳任怨的马"。深度学习是机器学习领域中的一族代表性算法，其在模式识别领域的能力已经能够赶上或者超越人类，但是其黑箱属性让使用者对它高超能力所蕴含的机制产生了怀疑。相比于任务成功的效率，人们永远会对机器做出的失败决策的原因进行追溯，无法追溯和反思的失败永远令人恐惧，人类的好奇心和对失败进行反思的本性将黑盒的人工智能系统推上了舆论的风口浪尖，也把人工智能涉足的领域限制在安全的范围。在医学、军事博弈、司法等涉及决策风险领域，人工智能技术亦步亦趋，没有获得在商业领域广泛且深刻的应用。

由于人工智能系统本身的种种不足和其不可解释性给人类带来的恐惧，各个行业都将人机融合作为智能系统应用作为折中的方案。可解释人工智能期待消除人类对黑盒模型的恐惧，这里需要强调的是，虽然可解释概念在不同的研究领域的定义不同，但是我们可以把握可解释人工智能的终极目标：在人机融合系统中给人类带来可解释的感受。可解释性的棘手之处在于，其在某些因素上虽然是客观的，比如解释中的关联性和因果性，但应用在可解释的主体——人类身上时却是主观的，人类感知不免涉及情感等一系列内心感受。因此，纵然是客观地解释过程与结果，但仍然会造成人的认知上的差异，我们称之为可解释性的感受偏差，我们不能控制这种差异能够产生有益的抑或是有害的结果。但是我们相信这种可解释的感受量是建立在客观的关联性和因果性（或许有其他客观因素，但本书主要讨论关联和因果因素）的基础上的，如果我们设立合理的因果和关联性基准，可解释性感受偏差所造成的影响也会相对降低，至于如何调和个体之间的感受差异，我们认为这个话题仍然是重要的，但不在本书的讨论范围之内。本书主要讨论可解释性人工智能中的客观因素因果性与关联性。

早期的人工智能系统主要是逻辑和象征性的，它们进行了某种形式的逻辑推理，并且可以提供推理步骤的痕迹，这成为解释的基础。在使这些系统更易于解释方面进行了大量工作，但它们未能满足用户对理解的需求（例如，简单地总结系统的内部工作并不能产生充分的解释），并且证明对现实世界的复杂性来说早期人工智能系统的解释太脆弱了。

近期人工智能技术的成功很大程度上归功于在内部表示中构建模型的新机器学习技术，包括支持向量机、随机森林、概率图形模型、强化学习和深度学习神经网络。尽管这些模型表现出高性能，但它们是不透明的。随着它们的使用增加，从认知科学对机器学习可解释技术的研究也在增加。

人工智能系统的优良性能（如预测准确性）和高可解释性通常是不能共存的。通常，性能最高的方法（如深度学习方法）是最难解释的，而可解释强的模型（如决策树、线性回归）的性能较差。图 10-3 通过各种机器学习技术的性能-可解释性权衡的概念图说明了这一点。

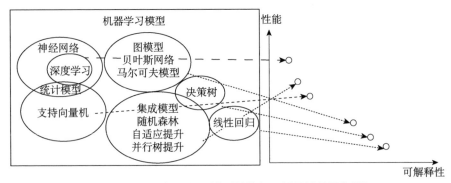

图 10-3　不同机器学习模型性能与可解释性的平衡[49]

美国国防部高级研究计划局在制定人工智能发展计划时，基于当时的前沿研究，设想了三种广泛的策略来提高可解释性：在模型内部提升可解释性、可解释模型和模型推断方法。在模型内部提升可解释性尝试在神经网络进行训练时获取更多可解释的表征，或者利用其他模型生成原模型的解释。例如，可解释技术使用去卷积化的方法对卷积神经网络进行可视化，抑或是将神经网络的节点与可理解的语义概念联系起来。还有研究者通过训练新的神经网络为原模型的图片数据集添加说明文字，以此对原神经网络的机理进行解释。第二种方案则是发展本质可解释模型，可解释模型（如线性回归、决策树等）拥有易于理解的模型架构，包括后续开发的贝叶斯网络，通过学习特征之间的关系来构建模型，它们在提升模型性能时也生成了易于解释的系统结构。第三种方案通过模型推断来对不可解释模型生成的结果进行推理，里贝罗（M. T. Ribeiro）及其同事开发的局部可解释性模型算法（local interpretable model agnostic explanations，LIME）[64]是此类模型的代表。人工智能的不可解释性主要来自决策边界的不规则，如图 10-4，其在全局是不能被人类理解的，但是在局部可以利用线性模型对复杂的决策边界进行简化，简化的线性模型可以通过分析线性回归的方法来推断人工智能系统的重要特征和边缘特征[65]。

沙普利加法解释（Shapley additive explanations，SHAP）[64]算法是可解释人工智能的另一种经典算法，其目标是通过计算每个特征对预测的贡献来解释

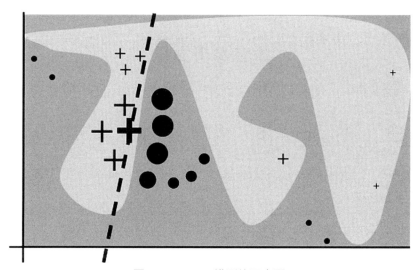

图 10-4　LIME 模型的示意图

注：不可解释模型的决策边界十分复杂（图中阴影部分与非阴影部分的边界），图中每个点为数据集中的一个样本，LIME 在单个样本中寻找决策边界的线性近似（图中虚线所示）[66]

实例 x 的预测。沙普利加法解释根据合作博弈理论计算沙普利加法解释值。数据实例的特征值充当合作博弈中的参与者。沙普利加法解释值告诉我们每个特征在人工智能模型中的重要性（图 10-5）。

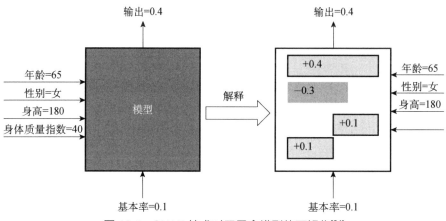

图 10-5　SHAP 技术对于黑盒模型的可视化[64]

本章参考文献

［1］ Lang P J，Bradley M M，Cuthbert B N，et al. Emotion and psychopathology：a startle probe analysis[J]. Prog Exp Pers Psychopathol Res，1993，16：163-199.

［2］ Gross J J. Emotion regulation:conceptual and empirical foundations[J]. Handbook of emotion regulation，2014，2：3-20.

［3］ Lazarus R S. Emotion and adaptation：conceptual and empirical relations [J]. Nebraska Symposium on Motivation，1968，16：175-266.

［4］ Bonanno G A. How prevalent is resilience following sexual assault：comment on steenkamp[J]. Journal of Traumatic Stress，2013，26（3）：392-393.

［5］ Ekkekakis P，Russell J A. The Measurement of Affect，Mood，and Emotion：Documenting the Breadth and Depth of the Problem[M]. Cambridge：Cambridge University Press，2013.

［6］ Barrett L F，Russell J A. The structure of current affect：controversies and emerging consensus[J]. Current Directions in Psychological Science，2010，8（1）：10-14.

［7］ Dacher K. Expression and the course of life：studies of emotion，personality，and psychopathology from a social-functional perspective[J]. Annals of the New York Academy of Sciences，2003，56（2）：222-243.

［8］ Guerrero L K. Attachment-style differences in the experience and expression of romantic jealousy[J]. Personal Relationships，2010，5（3）：273-291.

［9］ Chen J，Jin Z，Yao J，et al. Influence of the intelligent standing mobile robot on lower extremity physiology of complete spinal cord injury patients[J]. Medicine in Novel Technology and Devices，2020，（7）：100045.

［10］ D. M. 巴斯. 进化心理学：心理的新科学[M]. 2 版. 熊哲宏，张勇，晏倩译. 上海：华东师范大学出版社，2007.

[11] Breazeal C，Brooks A，Gray J，et al. Submitted for review to International Journal of Humanoid Robots December 15，2003[J]. Journal of Humanoid Robots，2004，6（8）: 34-37.

[12] Novikova J，Watts L，Inamura T. Emotionally expressive robot behavior improves human-robot collaboration[C]//IEEE International Symposium on Robot & Human Interactive Communication. IEEE，2015.

[13] Hessels J，Stel A V. Global Entrepreneurship Monitor and Entrepreneurs' Export Orientation[M]. New York: Springer，2008: 245-267.

[14] Costagliola G，Delucia A，Orefice S，et al. A classification framework to support the design of visual languages—sciencedirect[J]. Journal of Visual Languages & Computing，2002，13（6）: 573-600.

[15] Grudin J，Carroll J M. ACM Transactions on Computer-Human Interaction（TOCHI）—Special Issue on Human-Computer Interaction in the New Millennium，Part 1[M]. New York: ACM，2000.

[16] Norman D A. Some Observations on Mental Models[M]//Young I Mental Models. London: Psychology Press，2014: 15-22.

[17] 姚鸿勋，邓伟洪，刘洪海，等. 情感计算与理解研究发展概述[J]. 中国图象图形学报，2022，27（6）: 2008-2035.

[18] Yu W，Xu H，Meng F，et al. CH-SIMS: a Chinese multi-modal sentiment analysis dataset with fine-grained annotation of modality[C]//Proceedings of the 58th Annual Meeting of the Association for Computational Linguistics，2020: 3718-3727.

[19] Ekman P，Friesen W V. Nonverbal leakage and clues to deception[J]. Psychiatry，1969，32（1）: 88-106.

[20] Haggard E A，Isaacs K S. Micromomentary Facial Expressions as Indicators of Ego Mechanisms in Psychotherapy[M]. Boston: Springer，1966: 154-165.

[21] Preece J，Rogers Y，Sharp H，et al. Human-Computer Inter-Action[M]. Boston: Addison-Wesley Longman Ltd.，1994.

[22] Hesp C，Tschantz A，Millidge B，et al. Sophisticated affective inference：simulating anticipatory affective dynamics of imagining future events[C]// International Workshop on Active Inference，2020：179-186.

[23] Friston K，Da Costa L，Hafner D，et al. Sophisticated inference[J]. Neural Computation，2021，33（3）：713-763.

[24] Hesp C，Smith R，Parr T，et al. Deeply felt affect：the emergence of valence in deep active inference[J]. Neural computation，2021，33（2）：398-446.

[25] Eysenck M W，Keane M T. Cognitive Psychology：A Student' Handbook [M]. Hove：Psychology Press，2015：36-42.

[26] Shiota M N，Kalat J W. Emotion[M]. Oxford：Oxford University Press，2018：15-17.

[27] Hastie R. Problems for judgment and decision making[J]. Annual review of psychology，2001，52（1）：653-683.

[28] Forgas J P. Feeling and doing：affective influences on interpersonal behavior[J]. Psychological Inquiry，2002，13（1）：1-28.

[29] Isen A M. An influence of positive affect on decision making in complex situations：theoretical issues with practical implications[J]. Journal of Consumer Psychology，2001，11（2）：75-85.

[30] Isen A M. Missing in action in the AIM：positive affect's facilitation of cognitive flexibility，innovation，and problem solving[J]. Psychological Inquiry，2002，13（1）：57-65.

[31] Isen A M，Labroo A A. Some Ways in Which Positive Affect Facilitates Decision Making[M]. Cambridge：Cam-bridge University Press，2003：56-78.

[32] 庄锦英，陈明燕. 论消极情绪对决策的影响[J]. 沈阳师范大学学报（社会科学版），2005，29（5）：7-10.

[33] 毕玉芳. 情绪对自我和他人风险决策影响的实验研究[D]. 上海：华东师范大学，2006.

[34] 毛华配，廖传景，黄成毅，等. 动态决策模型下情绪对风险决策的影响[J]. 心理与

行为研究，2014，12（2）：244-248.

[35] Kustubayeva A，Matthews G，Panganiban A R. Emotion and information search in tactical decision-making：moder-ator effects of feedback[J]. Motivation and Emotion，2012，36（4）：529-543.

[36] Marble J L，Bruemmer D J，Few D A，et al. Evaluation of supervisory vs. peer-peer interaction with human-robot teams[C]//37th Annual Hawaii International Conference on System Sciences. IEEE，2004：9.

[37] Krueger F，Mitchell K C，Deshpande G，et al. Human-dog relationships as a working framework for exploring human-robot attachment：a multidisciplinary review[J]. Animal cognition，2021，24（2）：371-385.

[38] Kiilavuori H，Sariola V，Peltola M J，et al. Making eye contact with a robot：psychophysiological responses to eye contact with a human and with a humanoid robot[J]. Biological Psychology，2021，158（1）：69-89.

[39] Rieth M，Hagemann V. Automation as an equal team player for humans?—a view into the field and implications for research and practice[J]. Applied Ergonomics，2022，98（1）：203-207.

[40] Kahneman D. Thinking，Fast and Slow[M]. Stuttgart：Macmillan，2011.

[41] 刘伟，牛博. 元宇宙中的情绪与情感探索在军事上的应用[J]. 指挥与控制学报，2022，8（3）：325-331.

[42] Miller T. Explanation in artificial intelligence：insights from the social sciences[J]. Artificial intelligence，2019，267：1-38.

[43] Deutsch M. Trust and suspicion[J]. Journal of Conflict Resolution，1958，2（4）：265-279.

[44] Rotter J B. Generalized expectancies for interpersonal trust[J]. American Psychologist，1971，26（5）：443-452.

[45] Wittgenstein L. Remarks on the Philosophy of Psychology[M]. Chicago：University of Chicago Press，1980.

[46] Lee J D，Moray N. Trust，self-confidence，and operators' adaptation to automation[J]. International Journal of Human-Computer Studies，1994，40（1）：153-184.

[47] Parasuraman R，Riley V. Humans and automation：use，misuse，disuse，abuse[J]. Human Factors，1997，39（2）：230-253.

[48] Dirks K T，Lewicki R J，Zaheer A. Reparing relationships within and between organizations：building a conceptual foundation[J]. The Academy of Management Review，2009，34（1）：68-84.

[49] Lee J D，See K A. Trust in automation：designing for appropriate reliance[J]. Human Factors，2004，23（3）：78-90.

[50] Sheridan R B. Congressional dynamics：structure，coordination，and choice in the First American Congress，1774-1789 by Calvin Jillson；Rick K. Wilson[J]. American Historical Review，1996，101（3）：908.

[51] Sheridan T B，Van Cott H P，Woods D D，et al. Allocating functions rationally between humans and machines[J]. Ergonomics in Design，1998，6（3）：20-25.

[52] Moray N，Hiskes D，Lee J，et al. Trust and Human Intervention in Automated Systems [M]. Hillsdale：L. Erlbaum Associates Inc.，1994.

[53] Yuki H，Umeda M，Okawa K，et al. Synthetic Amphoteric Polypeptides. Ⅶ-Ⅷ Ⅶ. Synthesis of Copoly-1.1.2-（L-Glutamic Acid，L-Lysine，DL-Serine）[J]. Nippon Kagaku Zassi，1957，78（2）：262-264.

[54] 瓦普尼克. 统计学习理论的本质[M]. 张学工译. 北京：清华大学出版社，2000.

[55] Haidt J，Rosenberg E，Hom H. Differentiating diversities：moral diversity is not like other kinds1[J]. Journal of Applied Social Psychology，2003，33（1）：1-36.

[56] 王云霄，陈华. 人机信任中的信任滥用和信任缺乏[J]. 心理学进展，2022，12（8）：2663-2668.

[57] 刘伟. 人机信任的介绍与展望[EB/OL]. https://blog.csdn.net/VucNdnrzk8iwX/article/details/121847013[2022-05-09].

[58] Mayer R C，Davis J H，Schoorman F D. An integrative model of organizational trust[J].

Academy of Management Review，1995，20（3）：709-734.

[59] 高在峰，李文敏，梁佳文，等. 自动驾驶车中的人机信任[J]. 心理科学进展，2021，29（12）：2172-2183.

[60] Siau K，Shen Z. Building customer trust in mobile commerce[J]. Communications of the ACM，2003，46（4）：91-94.

[61] 张华，王崇骏，叶玉坤，等. SARSES：SARS 医疗辅助诊断专家系统的设计和实现[J]. 计算机工程与应用，2004，40（18）：217-220.

[62] Hoffman L，Novak T，Peralta M. Building consumer trust online，communications of the ACM[J]. My Publications，1999，42（4）：80-85.

[63] Goldstein A，Kapelner A，Bleich J，et al. Peeking inside the black box：visualizing statistical learning with plots of individual conditional expectation[J]. Journal of Computational and Graphical Statistics，2015，24：44-65.

[64] Atoyan H，Duquet J R，Robert J M. Trust in new decision aid systems[C]// The 18th International Conference of the Association Francophone d'Interaction Homme-Machine. Montreal，2006：18-21.

[65] Atoyan H，Duquet J R，Robert J M. Trust in new decision aid systems[C]//Proceedings of the 18th Conference on l'Interaction Homme-Machine. 2006：115-122.

[66] Lundberg S M，Lee S I. A unified approach to interpreting model predictions[J]. Advances in Neural Information Processing Systems，2017，30（2）：12-25.

第十一章　新信息、新控制与新系统

　　人们通过数学手段给予机器的分类是明确的，但是人们自己给世界的分类却往往并不是那么明确。比如给一个人或一群人分类，可以按照生理指标的高矮胖瘦进行分类，也可以按照心理指标的喜怒哀乐、仁义礼智分类，还可以结合其他方面进行无关相关化的分类。在这多种分类中，所表征出的绝不是将人群分为简单的1、2、3、4、5类，其中包含许许多多的言外之意和弦外之音。我们不妨把机器式的分类称为客观事实性分类，比如自然数、整数、动物、植物等；把人类复杂性的分类称为主观价值性分类，比如有味道、还不错、我爱你、太棒了等。再进一步做一个比喻，客观事实性分类若是世界的骨架，主观价值性分类若是世界的血肉，那么世界就是由这些骨架和血肉共同构成的生命体。

　　人、机除了分类表征方式不同以外，在处理问题的方式方法上也常常大相径庭。机器常用计算的方式处理问题，人类则善于使用理性结合感性的心算方式解决困难。这不但表现在处理问题的过程中，甚至从理解问题的起源上就不是一个角度，由此所带来的各种控制方法就有根本的不同。机器常用客观事实性的数据反馈实现鲁棒性；而人类则不然，他们不但会用客观事实性的数据反馈实现鲁棒性，而且会借助机器和环境的力量进行主观意识性的价值反馈，继而进行各种复杂系统间的平衡。

　　传统的系统论是研究系统的一般模式、结构和规律的学问，它研究各种系

390

统的共同特征，用数学方法定量地描述其功能，寻求并确立适用于一切系统的原理、原则和数学模型，是具有逻辑和数学性质的一门新兴科学。但对于人机系统中包含的非数学或非逻辑问题常常无能为力。

鉴于上述分析，我们将尝试建立基于事实和价值（也可包括责任等）表征、反馈的新信息论和新控制论，以及基于两者的新的人–机–环境系统论。在新信息论中，不但保持有香农信息论中信息量多少的熵计算，还有基于人机环境交互时信息价值大小的表征；在新控制论中，不但有维纳控制论中客观数据的反馈，还有基于人机环境交互时信息价值的反馈，基于两者融合的混馈控制着系统的平衡和发展；在新系统论中，不但有基于逻辑和数学性质的定量计算部分，还有基于非逻辑和非数学性质的定性分析（算计）部分。

在新的信息论、控制论、系统论基础上，我们将展开对人–机–环境系统智能中的深度态势感知机理、计算–算计机制的研究和探讨。

第一节　智能化不是信息化/数字化的简单升级

协同这一概念在我国古已有之，在《说文解字》中，协为众之同和也，同为合会也。《现代汉语词典》（第七版）中对"协同"这一词条的解释为："各方互相配合或甲方协助乙方做某事。"在英文表述中，coordination、cooperation、collaboration、synergy 等词的含义都或多或少与协同相近。coordination 更侧重于"协调"，cooperation 侧重于表达"合作"的含义，相比之下，collaboration 和 synergy 与协同这一概念有着更密切的联系，区别在于 collaboration 指的是为达成共同目标和任务而与他人进行合作，synergy 这个词表示的则是二者在共同工作时所产生的放大效应。因此，collaboration 应表述为协同，synergy 则表示的是协同效应，正确区分相关概念的英文表述，有助于对协同概念进行系统梳理。

"协同"总会涉及多主体之间的配合，而"合作"（cooperation）同样有着这样的含义，有必要对二者进行意义辨析。关于二者的区别，迪伦堡（P. Dillenbourg）指出，在"合作"中各成员进行分工，独立解决问题，最后将各自的结果汇总成为最终结果，而"协同"则需要成员们共同工作。汉森（A. Hanson）也认为与"合作"相比，"协同"强调各组员共同工作去创造一个基于参与者知识与经验的解决方案。沙阿（M. Shah）将与"协同"相关的4个小组活动进行了定义及分辨，详细对应见表11-1。

表 11-1　各种小组活动及相应例子

小组活动	定义	例子
贡献	某个主体对他人的奉献	在线支持小组、社会问答
协调	通过和谐的活动联系不同主体	电话会议、网络会议
合作	主体之间遵守一些互动的规定	维基百科、第二人生
协同	为完成共同目标而协作	头脑风暴、合著

由表11-1可知，协同是指人们为完成共同的目标而进行协作，最终得到的结果并非仅仅是单个个体贡献的总和。交流、贡献、协调、合作是实现协同的必要途径，在协同之中，主体既有在同一时间、地点的互动（交流、协调），也有在同一目标之下，一方的努力以及对另一方的帮助（贡献、合作）。

综上所述，协同作为人类特定活动，有着区别于其他活动的特点。首先，协同起源于个体对自身能力的认知，当个体自身能力难以满足复杂任务的要求时，便会产生协同需求。其次，协同需要多个主体基于共同目标进行协作，而且最终的结果并非仅仅是单个个体贡献的总和，即可获得协同效应。协同效应则是协同的核心点。协同并非都是有效的，有效的协同往往具有以下特点：成员观点多样且意见独立，组织内平等民主，最终各成员的意见也会被有效聚合。

真实的智能不仅仅在于学习知识，还在于生成更有价值的知识并有效地使用。智能化应该不是信息化、数字化的简单升级、延伸、扩展，而是一种与后两者大不相同的新型范式，其原因之一可能是：智能不仅在于掌握已知的信息、学习已有的知识，更重要的是生成有价值的信息、知识及有效地使用这些信息、知识。

信息化/数字化的显著特征是可追溯性、可还原性，最新的《大不列颠百科全书》把还原论定义为："在哲学上，还原论是一种观念，它认为某一给定实体是由更为简单或更为基础的实体所构成的集合或组合；或认为这些实体的表述可依据更为基础的实体的表述来定义。"还原论方法是经典科学方法的内核，将高层的、复杂的对象分解为较低层的、简单的对象来处理，世界的本质在于简单性。还原论信念是一种本体论预设、一种关于实在的观念与态度。还原论信念及其还原主义主要根源于一元论哲学，预设"表面上不同种类的存在物或特性是同一的。它声称某一种类的东西能够用与它们同一的更为基本的存在物或特性类型来解释"。还原论信念的核心理念在于"世界由个体（部分）构成"。还原论者看到了事物不同层次间的联系，想从低级水平入手探索高级水平的规律，这种努力是可贵的。但是，低级水平与高级水平之间毕竟有质的区别，还原论的致命之处在于割裂了事物的整体性和系统性。

智能化的核心则是整体优化和系统性，即以系统为对象，从整体出发来研究系统整体和组成系统整体各要素的相互关系，从本质上说明其结构、功能、行为和动态，以把握系统整体，达到最优的目标。"系统"一词来源于古希腊语，是由部分构成整体的意思。贝塔朗菲强调，任何系统都是一个有机的整体，它不是各个部分的机械组合或简单相加，系统的整体功能是各要素在孤立状态下所没有的性质。

智能化系统里常常包括人、机、环境等因素，尤其强调整体与局部、局部与局部、整体与外部环境之间的有机联系，具有整体性、动态性和目的性三大基本特征。所以智能化不是数字化、信息化的简单升级，而是人-机-环境系统工程的综合交互作用。往往很多智能化工程应用被自觉或非自觉地简单化/简约化成了信息化/数字化升级问题。

智能是一种在可能性的限度内创造出不可能的能力，也是一种在不可能性的限度内创造出可能的能力。这种能力既可以将时间空间化，也可以将空间时间化。同时，这种能力还具有既可以将事实价值化，也可以将价值事实化甚至责任化的力量。

世界是由很多因素构成的生态，我们只看到了其中的一部分，而且很可能还不是最重要的部分，所以人在物理、认知、信息、社会等不同的环路、系统、领域中的可靠性、安全性会有所不同。比如数字孪生本身可能就有难言的问题，物理真实世界中有的可以数字化，有的则不可以数字化，孪生一部分可以，全部孪生会很难，甚至不能孪生。

如果说智能里包含着由计算和算计合作构成的计算计机制的话，那么算计在于切中要害，计算在于信息量处理。数学结构与逻辑结构是不同的，计算与算计的结构也不相同，对于算计而言，除了可计算性、可判定性之外，还有可选择性、可实施性、可验证性、可反思性存在其中。一般而言，任务/对象/态势总是会避免成为，或者说总是会超越可以被计算概念化或设计者想象的样子，这时，计算计机制却可以混合使用各种符号与非符号系统综合处理多样性的异质问题。

总之，还原论的应用体现在当前数学形式化的可计算性（存在多项式时间内的收敛解）上，而系统论的应用则体现在未来决策意向性的可判定性（能否及如何简化为可计算性问题）上。若上面的分析合适，则智能中的计算计问题就可分为可判定性（算计）与可计算性（计算）两部分，这与图灵机的机理就达成了一致。从这个意义上讲，智能化的根源或许就是系统论与还原论的综合统一。

第二节 智能的再认识

智能是什么？是一种能力。人工智能只是一个应用、一个功能，是人类利用自己的智能为达到某种目的而生产出来的工具。马克思始终认为，不管计算机有多么发达、多么高级，它总是一种工具，从资本或者阶级的角度来说，甚至是一种剥削工具。工具没有达到期望中那样智能的时候，我们不妨从源头出发，去了解智能的本质。

人类文明发展到如今，智能的源头在哪里？还是回到人类历史上有文字记载的文明之初来看看。东西方文明发展的途径差别很大，这就意味着有两种不同的智能形成发展方式。东方的智能或者说思考是从类比和隐喻而来的。《论语》中的"见贤思齐"，还有"三人行，必有我师焉"等都是类比，也即从别人那里，我们看到了自己，并通过类比来学习、进步。东方的文化、哲学中隐喻更多，表达更委婉，也更有内涵。西方则推理归纳演绎更多，更重视逻辑性表达，遵守严格的因果律。欧几里得的《几何原本》从一些公理推出定理及结论，确定了公式推导、定理证明的方法，奠定并说明了西方推理逻辑的基础。东方与西方的智能共同交界处就是这个义，即英文中的 should。义就是"应该"，"应该"给出了一个方向而不是必须，应该怎样而不是必须怎样，"应该"有容错性，主体就有了自己的思考，当然就受情感的影响。"应该"中有具象（即事实性），也有抽象（即一定价值性）。从事实里面能不能推出价值来？事实与价值的融合才是人的智能，也将是未来人机融合智能的关键。《易经》中有三个词是人类智慧的核心：知几、趣时、变通。知几就是要看到事物发展的苗头、兆头，趣时即及时抓住时机，变通就是要随机应变、因时而变。现代的智能产品或者人工智能等都是以西方的逻辑框架构建起来的，没有东方的这些非逻辑形式。东方的非逻辑与西方的逻辑的结合或许才是人机融合智能的根本。毕竟在现代物理学发展到今天的量子物理中，纯逻辑推理的因果律已经不能再解释所有现象，加入一些哲学的思考未尝不是一个好的办法。

智能本质上是文明，是多种文化相互作用的结果。文明在进步，所以智能也在发展，从万有引力到广义相对论、从工业到电气再到信息时代，这些科学技术是智能的具体体现。更重要的还包括人的理解，对自身、自然、社会的理解。理解是思考后得出的结论或者顿悟。真正的智能，既包括非完全信息下的博弈决策，也包括完全信息下的直觉洞察。不仅能够联想、想象，由部分看到整体，并进行感觉猜测（如"一叶知秋"），还能够在信息完全的情况下，灵感迸发，进行直觉推理。当然，这是一种未学习过的推理判断，与如今的大数据训练的机器学习不同。数学是科学的基础，为其他学科服务，也是逻辑推理最好的代表。数学不免太过冰冷，而智能是要为人类服务的。我们在冰冷的数学中加入人类火热的思考，让数学处理事实、人类决定价值，两者融合实现真正的智能。

智能是一种能力，可以像人一样发现问题的本质及与其他事物之间的关系，可以通过之前所处理过的问题（有限的资源）习得经验形成一个判断模式或方法，得以处理更复杂的问题。处理的问题越复杂可以说智能就越强。智能可以是主观的已经习得的经验和方法与客观的问题现状进行结合从而解决问题。但是大多数工作都是在进行识别事物属性的工作，未来会更加注重事物关系层面的研究。

智能源于交互，智能与形成数据、信息、知识以及怎样处理、理解交互能力关系很大。交是数据的交换，互则是内化的过程。机器的智能的关键是产生一点认知。在认知方面，概念大多是不能固定表征的，人类智能是可以具体问题具体分析的，并且可以抽象出方法与思想，但是机器很难做到这一点。因此，人机融合就是为了解决这个问题，具体的问题交给机器，抽象的思想方法由人来解决。

人工智能有限的理性逻辑和困难的跨越能力是其致命的缺陷。人工智能不具有人类所特有的情绪、冲动、欲望、直觉等非理性因素，更不要说事实中的价值相等关系了。目前的人工智能只是某些在特定领域的应用，不具备跨越领域解决问题的能力。人工智能发展到今天，我们也可以意识到有三个无法跨越的障碍，即可解释性、学习和常识。可解释性是指能够理解决策原因的程度。现在的人工智能并不能理解为什么我们要做这个决定，不能对我们这个决定的价值进行判断。我们常说要知其然，还要知其所以然。人工智能就只知其然而不知其所以然。学习学的不是数据、信息，而是学习获取这些数据的方法和寻找数据之间的联系。机器学的只是数据，因为机器只能在人的操控下在人为界定的范围内对这些数据进行处理。人的学习可以寻找不同事物的相似性或者类比，了解事物或不同系统的相似性之后就可以做到举一反三，机器却只能在被确定范围的领域内处理特定的问题。知识是常识的素材和原材料，机器只有"知"而没有"识"，不能够做到知行合一。知是信息、数据，识是对当前状态的把握，是处理这些数据的关系。知是理解这些数据代表的意思，识是对事物未来发展趋势的把握。人工智能有不可解决的问题，我们或许可以绕过这些障碍，将人所特有的非理性因素和机器的理性逻辑结合起来，形成人机融合智能。

现在人工智能存在的问题包括人机环境的复杂问题过度简化用人工智能算法去处理。态势感知的深度不够，忽略了"风马牛"之间的隐含联系。人工智能现阶段的可解释性不够，可解释性越高，人们越容易理解为何做出某些决定和预测。可解释性的困难之处在于其包含的不仅是数学语言、自然语言，还有思维语言。人机融合可以克服这类困难找到目的和意图。人工智能目前欠缺从已有的经验中获得知识和获得知识的能力，缺乏价值上的类别，人工智能还缺乏对常识的感知、认识和应用，缺乏基本的对世界的理解能力。

为了更进一步地提高智能水平，人、机、环境相互作用的新形式或许是一条非常好的途径。输入方式为硬件传感器信息与人五感收集到的信息。信息处理的方式为人的认知方式和计算机的计算能力结合起来。输出信息的方式将人的价值效应加入计算机逐渐迭代算法的匹配。人处理价值的部分，计算机处理计算的部分。当前，人类利用计算机的模式可能是人来控制计算机完成各种任务，人通过编写程序来控制计算机让其完成任务，任务的各种价值判断已经是人来完成了。人们对未来人工智能的构想可能是让计算机或者其他设备完成像人一样的各种价值以及其他的运算。目前的科技很难做到这一点，所以退而求其次，人在了解机器的局限性后进行操作决策，机器也要更加贴合人类使用者，在人类的使用过程中学习和人类的相处模式。在此可能涉及一个匹配的问题，人脑的速度和机器的运算速度是不可比拟的，如何让人脑匹配上机器的速度可能是一个需要解决的问题。

人机融合的分工也是至关重要的部分，人与机、是与应、算与计、态与势、感与知、弥与聚、博与弈、虚与实……判断哪些需要人做好预处理、哪些直接由计算机处理也很重要，可能也需要事先的配合研究归纳出一个合理的范围，即在人机之间如何解决何时、何处、何式、何度介入问题是人-机-环境系统智能需要解决的重要问题之一。

现在人机融合应用于多种场合，一些工作机器人在军事方面也有作战指挥决策系统，基于对环境信息的收集，指挥官做出初步的判断并假定方案，计算机生成模型模拟对应情况，与指挥官交流完成细节，最后由指挥官在计算机模拟的方案中做出决策选出最优解，既结合了计算机强大的计算模拟能力，又可以发挥出人对价值的判断，同时也实时更新环境数据可以最快决策。

军事智能本质的目的在于摧毁对方的博弈意志。研究对象是对手的认知、思维、智能，强调应是什么、应干什么。未来军事智能应是不在意事实和形式而在意背后的价值和意义。目的在于实现更高维度的感知、洞察并实施诈与反诈，因而不能局限于精确的数据，应从全局把握，人机融合在此时显得更加必要。人机环境融合或许是未来智能化战争的关键，人-机-环境融合智能中的分工应依靠功能与能力的共同协调，在复杂非结构等的各种问题中，人类或类人的预处理非常重要，先将无界的问题转化为有界问题，进而交给机器进行准确处理。同时也需要智慧化协同作战，将非逻辑的因素考虑其中。

现阶段的态势感知停留在对事实数据的分析，没有去探寻背后的价值及意图。因此需要人机融合智能，人的部分来解决对价值的判断，机器的部分来解决对事实的计算处理。人机融合知识的表征问题是，缺少能够将传感器数据与指挥官的知识融合，适应实际作战场景的弹性知识库。决策机制方面的主要问题是，缺少基于人机沟通的个性化智能决策机制，并且战场上有很多不确定性因素。

深度态势感知由态势感知发展而来，态势感知的模型中分为三级从环境中的元素到情景的理解再到未来的预测逐步加深。态势感知的主要问题有九个方面，分别是注意的隧道效应、无法避免的记忆瓶颈、工作负荷、疲劳和其他压力、数据过载、错位、复杂性、错误的心理模型、人不在环综合征。深度态势感知既包含人的智慧又包含机器的智能，通过彼此协作可以看清事物的本质。深度态势感知能够形成同时具有阶跃式人工智能快速搜索对比提炼能力和运筹学的优化修剪规划预测的认知能力。在有时间、任务的压力下，深度态势感知可以基于离散的经验性思维认知决策活动。深度态势感知是一种主动行为，计算是动态的非线性的，也应是自适应的。同时在深度态势感知系统中，我们需要构建起态势的意义框架，在众多不确定的情景下实现深层次的预测和规划。

深度态势感知的含义是对态势感知的感知，是一种人机智慧，既包括人的智慧，也融合了机器的智能。深度态势感知系统应在情境中保持主动性，而不是反应性，即能够预测周围环境的变化趋势，而不是在等环境变化之后做出反应。把人机交互与融合作为平台，那么深度态势感知就是在平台之上来模拟人的思维。自上向下处理过程提取信息依赖于对事物特性的以前认识，自下而上处理过程提取信息只与当前的刺激有关。自上向下+自下而上可以模拟人的记忆搜索+灵感直觉等。在深度态势感知中势就是方向和速度；态就是程度和大小；知就是本质和联系；感就是现象和属性；深度就是人机环境的融合和交互，融合在一起的交互，就是事实、价值和责任的融合。机器获取的数据是一种相对的客观存在，是被人的智慧价值化后凝练出相关情境下的知识。人机融合生成的智能包括情感+理智，即算计+计算。目前人机融合的办法有两个，一个是让人参与到系统的训练过程中，另一个是尽可能多地分配决策的任务给人来完成。人机进行融合就是让感性联系到理性、客观联系到主观、事实引申出价值。人机融合不仅仅是造出更高级的机器，而且是人自身知性的改造，即思维逻辑的改造、重塑与变革。

自主是由内而外，不受外力而行动、按自己的意图进行。自主系统则是可以应对非程序化或非预设态势，具有一定自我管理能力和自我引导能力的系统。因此，自主性在人-机-环境融合智能中是非常重要的概念，影响着未来人-机-环境融合智能的发展。自主性的关键要素是感知，感知大体上可分为导航感知、任务感知、系统健康感知、操作感知，对所要操作的任务及自身的状态进行感知。提升感知能力就能为完成各种任务打下坚实的基础。人机交互也担任着重要的角色，侧重人与机器的双向认知交互，人可以有效提升机器的能力，机器也可以更好地辅助人进行决策判断。在多智能体参与时，则需要协调，或采用分布式协调或采用集中式协调，都需要保证同步化和适应环境情景的动态变换。其中自主协调的方式可以使多个无人平台快速完成协调最优化。自主系统模型应侧重于为实现特定能力所需的人机认知功能与重分配决策，分配方式也随着任务的不同阶段和不同认知层次而不同，并且需要高级系统进行权衡。自主性问题上还有很多地方需要思考：自主性决策系统由于数据偏差会带来很多负面影响。随着协同行动的需要共享态势感知是支持多方协同行动的关键，并且需要构建人机信任度，保证整体的作战可信度，提高执行能力。因此，要区分自主与自动的区别，自动往往是去得到一个确定的答案，自主则是可以处理一些非逻辑的问题，在不同情景或价值下会进行不同的选择。反人工智能即与人工智能博弈，通过诈与反诈，来达到干扰对方的目的。博弈游戏是其中的重要研究内容。反人工智能也应是人-机-环境系统的自主融合智能系统。在军事方面，人机融合在反人工智能中也尤为重要，通过人机融合在数据中进行判断，做到去伪存真。

人机融合当前有很多瓶颈问题：灵活的表征、有效的处理、虚实的互补输出、人类反思与机器反馈之间的相互协调、和谐的调度、人机之间的信任、人机之间可解释性的阈值。这些问题大多都来自真正的智能不是场景的、情景的、环境的，而是人机环境，若单独从场景和环境出发，则很难产生出满意解和最优解。我们在思考智能时可以借用小孩学习时的过程同化、顺应、平衡、图式。人机之间也应是如此，不过度强调环境而用亲身的体验来达到同化的过程，并且建立起图式的体系。在融合方面，人类与机器存在着本质的区别，人类处理问题的模型是在无限开放、非线性的环境下不断跨域融合的创造型认知算理模型。机器处理问题则是在有限封闭、线性环境下的经验性计算算法模型。我们需要突破事实和价值分析的传统思维来理解当前的人机融合智能化问题与关系。我们在处理智能的问题上，也不应该追求确定与唯一，建立边界来简化问题。这样固然可以使问题变得简单，但是也得不到真正的答案，因此我们应该接受不确定与随机，并将其纳入体系中，或许能更加接近真正的智能。

人机融合智能着重描述一种由人–机–环境系统相互作用而产生的新型智能形式。它既不是人的智能，也不是人工智能。人–机–环境融合智能不是简单的人机结合，而是要让机器逐渐理解人的决策，让机器在人的不同条件下的决策来渐渐地理解价值权重的区别。人通过对周围环境的感知加上自己的欲望冲动形成认知，为意向性思维。机器只能从周围环境获取数据、信息，通过特定的数据触发特定的执行过程，为形式化思维。人会根据未来的期望，以目标为导向来算计现在并做出计划，机器则不具备这种目的性思维。人是弱感强知，机是强感弱知。只有将人机有机融合起来，才能真正地实现机器认知，最终实现机器的觉醒。

未来人工智能会出现以主动适应环境为特征的第四波人工智能技术浪潮。人机融合中的主动性互学习、互理解、互助融合能力将成为第四波人工智能技术浪潮的核心动力。人机环境如何实现协调共频是人机融合智能的关键。人机融合可以应用在信息融合、态势感知、自主性的相关问题上，提高解决非逻辑性问题的能力。人机融合智能的困难主要体现在人机认知不一致，本质上还是机器与人类的底层逻辑不一样，人类的认知侧重于心理层面，而机器是以数据作为基础。人类的理解易于迁移，机器的理解往往是固定的。现阶段人机融合也缺乏对意向性的内在感知描述。因此在人机环中，应正确处理人在系统的操作特性，人应该是系统内涵的把控者，只有这样才能构建一个良好的智能系统。在用户画像这一应用中，深度态势感知可以更加全面地分析建立用户模型，通过态进行基本的用户数据信息建立用户的自然属性，是自然属性维度。通过势预测发展趋势，判断用户的价值取向。感是利用碎片化的属性，进一步刻画用户行为。知是对势的加深理解，从认知层面刻画用户。再通过反思，四个维度共同作用对比单一从行为入手可以刻画出更为准确的用户画像。

或许，智能应该为一种混合的方式，既可以自上向下又可以自下而上，并且可以灵活分配这二者的工作机制来适应各种问题。人机融合智能中应该突出人的意识的目的性，利用人的能力来加强整个系统的因果推理以及对意向性表述的感知，建立起有迁移能力的认知框架，再结合机器所擅长的形式化，从而解决更多现在难以解决的问题。另外，动物之间的群体智能是本能性的随动，缺乏感知的甄别、判断的选择、理性的决策、感性的反馈，不值得去模拟仿真，真正的群体智能应该是在人类社会的衣食住行、喜怒哀乐等之中，而不是在蚁群、牛群、羊群、狗群、鸟群和鱼群中。

今天，人工智能的研究依旧如火如荼地进行着，但在计算机视觉、自然语言处理这些较为成熟的研究领域似乎也遇到了发展瓶颈，进展缓慢。那么，在未来对人工智能的智能化要求越来越高的情况下，技术又将走向何方？技术将如何融入人类的意识？可对意识是什么依然颇有争议。不妨换个思路，将人类智慧与机器的算力结合起来，让人来指导机器，就像是指导在海边玩耍的孩子一样，虽然真理的大海辽阔无垠，不过好在天朗风清，我们都还有时间。

第三节 跨域的计算计小对话

甲：算计是跨学科的，包括数学之外的诸多学科。算计是活的，它搭建起了计算的大厦，并时刻不停地修缮这座大厦。计算需要算计，算计也需要计算，对于人类而言，两者从来就没有分离过。在此不妨称之为计算计。

乙：我在想，是否存在一句话来定义"算计"，从而可以根据这句话来清楚判断我们所观察的事物中是否有算计，哪些部分是算计。就像《蚱蜢，游戏，生命与乌托邦》定义玩游戏为：自愿去克服非必要的障碍。

甲：算计也许是一种跨域的组合计算。物理域、数理域、图域为计算；认知域、生命域、知域为算计；量子域、社会域、人文为计算计。

乙：我理解的算计是，让非确定性因素朝着个体或者团体在其综合环境下的自身期望方向发展的能力。

甲：您的理解很对，另外，算计是否可以看成一种跨域的意向性期望能力呢？

乙：我觉得您的这种更准确一些。因为感觉自己的理解不够开放，对"算计"过程的"完成性"有些过于强调，但实际上应该是"过程性"更需要强调。所以您的说法更恰当些。然后我产生的新问题是：①不同的域是如何划分的？如何清晰地判断是否跨域？②在不跨域（单个域）的情况下，是否能产生意向性期望（简化复杂性）？跨域的特征与意向性期望的特征有什么关系吗？③跨域的特性是如何实现的？意向性期望又是如何实现的？能否以及如何通过符号系统或者某种机器进行模拟？

甲：您的定义也很好！把过程与方向做了一个统一。另外，针对您的三个问题，我初步梳理了一下。一是简单可按目前通用的划分：物理域、认知域、信息域、社会域等。一个问题同时涉及这几个域时，即为跨域。但这样划分域会导致问题产生漏洞，所以是否按学科划分更准确？二是可以按不同领域划分，例如认知域本身就跨域。有关系、意向性期望在得到满意解之前会不断地越界寻找。三是客观任务需求牵引，加上主观能动性实现的；意向性期望是人的直觉经验结合动机目的实现的；理性逻辑部分可以通过符号系统或者某种机器进行仿真模拟，感性非逻辑部分则很难实现符号形式化和机器程序化，这也是算计的如何表征难题和计算计的瓶颈所在。

另外，算计属于智慧范畴，计算涉及智能领域，如此一来，计算计是一种智能+智慧的方式，计算计认知模型或许就属于高级智慧领域了吧？东方的智慧与西方的智能不同，侧重于艺术，有文艺和武艺之说，"艺"中有术，有技，包含美学、史学等感性思想。

算计里面包括儒释道的系统、变化、辩证、道德、等价、自然、相对等思想成分，计算里面拥有科技法的还原、公理、边界、规则、相等、人为、绝对等理论元素。

算计是跨域的价值谋划研究，常常超出了事实计算的范畴。其中的价值就是事实在系统中的重要程度和意义大小，一个仰望天空（算计），一个脚踏实地（计算）。

如果把计算看成是全部 knowing+doing，知行合一，那么算计则是一种创造，即部分的 knowing+should+doing，部分的知+（应）行合一。

乙：很有意思的聊天！计算计或许也是一种能够定义或构建自己的问题的能力吧？

第四节　新信息与新控制中计算计的理解及概略模型

人工智能在各特定领域的应用越来越广泛，但随之而来的问题也逐渐凸显。人们对智能的期望越来越高，不再满足于弱人工智能有限的能力。计算机发展到今天，算力已经大幅提升，量子计算机又会将算力提升几个数量级。于是我们转而思考人类智能的本质、来源，试图从认知神经科学等方面寻找灵感来理解意识，希望赋予人工智能自主意识。更为实际可行的方案是人机交互融合，充分让人的意识思考，即算计与机的逻辑计算有机地结合起来，让机在融合中去学习理解人的算计能力。

　　然而，人-机-环境融合智能仍处于起步阶段，需要对其进行深入思考，包括现今发展的瓶颈、未来的发展方向和应用领域。人机又该如何有机融合？回看智能本身，东西方的智能发展方式差别很大。东方的文化哲学中隐喻更多，表达更委婉、内涵；西方则推理归纳演绎更多，重视逻辑，遵守严格的因果律。东西方智能交界处也就是事实与价值的融合点，合确定性就是事实与合目的性，即价值的融合才是人的智能，也将是未来人-机-环境融合智能的关键。现代的人工智能等都是以西方的逻辑框架构建起来的，没有东方的这些非逻辑形式。东方的非逻辑与西方的逻辑的结合才是人-机-环境融合智能的根本。就像在医学中，西医（现代医学）就以精准的逻辑式的思考为手段，直接找准病因、解决病原。当然这很有效。中医理论便秉持将人体当成一个整体来调节的思想，所谓牵一发而动全身，更有大局观。中西医的区别是东西方文化、哲学以及智能差别的具体表现。西方的逻辑推演正是机器所擅长的，即计算；东方的中庸、辩证，以及价值取向正像是人的算计。人的算计与机的计算结合起来，即人机有机融合，才可以达到强人工智能的目标。

　　如何实现人机有机融合？早期出现在人机协同中的态势感知被定义为人在一定空间和时间内对环境中各要素的感知、理解和预测能力，这是一个方向。我们接着在这个方向上深入研究，便有了深度态势感知，即融合人机智慧的对态势感知的感知。深度态势感知要求对人机环境作为整体进行系统性分析，既包括局部定量计算，也包括全局定性算计。全局算计即能更好地体现价值性。局部最优却不一定是全局最优，局部计算是要为整体算计服务的。深度态势感知系统一如自控系统中的前馈-反馈控制系统。依据外界环境的变化做出反馈是较为成熟的应用技术，计算机的逻辑计算已经可以做到反应迅速且准确，但是对环境尚未发生变化时的直觉洞察、经验利用、灵感想象等仍然需要人来做出决定，即一种对尚未发生的干扰的信息前馈。只有让人加入系统中，才能将人的智慧（即算计能力与机的计算相结合）形成人-机-环境融合智能。人工智能即计算机的底层技术仍然是二极管的 0-1 的二元逻辑，三极管、场效应管构成的放大、整流、运算、滤波等电路将电子设备更新换代，门电路到组合、时序逻辑电路再到大规模数字集成电路使得计算机的计算能力大幅度跃升。即使是家喻户晓的 AlphaGo，其下围棋已经碾压所有人，但仍然只是会逻辑计算，离不开底层的 0-1 逻辑。在深度态势感知系统中，一样有着认知数据或认知信息的产生、传输、处理等过程。在对数据进行采样之后，滤波电路充当信号的筛选过滤器，使得指定的信号能顺利通过，而对其他信号进行衰减抑制，即可滤除噪声，提高信噪比。这一过程在系统中就是先利用经验进行初次筛选，直接滤除不合理信息，再对比正则化的信息进行信息权重分配，进而得到优化后的信息特征。以上也即系统的同化过程，通过对输入数据信息的采样、过滤等获取更有价值的信息。当外部环境变化超出系统的理解范围或者反应程度时，系统将此次的信息进行内化吸收为经验，添加到正则化内容，改变自身的认知结构，理解此次信息内容做出改变以应对客观环境变化，即顺应过程。平衡则是指系统通过同化与顺应，从一个平衡过渡到另一个平衡的过程。系统对数据进行采样、滤波后，便应对数据进行目的性计算，深度态势感知技术中的计算是动态的、非线性的，是在外部环境变化、系统输出的反馈和人的价值性认知的协同作用下的计算。一如自控系统中的非线性系统的部分线性化，该计算也只是对需要的信息进行计算。当然，深度态势感知系统中的各成分（如人、机）、机内的各成分以及外界环境的干扰之间的竞争、冒险关系需要厘清。人机融合智能中重要的是理解，包括对人的理解，对自身、对自然、对社会的理解。理解是思考后得出的结论或者顿悟。深度态势感知下的人、机、环境交互便有了计算计。计算为逻辑清晰的、静态的、强调表征事实的、确定性方面，算计则是模糊化的、动态的、追求价值实践的、非确定性方面，两者结合为计算计，即可达到动静、虚实的有机结合，进而实现人机融合智能。

如图 11-1 所示，贝叶斯算法就是结论随着新证据的出现而不断改变，正则化就是把人类的知识以数学的形式告诉模型。不断获取新的信息，并在最开始就利用正则化直接过滤一些无用的信息，比如与常识直接相悖的错误。然后对有用的信息进行权重配置，贝叶斯算法只利用主观概率来决定权重，现在可以结合人的思考习惯、常识等来决定信息权重。之后就是连续计算不断逼近准确结果。在得出一定结果后，可以继续与正则化信息进行比较，就是以人类的思考方式来进行反馈，包括价值、情感等因素。反馈后的结果再去影响信息权重，重新计算结果。既有逻辑从前往后的计算，也有以结果为导向的从输出到处理的算计过程，即计算+算计模型。这是对计算计理解并基于贝叶斯算法、正则化的概略模型，需要进一步深入细化。

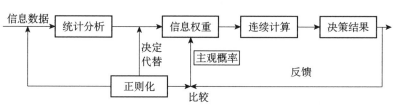

图 11-1　基于贝叶斯算法、正则化计算计认知概略模型

第五节　新系统概念是个超三体的问题，也是一个计算计问题

复杂系统是规律与非规律的结合。人机关系即是确定与不确定性的知识关系组合，具体可初步反映在语言是如何使用概念的。人的概念谋划算计可以违

反大数定律，可以不符合物理规律，因此创造出了复杂性。人机时空的不一致性，导致不必要信息变多，造成必要信息的缺失或不准确，这就要求在使用概念时更需要的是想象力。数据/信息/知识常常是有时效性的，比如5分钟有效即可（推理和决策也应有有效性）。另外，每个概念定义的内涵、外延常常是静态有界的，但对它的使用却是动态且有时效的（概念能够在当前任务情境中使用即可，比如2分钟内涵有效，30秒内外延成立，第3分钟超越范围等），甚至会跨界或无界，这就是概念常常出现不确定性的主要原因。这种动态跨界的现象并没有打破语言使用的全局系统性混乱，其规律又会是什么呢？

贝叶斯思想是主观评价事件发生的概率，根据先验知识来假设先验分布，若观测的数据符合先验分布，则后验分布与先验分布类似；若观测的数据不符合先验分布，则后验分布开始向观测数据倾斜，若观测数据无穷大时，那么先验分布可以忽略不计，最大似然函数估计参数与后验分布估计参数相同，直接可以用最大似然函数来估计参数。

美国国防部最早提出将数字孪生技术用于航空航天飞行器的健康维护与保障。首先在数字空间建立真实飞机的模型，并通过传感器实现与飞机真实状态完全同步，这样每次飞行后，根据结构现有情况和过往载荷，及时分析评估是否需要维修、能否承受下次的任务载荷等。数字孪生是个普遍适用的理论技术体系，可以应用于众多领域，在产品设计、产品制造、医学分析、工程建设等领域应用较多。目前在国内应用最深入的是工程建设领域，关注度最高、研究最热的是智能制造领域。下面三个问题及回答算是一个对数字孪生应用方面小小的期待吧。①面向国家重大需求，如何加强数字孪生技术在重点工程领域的研究？数字孪生是一个复杂系统，也是一把双刃剑，为了确保发挥其有益的一面，我们要牢牢地抓住数字孪生的本质特征：人-机-环境系统的有机协同，针对重点工程领域，机的物理与人的管理、环境的治理有机地结合起来，取长补短，相得益彰。在设计、制造、分析、工程领域继续深化计算的优势，同时，加强培训、营销、管理、维护等领域的算计谋划拓展，真正地使数字孪生"既能高屋建瓴，也能脚踏实地"。②从国家战略需求的角度看，发展数字孪生技术会对国家战略竞争领域产生怎样的影响力？既然数字孪生是一把双刃剑，就有两面性，就像人工智能一样，用得好就会有效益，否则不但没有效益，甚至还会有大的损失及负面作用。比如，数字孪生就是真实与虚拟装备之间的数字映射系统，有的部分可以数字化（如物理数据和定律），有的部分就不能数字化（如管理方面的跨域组合谋划和人因工程的心理因素等），如处理不当，就会出现人-机-环境系统的系统性失调、失配。典型案例如美国波音737客机的多次事故产生的原因：所有的仿真模拟都不是真实的，只不过有些仿真在特定的范围内还有些参考意义罢了。③从产学研相互促进的角度来看，如何做好数字孪生基础研究、应用研究和产业化双向链接呢？产学研是一个系统工程，需要非常好的顶层设计和基本概念原理的构建。基础研究就是要建立并深化数字孪生的基本原理概念的研究，比如数字孪生中信息化、自动化与智能化的区别和联系究竟是什么？数字孪生中的多学科、多物理量、多尺度、多概率如何在工程化中实现一致性和标准化应用？等等。顶层设计涉及产的部分，即如何实现人-机-环境系统中各种人、机、环境的有效协同和合作？这些问题对数字孪生的多向链接都至关重要。没有好的基础研究就等于没有好的腿脚，没有好的顶层设计就等于没有好的头脑，一个人没有腿脚和头脑就不完整，一个数字孪生系统也类似。把握好以人为本、数字为机，就可以孪生出一个新的未来环境和世界。

第六节　智能是一个非常辽阔的空间

机是半导体，人是变导体，一个是二元论，一个是变元论。

面对一系列图片，小孩子们看到的不仅是图片，更多的是动态的视频，所以他们建立的是动态混合经验知识库，他们建立的真实认知常常超出被定义的概念的内涵与外延，有经验的认知高手也常常如此，他们存有大量概念不能涵盖的感和知。这些构成了算计的基础和前提，计算则是建立在基本（公理）概念上的逻辑体系。如同亚原子微粒一样，数据/信息/知识大都是不稳定的，会随着时间、空间、情感而衰变成其他数据/信息/知识，其中的一些还可能会再衰变，直到形成稳定的结构空间，它们的寿命常常与任务、情境、价值有关，与事实关系不大。事实的组合会产生价值判断，价值判断的组合也会产生新的事实。如何定义事实、价值的种类或类型？这对于计算、算计及其结合或许很重要。

数据/信息/知识本身既包括事实也包括价值，即数据/信息/知识是由事实与价值叠加而成的生态结构体。只不过事实是以显性方式表征的，价值常以隐性方式出现，计算处理的是事实，算计对待的是价值，简而言之，从事实到价值的桥梁如果是确定性的概念和逻辑，那么就是计算过程，从事实到价值的桥梁如果是不定的实践和模糊，那么就是算计程序。当然，更多时候人们处理问题时使用的常常是计算计方式。其中，计算的坐标系与算计的坐标系不同，虽然两者之中都有时空四维元素，但算计坐标系中还有一个第五维元素——"情"或"感"轴（包括修心炼胆）。计算讲究有理，算计讲究有理有利有节，算计是不治已病治未病，不治已乱治未乱，但这是且永远是一个合理与不合理/已知与未知混杂的世界，做了很多计算，却往往没有得到期望的结果，实际上，有限的理性是动态的，即可计算的部分还在不断地变化，也是动态的。打不破计算框架，就很难出现真智。算计是自上向下机制，从结果到过程；计算是自下而上机制，从过程到结果。另外，算计与博弈不完全相同，博弈是偏理性的智能算法，算计是偏感性的智慧系统。

如果简单地把"认知"看成大家所理解的输入—处理—输出的信息流动过程，那么"算计"就应该不是认知过程，因为算计的过程更复杂，不但"输入—处理—输出"正向认知，还可以"输出—处理—输入"反向认知，甚至可以是"输入—处理""输出—输入"等非认知过程。

人工智能是一种计算过程，可以建立在规则演算、概率推理的基础之上，而人类思维是一种随机感知、理性过程，其算计能力可以建立在概率推理的基础之外。计算是被算计出来的，算计中包含着主动的发现与发明，是从是什么到为什么的过程（从 being 到 should 的过程）；计算则是被动的程序性发现，是从是什么到是什么的过程（从 being 到 being）。人机环境中的环境变、机变、人变构成了计算计。计算讲究清晰之用，算计注重模糊之能。智能的核心在变，计算讲究不变，算计讲究变化。计算计是两者的结合。计算计就是训练出积极有效变化的能力。人机环境融合代表着新的生产关系，新的智能系统将在行为主义和符号主义方面给出更好的融合框架及赋值结构，同时为联结主义提供更好的数据基础，这也将被打造成一种泛在的人机环境下的普遍服务能力。

如果说拓扑物理学是身边常见的鞋带、节日装饰用的中国结、不停笔的连线游戏、科幻电影中绕来绕去的默比乌斯带、奇形怪状的克莱因瓶，那么算计则是拓扑的人-机-环境系统学（包括物理域、信息域、认知域与社会域），里面既有小小蝴蝶的翅膀，也有三体甚至万物的窃窃私语和人情世故。计算依赖表征，算计注重实践。假设计算计是一个网络，那么计算就是网，算计则为络，计算、算计之间不是简单的降维、升维问题，而是结构功能能力的问题。或许，计算计并不是一个完全形式化的符号体系，而是一个定性算计与定量计算相结合的应用系统（需要特别说明的是：算计不是一个贬义词，而是与计算一样的中性词）。算计对付的是异与易，计算处理的是同与复。算计处理计算之外的方方面面，如跨域、变逻辑、非家族相似性等。算计是一种能力，计算是一种功能。算计偏于价值性方向处理，计算侧重事实性过程解决。

量词，是在命题中表示数量的词，量词有两类：全称量词（∀），表示"所有的"或"每一个"；存在量词（∃），表示"存在某个"或"至少有一个"。休谟问题（从 being 里面能否推出 should）中的 being（存在、是）意味着至少有一个（∃）的有限，should（应该）意味着所有（∀）可能性的无限，休谟问题的核心意味着能否用有限获得无限，甚至于能否用计算达到算计……泰勒曾解释说：事物是否重要、是否有意义，必须针对一个背景而言，他称之为"视域"（horizon）或"框架"（framework），这个背景框架在人类活动最基本的方面界定了什么是重要的、什么是有意义的，并塑造了我们的"计算的逻辑与算计的直觉"。

现在的数学是建立在公理基础上的逻辑体系，未来的算学可能是构建公理的泛逻辑体系，并通过算学提出反休谟问题，即能否从价值推出事实来？

第七节　寻找智能的基础理论可能需要另辟蹊径

下面这个火鸡的故事或许可以反映出许多人工智能在应用中都存在问题，并且还有不少是致命的问题。

罗素曾说，有一只火鸡，农夫每天来给它喂食。经过长期观察后，火鸡得出结论，"农夫来到鸡舍，我就有吃的"，之后每天的经历都在证实它的这个结论。但是有一天，农夫来到鸡舍，没有带来食物而是把它杀了，因为这天是圣诞节。罗素用这个寓言来阐述休谟思想，主要是说明人类的经验只是经验，不是绝对的理论，所以只能怀疑。假如我们看人工智能应用，也能得到很多类似的故事。如何容易理解"人工智能的怀疑主义"还是从时间说起。

态势不是态势物，态势物有时间性，而态势本身没有时间性。同样，人工智能是态势物，具有时空性，却用来处理态势，因此常常是"驴唇不对马嘴"。人工智能公司犹如制药厂，各式各样的数学模型犹如各种各样的药片，这些总是号称百求百应的数学模型应用在何时何处以何种方式犹如何人何时以何种方式吃药一般，药是好药，用得不对也是大概率有害的，何况很多药不一定就是好药，副作用就更不可预测了。

哲学是提问及阐释，科学就是再加上或逻辑或实验的验证。自由是对必然的认识（如庖丁解牛），自由不是绝对的，在不同的任务情境态势下，人们对自由的理解是不同的，它受制于自然环境、物质条件、内心诉求、他人诉求等。不同的智能体在不同的发展阶段，有为大众所认可的、共识性的、普遍的智能观念，可以形成各种深度、强化、演化、迁移学习模型进行计算。但是，生活要比电影更丰富，实践要比理论更真知，算计要比计算更犀利，特殊性要比普遍性更普遍，人工智能若解决不了非预设利己与利他的选择矛盾，那就只能是一只罗素说的火鸡：明天的菜，后天的无。

科学技术当然需要继承，没有良好的连续传承是不可能获得丰厚积累的，但是大家在关注继承时，常常会不自觉地忽略离散断崖式的跨越发展，比如经典的日心说取代地心说、相对论超越万有引力，其实这种现象在哲学界也曾出现：从本体论到认识论再到语言分析工具论等的里程碑式蛙跳发展。思考如何思考，这是哲学的基本问题，也是智能的基本问题。

西方的莱布尼兹、布尔、图灵、冯·诺依曼、辛顿、哈萨比斯等人的思想、理论的确对智能领域做出了很大的贡献，时至今日仍让大家感觉意犹未尽、书不尽意、欲言还止，这不得不让人想另辟蹊径……

其实，仔细想想，自从1959年5月斯诺（C. P. Snow）在剑桥大学瑞德讲坛上发表著名的"两种文化与科学革命"演讲开始，人类的智能领域就注定不仅仅是科学技术领域的问题，但对于人工智能领域，如同自动化领域一样只能是科学技术问题。可惜的是，很多人没有意识到这一点，还想用科学技术手段解决非科学技术问题，这就远远脱离了人工智能的本质和根源。

人工智能为什么会遭遇不可解释性问题？究其根本，大家想做出较好的系统论结果，用的却是还原论的方法。在科学的合法领域内，还原论在解释复杂层次时是不可能成功的，理由是：非线性和偶然性的涌现是还原论的天敌，还原性的思想实现不了归纳与演绎、类比与隐喻之间的跨域弥聚。犹如搬一个还原论的梯子试图登系统论的月亮。另外，可解释性分为事实性和价值性。人类一般用理性处理客观事实性的可解释性（实事求是），用感性应对主观价值性的可解释性（实事求义）。感性里面常常混杂了大量的经验、直觉、情感、情绪等因素。机器学习规模小时，人们还可以用逻辑线索用有限的理性和感性解释说明其基本运行规律，而当机器学习规模较大时，理性与感性的叠加纠缠会产生系统维度爆炸及可能性泛滥，从而难以形成有效合理的可解释性。此时，对于计算而言是灾难性的，而恰恰是算计（估算）一显身手的大好时机。

人类智能里面有一种呼吸-弥聚现象，可以体现人的能动性、创造性思维，在这种思维活动中包括自主、学习、判断、尝试、修正、推理、常识，进而反馈调整、修正自己的行为，由此满足实践的需求等。人类的智能以算计为骨、计算为肌，机器的计算性学习一般是肯定式的，而人类的算计性学习经常是否定式的，还有对于同样的输入、处理、输出，不同的人其上下文中的上下程度弹性是不同的。哲学可以提出问题，科技可以解决问题。从广义上说，没有任何科学事实结论可以在逻辑上决定伦理原则，即关于自然"是"什么的陈述决定关于我们的责任"应该"怎样的陈述。对于智能或智慧而言，却可以不自觉地实现二者"悄然而至"的结合，还可以找到许多的合理理由和恰当路径，现在的各种动态规划往往是事实性的计算（"是"的部分），好一点的再加上一些优化方法的组合，人类的真实动态规划还常常涉及价值和责任的算计（should 的部分）。所以，机器的计算性动态规划是战术性的狭义，而人类的算计性动态规划则属于战略性的广义。

对于人类的智能基础理论可能需要另辟蹊径，除了西方计算思想以外，还需补上东方算计思想这一课。若再进一步分析，计算也是被算计出来的吧？分析显而易见的事情需要非凡的思想，"是非之心，智也"+"to be or not to be"或许真的是人类智能的理论基础。

再如，虽然现有的问答系统在简单问答任务和数据集上达到了与人类相当的水平，但是在复杂问答任务中，还和人类还相差甚远。有人认为原因是：复杂问题的答案，不仅需要多"跳"的推理，可能还需要进行计数、比较甚至是逻辑运算的操作。这个回答虽然有合理的成分，但还没有抓住"跳"推理的本质。对于"跳"而言，除了认知域、物理域、信息域、社会域的事实性上下文之外，还有动机域、目的域、随动域、预测域的价值性按需组合，更有众多的非逻辑（对于现有逻辑体系而言）运算的责任性操作，比如类比的归纳、演绎的隐喻、感性的计算、理性的算计、非逻辑的逻辑等。不但有静态的代数计算+几何/集合算计，还可以生成许多动态的代数计算+几何/集合算计。更进一步，如何定义类比的加减乘除、与或非等呢？

有人提出了基于图的可解释认知推理框架，即框架以图结构数据为基础，将逻辑表达用作对复杂问题的分析过程，从而表示成显式的推理路径。

客观而言，首先，无论是文本、图片还是知识图谱，图结构都有许多好处，如易于形成确定对象、属性之间多体、多侧面的关系，方便进行逻辑推理等，但是这些优点恰恰是形成"硬解释""伪认知"的根本原因。例如在认知推理框架中，虽可将提问的对象描述为图的结构化数据，但其中必然会过滤掉许多非结构化的数据和非图化的信息，如果这些数据信息正是提问对象的关键，那么从一开始就是"伪图""错图""假图"了。其次，在理解问题的过程中，将问题转化为模块化的描述，模块化过程是一个可编程的函数组合，可以把它分解为图上的最小粒度的操作函数序列；推理过程可以通过神经网络实现，为每一个元函数构建对应的神经模块网络。上述每个过程虽然都可以展示出来，但这并不意味着能够清晰地解释推理过程，尽管可以输出相应的答案，但这答案并不意味着是正确答案，模块化最大的缺点就是割裂各模块之间的内在隐性联系，是还原论思想的延续，即整体等于部分之和的思想，而真实的问题常常具有系统性，即整体不等于部分之和。至于可编程的函数组合，是否真能把它分解为图上的最小粒度的操作函数序列；客观的推理过程是否可以通过神经网络实现，进而为每一个元函数构建对应的神经模块网络，在此就暂请大家结合其优缺点各自理解吧！还有是否可以通过场景图表征一张图片，是否可以利用现有的已生成的场景图感知物体，进而构建场景图；对于用户提出的问题而言，是否通过对问题进行予以解析得到函数序列的表征；是否可以在推理过程中将各个神经模块网络应用于场景图，一并请大家思考完善！

知识驱动和数据驱动相结合的表征与推理是机器智能研究的重要基础，如果不解决动态的表征和弹性的推理问题，即使提出了基于图的可解释认知推理框架，未来能否构建出可扩展的通用推理函数库，找到构建推理过程所需的基本函数，并构建这些函数的模块神经网络呢？即使考虑多模态的认知推理，是否能够真正实现增量性学习的推理过程呢？

或许，上面一些思路的缺点在于：某某数据集包含了多少种概念、多少个实体，实体具有多少种关系型的属性、多少种数值型/字符串型属性，以及多少个三元组并不重要，毕竟都还是映射关系，这也是没有出现真正的"跳"——漫射、散射、影射关系的根本原因，即如何在映射之外建立合适的漫射、散射、影射之算计的核心之处。

符号（专家系统）主义、联结（深度学习）主义、行为（强化学习）主义的共同缺点都在于对一个或多个事物不能产生动态的适当（right）表征机理和弹性的推理机制。这是当前人工智能发展的瓶颈和难点，同时也是未来人机融合智能面临的挑战和机遇。

第八节　认知与向善

认知科学是研究心智和智能的科学，包括从感觉的输入到复杂问题求解，从人类个体到人类社会的智能活动，以及人类智能和机器智能的性质。它是现代心理学、人工智能、神经科学、语言学、人类学乃至自然哲学等学科交叉相互交织后的结果。认知科学研究的目的就是要说明和解释人在完成认知活动时是如何进行信息加工的。认知科学的兴起标志着对以人类为中心的心智和智能活动的研究已进入新的阶段，认知科学的发展将进一步为信息科学技术的智能化做出巨大贡献。认知科学的缺点和不足与目前的信息科学、神经科学一样，在于忽略了内部的输入部分，所以准确的称谓应该是半认知、半信息、半神经科学。人脑很有意思，它既是物体，符合物理规律，又不仅仅是物体，还有生理规律，更有意思的是它竟然还有超越物体的艺术性，即心理规律。人脑能够产生智能，但仅有人脑却是万万不能产生智能的，智能是内外双源性输入、上下多元性处理、前后差异性反作用输出共同"交""互""协"产生的，脑只是其中的一个环节而已，如人脑在处理问题时，40%的信息来自皮层。人们的期待，决定着他们会看到什么东西，会忽略什么东西，而这种期待的来源不仅仅是个人的记忆和生活经验，更是文化的价值和文化各种各样的对人的心理建构。

　　人工智能是外部的输入—内部的处理—外部的输出—外部的反馈的计算过程，人类的智能是内外部混合的输入—上下多元性处理—内外部混合输出—前后差异性反思/反馈的算计过程，机理不同、机制不一致，也是人机环境难以完美"交""互""协"的原因之一。因此，在态势感知过程中，我们应当注意：首先，"感"的内容，在很大程度上取决于人的记忆、期待，还有文化的理念。我们所谓的"知"，不是真正的"知"——不是我们通常意义上或者常识意义上所说的"知"。"知"实际上是一种"确认"（re-cognition），不是认知而是再认知。当我们感知态势的时候，不是一个简单的从无到有的认知过程，而是一个继承的从有到（新）有的过程。差异与不同是变化之源，单一静止的事实是很难产生价值的，只有运动时或多个事实间才能够产生价值、发生各种关系，同时这些事实间相互作用力的大小、变化速度的快慢不同，会导致事实、价值、关系新的变化，如此，符号（如数据、信息、知识）及其结构（各种库、谱）也会发生新的变化，对它们进行的态势感知自然也会发生变化。智能之所以有价值，并不在于理性的"伟大"与强烈，而在于感性及灵性作用的强烈，也可以说是多者结合时所加的强烈的压力感。

　　不稳定性是现代人工智能的致命弱点，一个数学悖论显示了人工智能的局限性。研究人员发现的悖论可以追溯到 20 世纪的两位数学巨人：图灵和哥德尔。20 世纪初，数学家试图证明数学是科学的终极一致语言。然而，图灵和哥德尔展示了数学核心的一个悖论：无法证明某些数学陈述是真还是假，一些计算问题无法用算法解决。只要一个数学系统足够丰富，可以描述我们在学校学习的算术，它就无法证明其自身的一致性。对此，科尔布鲁克（M. Colebrook）博士说："数学存在固有的基本限制，同样，人工智能算法也无法解决某些问题。"

除了人为的操作和统计的使然外，人工智能还不能较好地处理等效、等价、类比、因果及其混杂问题。因为人工智能不能理解并实现非存在的有，即合理的或不合理的等效（心理重组、旋转、弥聚任务）。从语法到语义的跳跃一般是常识性的，但对于个性化意向、非常识性的则很难实现完美的跃迁。

科学、技术、数学讲有因有果，但除了因果（包括人造的、自然的以及混杂的）以外，世界上还有许多有因无果、有果无因的事……所以有人就说"太阳底下就没有新奇的事"。人造的不一定完全不好，比如人工智能。一个人造的因果是个别，一群人造的因果叫作常识或公理。人工智能不知道如何在通信降级和拒止环境中进行判断、制定决策且大都会在封闭结构里进行聚合计算，没有在开放环境下进行有效的弥散算计。计算计既是一种开放的封闭结构，同时也是一种封闭的开放结构。

合理的等效是理性的内核，不合理的等效则是灵性的源泉，二者结合更是表象与本质的统一，同时也是产生主观与意识的基础，可惜人工智能及其开发者没有感知到这些，或者感知到了这些却或不能或不想或不敢或不知实现之。因为不能等价，所以只能等效；因为不能等效，所以只好类比；没有类比，就没有因果；没有因果，就没有人工智能。其实，一元、二元、三元……多元并不重要，重要的是变元；主体、客体、三体……多体不重要，重要的是变体；没有等效、等价、类比、因果的变化，就没有真实动因的智能与反智能的存在。

科技向善对于西方而言是个有问题的提法，科技是客观事实being，向善是伦理道德should，从being能否推出should，这是目前西方仍在争议的休谟问题。东方认为两者是可以相互转化的，即从being能够推出should，科技不但在伦理上有对错，还可以在道德上向善。需要强调的是：科技本身没有对错善恶之分，既能利人利己，也能害人害己；而设计、开发、使用、管理、维护、运行的人会有对错善恶混合之分，科技向善本质是指"人"的向善，现在被大家故意搞糊涂了（尤其是在人工智能领域）。所以，"科技向善"在西方是个不真命题，"人的向善"才是真命题。在东方两者才可能被有机统一起来。

人机交互研究正在由传统走向现代，人机融合智能也正在从浅水区逐步走向深水区，研究的部位从"脖子以下"走向"脖子以上"，从个体工效走向群体智能，从生理心理测量走向意图意向破解，从数理物理的计算实证走向认知生态的算计抽象，从自动化的协作协同走向智能化的合作共生，从模拟仿真的近似逼近走向工程实践的真刀真枪，正在从态走向势、从感走向知、从动态走向动因、从被动感觉走向主动知觉、从传统场景走向现代拓展……心智的本质不是符号的计算，而是非符号的算计。我们不妨再进一步分析一下二者之间的差异：符号性计算的重点在"算"，一般是指规定条件约束下封闭结构中的共性逻辑确定性推理行为，可用机器智能（如人工智能）的方式高效实施；而非符号性算计关键在"计"，是指动态变化条件下开放关系中的个性化非逻辑直觉型不确定性行为，只能由人（包括一些动物）来实现完成。

东西方心智的主要差异犹如"解构主义之父"法国德里达（J. Derrida）所言：逻辑理性的有无。衍生于北非中亚文明的西方发现了科技的力量，并发明了一系列相关的学科领域，形成了以"算"为核心的世界观和价值观，不但"名可名"，而且"道可道"，以客观事实为基础，以逻辑理性为工具，为人类社会还原了物质世界、经济现象、自然选择的许多规律，做出了很大的贡献。然而，最近一段时间，西方的许多有识之士在充分发掘其逻辑理性优势的同时愈发感觉到了逻辑理性的局限和不足，自觉或不自觉地把目光投向了他们认为"神秘"的东方智慧，从物理到心理再到管理等，从早期的莱布尼茨到李约瑟（J. Needham）再到侯世达（D. R. Hofstadter）等，都试图将东方智慧融合到西方的逻辑中，东方思想的"计"与西方的"算"是很好的一对搭档，也是定性与定量、主观与客观、价值与事实、系统与还原的完美结合。正可谓："没有比人更高的阶，没有比计更好的算。"

人工智能快速发展到今天，符号主义、联结主义、行为主义等的核心思路仍旧是西方的"算"，并且从意外处理、奇异无（穷）解、悖论歧义、意识理解等方面来看"算"远远不能达到人们对解决问题的期望，如何恰当地引入东方之"计"依然成为突破"算"之狭隘的关键之处，对于"为什么人能产生智能泛化和自主意识，而机器不能？""如何实现类人般的动态打标/弹性推理？"对于这些永恒的问题我们大可不必绞尽脑汁地思考，我们可以直接使用人机环境融合的方式去解决这些貌似不可解决的问题，通过有效的人机之间功能与能力的分配把人"计"的智能、自主、意图、感知与机器"算"的快速、准确、巨存、无倦有机地结合起来，取长补短、相得益彰，不但可以实现意图、情感、推理、常识、学习的透明可解释，还可以实现更好的仁、义、礼、智、信、智、勇……

第九节　人机环境系统对信息论、控制论、系统论的拓展与整合

寻找将科学、人文社会和艺术统一起来的理论是一个复杂而广阔的问题，目前还没有一个完全统一的理论可以涵盖所有方面。然而，人机环境系统智能

有一些方法和观点可能帮助我们在这方面进行探索。将科学、人文社会和艺术统一起来的理论仍然处于发展阶段，并没有一个确定的答案。各个领域的研究者和学者都在积极探索与尝试。因而，这是一个开放且令人激动的领域，可以继续关注相关研究的进展，我们根据人机环境系统智能研究方向针对传统信息论、控制论、系统论的不足尝试提出了新的信息论、控制论、系统论，具体如下。

一、传统的信息论只反映了信息的数量多少，而没有反映出信息的质量好坏

传统的信息论（如香农的信息熵理论），主要关注信息的量化和传输效率，强调信息的消除和噪声的影响。它并未直接考虑信息的内容、意义或价值，然而，信息的质量好坏实际上是一个更加主观和复杂的概念，涉及人类认知、语义理解和主体的价值判断。信息的质量往往与其对接收者的价值、目标和需求有关，也可以受到许多其他因素的影响，如准确性、可靠性、平衡性、相关度等。因此，单纯从信息论的角度来评价信息的质量是相对有限的。为了更全面地评估信息的质量，可以结合其他学科和方法，如语言学、认知科学、社会学、伦理学等。这些学科可以提供关于信息含义、沟通效果、文化背景和伦理价值等方面的洞察力。通过综合考虑信息的数量和质量，我们可以更好地理解和评估不同类型的信息，并做出更明智的决策和判断。需要指出的是，信息的质量评价因人而异，不同的人可能对同一份信息有不同的观点和判断。因此，在进行信息传播和交流时，我们应当尊重多样性，主动寻求多方观点，并提倡开放的、包容的对话，以建立更健康、丰富和积极的信息生态环境。

二、传统的控制论只反映了客观事实性的反馈，而没有反映出主观价值性的反馈

传统的控制论主要关注系统的稳定性和目标的实现，依赖于对系统状态的测量和对误差的补偿。它通常利用客观的指标和度量来评估系统的运行状况，而忽视了人类主观的价值观和意义。但是，在实际应用和实践中，许多控制问题涉及人的主体性和主观价值。例如，在社会科学、管理学和心理学等领域，控制决策往往需要考虑人们的态度、情感、动机和价值观等因素，这些主观价值性的反馈可以影响一个系统的目标设定、行动选择和结果评估。因此，为了更全面地处理控制问题，需要在传统的控制论基础上加入主观价值性的反馈。这可能包括人的主观评价、意见调查、满意度调查等手段，以更好地反映不同人群的期望、喜好和道德标准。通过综合考虑客观事实性的反馈和主观价值性的反馈，可以更有效地设计和实施控制策略，以满足人们的需求和期望，并促进系统的可持续发展。然而，需要注意的是，主观价值性的反馈可能存在多样性和主观性，不同个体可能对同一问题有不同的主观视角和评价标准。因此，在控制过程中，我们应当尊重多样性、平衡不同利益方的需求，并通过合理的沟通和参与机制，实现共识和共同价值的建立。

三、传统的系统论只用数学公式反映系统的变化情况，而没有反映出有人参与系统的感性与理性混合变化情况

传统的系统论主要着眼于对系统内部和外部的数量关系进行建模与分析，使用数学工具来描述和预测系统的行为。这种方法强调了系统的物理性质、结构和规律，并通常忽略了人类参与系统过程中的主观感受、情感和决策等因素。然而，在现实生活中，系统往往是由人类参与、影响和驱动的。人们的情感、

态度、认知和行为都对系统的运行产生影响。因此，仅仅依靠数学公式来描述系统的变化情况可能无法全面反映人的感性与理性混合变化的特点。为了更好地理解和解释复杂的系统现象，需要在传统的系统论基础上引入人类的主观感知和理性思考。这包括在系统建模过程中考虑人类的行为模式、决策机制和信息加工方式，以及对人的态度、信念和动机进行分析和建模。将感性和理性两个方面结合起来，可以更准确地描述系统变化过程中人与系统相互作用的情况。此外，还需要了解和关注人类行为背后的动机、价值观和意义等因素，这有助于揭示人的主观参与是如何影响系统的演变和结果的。通过综合考虑人的感性和理性的混合变化情况，我们能够更好地指导系统设计、决策制定和问题解决，以促进人与系统的协同发展和可持续进化。需要注意的是，人的感性和理性是复杂的、多样的，并且可能存在主观性和不确定性。对于系统分析和决策制定者来说，重要的是尊重个体差异，平衡不同利益方的需求，并通过有效的沟通和协商机制来实现共识与合作。这有助于构建一个更加包容、公正和可持续的人机环境系统体系。通过将人机环境系统视为一个整体，我们可以更好地理解和处理复杂性问题。这种综合性的观点考虑了人类的主观因素、决策过程和感知能力，使得系统分析和设计更加贴近实际情境，并能够更好地满足人们的需求和期望。通过将这三个理论进行拓展和整合，我们可以更好地理解和处理人机环境系统中的复杂性问题。例如，在设计智能交互系统时，我们可以借鉴系统论的思想来分析用户需求和系统功能之间的关系，运用控制论的方法设计反馈和调节机制，利用信息论的原理进行数据传输和处理。概而言之，在人机环境系统中，系统论提供了对整个系统的整体性思考和分析方法，帮助我们理解系统的结构、功能和相互关系。控制论则关注系统的稳定性和动态演化，提供了控制和优化系统行为的方法。信息论则强调了信息的传递、编码和解码过程，对于系统中的数据处理和通信起到重要的作用。

在人机环境系统对系统论、控制论和信息论进行拓展与整合的过程中，可以采取以下几个方面的方法。

（1）整体性设计。将人、机器和环境作为一个整体考虑，并结合新系统论的思想进行分析。通过研究系统的结构、功能和相互关系，从整体的角度理解和设计人机环境系统。

（2）交互性建模。将人类行为和认知过程纳入系统模型中，以新控制论为基础，研究人、机器与环境之间的交互作用。探索人类决策、反馈和调节对系统行为的影响，以及如何优化和改进这种交互。

（3）信息处理与传输。利用新信息论的原理，研究人机系统中的数据/信息/知识/经验处理和通信机制。包括事实性信息和价值性信息的编码、传输、解码等过程，以提高系统的效率和可靠性。

（4）多学科融合。整合认知科学、计算机科学、人类行为学、工程学等多个学科的知识和方法，形成跨学科的研究团队。通过跨学科合作，汇集不同领域的专业知识，推动人机环境系统的综合性研究。

（5）实验研究与模型推导。结合实验研究和模型推导的方法，验证和完善人机环境系统的拓展和整合理论。通过实际案例和仿真实验，验证理论模型的有效性，并在实践中不断优化和改进。系统论、控制论和信息论是三个重要的跨学科领域，它们在解决复杂系统和信息处理方面发挥了关键作用。然而，每个理论都有其特定的前提假设和基本原理，也存在一些局限性。拓展和整合这三个理论有助于更好地理解和应对现实世界中的复杂问题。通过明确这些理论的前提假设和基本原理，我们可以更好地认识它们的适用范围和局限性。同时，通过将它们进行整合，我们可以探索新的视角和方法来处理与解决复杂系统及信息处理领域面临的挑战。然而，需要注意的是，用人机环境系统拓展和整合系统论、控制论和信息论是一项具有挑战性的研究课题。因为其中每个理论本身就非常复杂，并涉及广泛的领域和概念。要进行有效的拓展和整合，需要深入研究这些理论，并找到它们之间的联系和共性。这需要跨学科的知识和创新思维，以及严谨的研究方法和推理能力。因此，研究用人机环境系统拓展和整合系统论、控制论和信息论是一项具有意义与难度的任务。它有助于推动相关领域的发展，并为解决复杂问题提供新的思路和工具。然而，这需要持续的努力和合作，以促进理论的演进和实践的应用。人机环境系统对系统论、控制论和信息论的拓展和整合也是一个复杂且广阔的领域，需要持续的研究和实践探索。以上提到的方法仅为一些基本方向，具体的研究方法和技术手段还需根据具体问题与应用场景进行灵活选择及创新。

后　记

每当写完一本书时，笔者常常会意识到还有很多更重要的思考没有写入其中。对于人-机-环境系统智能这样一个永恒的主题，这种感觉更是如此。

目前，各国在继续开发新一代人工智能技术及其应用研究的同时，积极布局更新一代人工智能的发展，旨在通过机器学习和推理、自然语言理解、建模仿真、人机融合等方面的研究，突破人工智能基础理论及核心技术。

目前来看，人机交互、人机融合的难点常常在于第一是"互"、第二是"融"，其关键之处第一是"人"、第二是"多"。任何一个产品系统，只要涉及与人打交道、与人互动就会变得很复杂。

笔者曾出版过两本书，一本是 2019 年科学出版社出版的《追问人工智能：从剑桥到北京》，包括 13 部分内容：①人工智能：从"史前"到现在；②认知的奥秘：深度态势感知；③探索人机未来：人机融合智能；④三分天下：人、机、环境；⑤探索人与机的"爱恨情仇"；⑥人工智能：寓教有方；⑦人工智能：屈人之兵；⑧人机都是主播；⑨机器人之惧；⑩智能：数与理，矛与盾；⑪智能：从哲学到大脑；⑫人机融合的哲学探秘；⑬人工智能：伦理之问。第二本书是 2021 年清华大学出版社出版的《人机融合：超越人工智能》，延续了上一本书没解决的一些问题，做了较深入的思考，包括 11 部分内容：①智能的本质；②人机融合智能——站在智能的肩膀；③智能的本质不是数据、算法、算力和知识；④人工智能迈不过去的三道坎；⑤军事智能；⑥反人工智能在军事领域的应用研究；⑦深度态势感知；⑧自主性问题；⑨人机融合智能的反思；⑩人机融合智能的再思；⑪人的智慧和人工智能。本书算是第三本，针对当前人工智能的难点、痛点及发展趋势提出了一个前卫的概念——人-机-环境系统智能，其中特别强调与人工智能数理结构不同，人-机-环境系统的智能是一种情理结构，既有理性的计算，也有感性的算计，既有客观事实数据的信息量多少/反馈，也有主观价值经验的信息质之好坏/反馈，是一种既有同一律、非矛盾律、排中律，又有非同一律、矛盾律、非排中律的辩证逻辑，是涉及数据、人工智能、人与系统、自主、群智、伦理道德、法律标准、测试评价等领域的继承与锚定体系，是既有东方类比/隐喻（人），又有西方归纳/演绎（机）的综合体验。它不是人工智能，而是一种由人、机、环境所组成的系统相互作用而产生的新型智能形式，既不同于人的智能，也不同于机器的智能，是一种把物理、生理、心理、数理、管理、哲理、文理、机理、艺理、地理、伦理等相结合的崭新一代智能领域。

　　智能不仅涉及形式化的拓扑，还包括意向性的拓扑。用维特根斯坦的话说就是"总有一天出现包含有矛盾的数学演算研究，人们将会真正感到自豪，因为他们把自己从协调性的束缚中解放出来了"。当前的人工智能主要是建立在数学规则和统计概率基础上的自动化，自动化的特点是确定性的输入、可编程的处理、确定性的输出；人工智能的特点是部分确定性的输入、部分可编程的处理、部分确定性的输出；智能的特点是不确定性的输入、不可编程的处理、不确定性的输出。除此之外，还有功能和能力概念的不同，所有的自动化产品、机械化产品都具有功能而没有能力。人工智能到目前为止也只有功能没有能力。只有在小说、电影、艺术品里面的人工智能或者智能系统才有能力，而人恰恰是有能力的标志。人类的能力是从内而外发出的，是有目的性、指向性、意向性、主动性的，而功能没有。功能的基础是逻辑，是数学，是映射，这是功能最重要的特点，人类最重要的能力则是漫射、散射、映射，是无法用当前形式化手段进行模拟的系统。智能和人工智能最大的区别在于：第一，智能不是场景化的，同时还包含了艺术；第二，智能有辩证和矛盾的处理权衡机制；第三，真正的智能有洞察力，把握 should 即应该干什么，这是主动性最重要的体现；第四，智能体现知几、趣时、变通，人工智能则体现规则、统计、稳定。

态势感知是指在一定的时间和空间内对环境中的各组成成分的感知、理解，进而预知这些成分的随后变化状况。深度态势感知是对态势感知的感知，它是在安德斯雷的态势感知（数据/信息输入、处理、输出）的基础上，混合了人、机的智能。既包括人的意向性，又融合了机的形式化；既涉及事物的大数据能指，又关联它们之间的小/无数据所指；既能够理解事物原本之意，也能够通情达理、明白弦外之音。人-机-环境系统智能中深度态势感知的本质是把事实与价值统一起来，即人负责价值，而机处理事实，主要涉及五点：①输入混合表征的能指与所指切换（如人机常识的一致性）；②人/团队的归纳、演绎、类比推理与机的统计性推理结合；③人/团队的风险性决策与机的无责任性决策；④人/团队的自否性反思与机的机械性反馈协调；⑤如何通过任务需求自动调度控制人机资源分配、功能匹配。

所有的智能都有相反的作用，正如阴中有阳，阳中有阴。这里引申出反人工智能。反人工智能就是要加速我方人-机-环境系统的协同联合能力，同时破坏对方的人-机-环境系统的协调联合能力。

未来的智能化涉及从计算走向算计（功能到能力），从科技走向艺术，是有算计的计算或有计算的计算：计算计+功能力，具体涉及这样几个问题：在人机结合中，什么可以自动化？应该如何自动化？什么时候应该自动化？智能不是有序，真正的智能里面包含混乱和无序。智能不是整体大于局部之和的"2＞1+1"，也不是局部之和大于整体的"1+1＞2"，而是整体与局部之和的混合"1+1>2"。智能不是适应，智能也不是不适应，而是适应+不适应双向的结合。

真实的智能有着多重含义。①事实形式上的含义，即通常所说的理性行动和决策的逻辑，在资源稀缺的情况下，如何理性选择，使效用最大化。②价值实质性含义，既不以理性的决策为前提，也不以稀缺条件为前提，仅指人类如何从其社会和自然环境中谋划，这个过程并不一定与效用最大化相关，更大程度上属于感性范畴。③过度依赖人工智能易造成失去人性中的自信、果敢、责任和勇气。④人类智能的基石可能不是数学，人类智能可以知道自己的不智能，并且人类可以形成并跳出概念而使用概念。机器智能则不然，智能算法不同于数学算法，它是一种超出数学计算的算计，不但有显性的逻辑推理，还有隐性的知识和秩序运筹，是科学与艺术的融合。在计算计系统中，如果把不同计算看成乐队里的各个乐器/乐手，那么算计就是让乐队演奏华美乐章的那只看得见的指挥之手。⑤智能不是万能的，智能仅是解决问题的一种工具手段，对于人、机而言，人的动态规划与机器的动态规划却是不同的。有经验的人可以游刃有余地将一个复杂性大问题拆成事实、价值、责任等不同性质的小问题来求解，即用事实、价值、责任的不同化法进行大事化小，小事化了，还可以避免各种一孔之见和故步自封，而目前的机器对此异质合取、化解问题依然望尘莫及，人工智能只会模式对比（不是类比），也许这也是人类智能的又一个瓶颈和难点，即如何有效地处理异质性的非形式化问题。计算算法只是提高效率的工具和机制，不是自主的决策系统，算计算法里面包含自主的决策和非标准的多重因果及相关关系。⑥人机功能力分配是关键，人机功能力分配是人的能力与机器的功能分配，人具有主动性的能力使然（使能），机体现被动式的功能赋予（赋能），是人的动态算计与机器的准动态计算之间的分配，人的能力是会随着人-机-环境系统的变化而变化的，需要探索新的因果关系、统计概率、递归迭代、与或非。⑦机是半导体，人是变导体，数据/信息/知识本身既包括事实也包括价值，只不过事实是以显性方式表征，价值常以隐性方式出现，计算处理的是事实，算计对待的是价值。当然，更多时候使用的是计算计的方式，从事实到价值的桥梁如果是概念，那么就是计算；从事实到价值的桥梁如果是实践，那么就是算计。⑧哲学不仅可以解释世界，也可以改造世界，在真实实践过程中，归纳、类比、演绎、隐喻的嵌套递归混合造成了现有理性逻辑推理的无能为力，所有的信息知识和数据都不是固定的，都是变化的、动态的、多样的。随着外部的实践和交互产生相互作用，人由内外两套态势感知系统（OODA 系统）耦合而成，共振时最强，抵消时最弱，另外还有一些非智能因素（即智慧）影响决策系统，如想不想、愿不愿、敢不敢、能不能……这些因素虽在智能领域之外，但对智能的影响很大。

1948 年，维纳在《控制论（或关于在动物和机器中控制和通信的科学）》的结尾处写道：不管我们在社会科学中的研究是统计性的还是动力学性质的，这种研究一定具有两可的性质，它们可信的程度有待商榷。一句话，它们不能给我们提供大量的可以验证的、有意义的信息，如同我们在自然科学中可以希望得到的那种信息一样。我们虽不能忽视这些信息，但我们对这些信息的可靠性不要抱太大的希望，不管我们愿意与否，许多东西我们只能让熟练的历史学家用不"科学"的、叙述的方法进行研究。

从中我们不难看出：一个智能系统是自组织与它组织共存的，即是一个同化与顺应同时起作用的平衡组织，打破平衡就会产生出新的系统。开放智能系统中的逻辑不同于物理系统中的数理逻辑，除了已知恒定的变量参数以外，还会在各种事、物交互过程中不断衍生出新的变量参数，原有的变量参数会退居次席或消失，还有的变量参数甚至会忽隐忽现……这些都增加了智能逻辑变化的不稳定性和不确定性，使真实智能与人工智能的距离越来越远，与人-机-环境系统智能的距离越来越近。变量的变化与变化的变量使基于计算的人工智能很难应对博弈时智能体的态势感知，而人类的算计恰恰相反，其不但可以应对变量的变化问题，也可以处理变化的变量问题，还可以解决非计算的判定性问题。人-机-环境系统智能不但可以有效地展开态-势-感-知，还可以更高效地进行势-态-知-感，更可以把两者结合起来游刃有余地往返迭代、回归升华，不但要计算，还要算计，切实实现"道者反之动"。

　　美国国防部高级研究计划局假设当今机器学习的一些限制是：①无法结合上下文和背景知识的结果；②将每个数据集视为一个独立的不相关输入。在现实世界中，观察结果通常是相关的，并且是潜在因果机制的产物，可以建模和理解。美国国防部高级研究计划局认为，能够获取和集成符号知识并大规模执行符号推理的混合人工智能算法将提供稳健的推理，推广到新情况，并提供保证和信任的证据。美国国防部高级研究计划局在这方面研究的缺点在于：只有符号知识而忽略了非符号知识。当前人机交互最前沿的问题之一就是人与人工智能的交互，但我们仍没有看到黎明前的曙光，究其原因，人机之间只有"计算"尚无"算计"浸入，再简化一点说，即只有"算"没有"计"。许多被计算出的智能，只能是计算智能，缺少很多的感知、认知和洞察。

　　一个关于人们在涉及经济风险时如何做出决策的流行理论是前景理论，它由行为经济学家卡尼曼和特沃斯基（A. Tversky）在20世纪70年代提出（后来卡尼曼获得了诺贝尔经济学奖），其核心理念是：人并非总是理性的。康德最重要的见解是，在世界既有的状态与世界应然的状态之间有一个鸿沟，但两者都有相同的价值，而一个人需要一直把两者记在心上，这是极端难以采取的立场。人有时的非理性是非常现代的。这意味着人类在一定程度上活在刀口上，要承受一定程度的永恒挫折。休谟认为，虽然人类是理性的动物，而且这是我们本性的一个面向，我们应该拥抱它，但是不能否认我们不只是理性的动物，还是非理性的动物。对人类生命的哲学理解，并不是设计出来把人类生命拉去与哲学达成一致的，它是设计出来让哲学符合人类生命的。

　　"智能"在人-机-环境系统里具有完全不同于它在经典数理、生理、物理中的意义，它不再是一个单纯的硬逻辑计算，而是要参与到系统演化中来的软硬逻辑计算计。世界是由软硬逻辑混合出的计算计构成的。硬逻辑指客观上无法改变的数学、物理等逻辑，强调一义性和自洽性。软逻辑指主观上可以改变的心理、管理等逻辑，涉及多义性和辩证性。计算侧重硬逻辑，算计偏好软逻辑。计算主要处理时空一致性问题，算计侧重解决时空不一致性的困难。计算体现了不易，算计体现了变易，计算计则是蕴含着不易与变易的有机结合——对易或不对易。

如果两个力学量是对易的，那么它们就互相独立，测量的先后顺序不影响结果，它们可以有共同的本征态，可以同时测准；如果两个力学量不对易，那么它们就不独立，一般来说测量的先后顺序影响结果，它们没有共同的本征态，无法同时测准。因此，如果两个力学量不对易（比如测量量子运动时的位置/动量与博弈中的态/势、感/知），它们就无法同时处于本征态。系统处于一个力学量的本征态，测量这个力学量时能测准，另一个力学量就会因为处于叠加态而测不准。于是，就无法同时测准它们，这就是所谓的不确定性原理。博弈中的态、势与感、知是两组不对易的非力学量，它们所产生出的不确定性可能会更强。

《素书》曰："夫道、德、仁、义、礼五者，一体也。"实际上，人、机、环境与智力、智能、智慧也是一体的，人机环境的智能光合作用，即为天时、地利、人和、机辅之间的共振效应；现实的 being、可能的 should（being 隐藏着 should，should 也隐藏着 being）、态势感知、计算-算计都是一体的。计算计打破了虚实（真假、有无）的界限，可以虚虚，也可以实实，还可以虚实。"非常道"即计算-算计的混杂性。算计的核心在于悬置、等待、蛰伏……正如康德所言："我们的理智并不是从自然界引出规律，而是把规律强加给自然界，这个强加给自然界的规律是我们由众多的理论中，遴选出的理论来表述的。"

一个包含特定人-机-环境系统态势感知中的态、势、感、知是多种、多层级的，如态分为初态、次态……N 态，在不同的上下文背景中会表现出不同的状"态"，势、感、知也类似。在不同上下文背景中不同态、势、感、知的叠加纠缠构成了千变万化的主客观组合。这就决定了博弈决策的过程与其说是对数据的客观分析，不如说是对风险和优先级的权衡。基于观察，可得到一个观点：单纯数据驱动的人工智能模型，在做决策时，极易受到攻击。同时，机器自主性的提高可能会大大增强人机交互的难度，主要表现在机器自主性所带来的不确定性增加,但随着人机交互的频繁,会降低这种不确定性,但不会彻底消除。

在经典力学里,系统状态一旦确定,所有力学量的取值就都确定了,测量只不过是把这些值读取出来,并不会影响它们。一个苹果在那里,它的位置和动量都是确定的,不论谁去测量,测量几次,都不会改变苹果的位置和动量。

以前,你以为一个人要么是步兵,要么是炮兵,而现在,你发现他还可以是特种兵,可以既是步兵又是炮兵。一群完全一样的特种兵,一样可以根据战场需求立马"分裂"成步兵队和炮兵队,就像马赛克第二次通过排列组合后分裂一样。与量子叠加态相对,我们把量子处于确定的自旋向上或自旋向下的状态称为本征态。也就是说,通过某磁场的量子可以处于自旋向上本征态、自旋向下本征态以及自旋向上和自旋向下的叠加态。

人-机-环境系统也类似,其态势感知既有本征态,也有叠加态。如果一个人-机-环境系统既可以处于进攻的本征态,也可以处于防守的本征态,还可以处于攻守混合的叠加态,那我们就可以认为(就像通过 x 方向磁场后的每个量子都是处于 z 方向自旋向上和自旋向下的叠加态)该人-机-环境系统处于态势感知叠加态。于是,第二次通过相同或类似博弈行为/任务规划时,仍既可能攻,也可能守,这样就分裂成了两种态势感知叠加(就像第二次通过 z 方向磁场时,每个量子都既可能向上偏转,也可能向下偏转,这样就分裂成了两束),只有通过具体博弈时才能知道究竟是何种态势与感知。

一个想法能否变成现实,我们分成三个阶段,即第一个阶段大逻辑,第二个阶段小逻辑,第三个阶段执行细节,顺序一定不要乱。只有前面解决了,才能进入下一步。当然这三步在螺旋形的迭代中完善,解决了大逻辑问题,开始研究小逻辑问题。

在智能博弈中,大逻辑常常包括软硬逻辑,小逻辑特指硬逻辑。大逻辑可以让任何看起来不搭的事在特定情境下发生,但是在小逻辑上却又是合理且自洽的,就像物理学中的波粒二象性,可以看作"两种截然相反的观点,却能并行不悖",双方永远不会按照对手的想象而活着,如同辛弃疾所言"谋贵众,断贵独"。

　　场论的概念起源于麦克斯韦（J. C. Maxwell）的电磁场理论，麦克斯韦电磁场理论的核心概念是"场"，在某种空间区域，其中具有一定性质的物体能对与之不相接触的类似物体施加一种力，这就是"场"。人-机-环境系统中或许也有态、势、感、知场，计算、算计场，以此打破博弈中的时空与价值维度。我们目前缺乏的是如同拓扑的概念一样谈论一般可计算计性概念的抽象框架。基于拓扑的概念，我们能够谈论一般空间之间的连续函数；同样的，我们或许也需要有一个对可计算计性的一般框架来考虑一般不同数据结构之间的可计算计函数，同时比较不同计算计模型之间的关系。

　　俄罗斯文学大师陀思妥耶夫斯基有句名言，"我只担心一件事，我怕我配不上自己所受的苦难"，此时此刻，笔者只担心一件事，怕配不上自己得到的帮助和厚爱。如果说，文字具有生命力，那她一定也有灵魂，如果想看看遥远未来的样子，可以打开各种各样的经典或杂记，只是很多尚未被关联……若本书能够让您在闲暇之余产生这种感觉，也算是对我的一丝安慰了。白驹过隙，生命实在太短暂，人应该对某样东西倾注深情。不经意之中，我选择了人-机-环境系统智能，也选择种下了一颗种子……

　　这三本书历时五年写成，未来的思考可能会更加广泛、有趣。

　　感谢谭文辉在本书撰写过程中所做的共同研究和无尽有趣的探讨工作，感谢刘欣为本书所做的共同研究和组稿工作，感谢牛博、武钰对第十章的贡献，金潇阳对第七章的贡献，感谢王小凤、马佳文在本书编写之初给予的建议与支持，感谢庄广大、胡少波、何瑞麟、王玉虎、关天海、于栖洋在本书编写过程中给予的大力帮助，感谢辛益博、陶雯轩、何树浩、伊同亮、王赛涵、韩建雨、孙维一、邹阳洋等在编写过程中提供的参考意见，同时也感谢相关部门与机构的支持，以及各位专家和学者的激发、唤醒和探讨。

　　感谢笔者的老师袁修干先生，是他让笔者首次接触到人-机-环境系统的概念，此外感谢秦宪刚、韩磊、张斌、李树荣、蔡宁、周怡琳、钱荣荣、李梅峰、周慧玲、郭磊、张秦雁、杨辉华、宋晴、干迪、高欣、叶平、周修庄、邢颖、王晨生、杨福兴、杨光等各位老师多年的帮助和指导。

感谢在剑桥大学的偶然相遇，让笔者深刻认识了西方智能的根源。

感谢读过笔者前两本书的诸多老师，感谢他们给予笔者许多宝贵的意见和建议。书中仍存在许多并不完善的地方，恳请大家继续批评指正，您的指教才是对笔者最大的帮助。

感谢 2023 年国家社科基金重大项目"基于大型调查数据的城市复合风险及其治理研究"（项目号：23&ZD143）、2023 年度教育部哲学社会科学研究重大课题攻关项目"数字化未来与数据伦理的哲学基础研究"（项目批准号：23JZD005）的资助。

本书算是初步兑现了对家人、师长、朋友和学生们的一个承诺，也感谢所有师长和亲朋好友对笔者一直以来的鞭策和支持。

最后，引用茹科夫斯基所说的"使人类飞翔在天空的不是肌肉的力量，而是智慧与思想"与大家共勉。

刘　伟

2024 年 3 月 7 日